크리스퍼가 온다

CRISPR

크리스퍼가 온다

진화를 지배하는 놀라운 힘, 크리스퍼 유전자가위

제니퍼 다우드나 · 새뮤얼 스턴버그
김보은 옮김

프시케의숲

과학이 상상력에 진 빚의 크기는 상상을 넘어선다.
_랠프 월도 에머슨

추천의 말

크리스퍼 혁명이 시작되다

김진수
서울대 교수·기초과학연구원 유전체교정연구단장

환자의 DNA를 수술해 암, 유전병, 퇴행성 질환 등 다양한 난치병을 치료할 수 있을까? 불과 수년 전만 하더라도 SF의 소재에 불과했을 법한 일들이 이제 전 세계의 생명과학자들이 추구하는 현실적 목표가 되고 있다. '크리스퍼'라고 불리는 새로운 '유전자가위'가 등장했기 때문이다. 이 유전자가위는 살아 있는 생명체의 DNA를 잘라 고치는 데 사용되는 도구로서, 인간의 DNA는 물론이고 동식물과 미생물의 DNA를 수선하는 데에도 널리 활용되고 있다. 일례로 곰팡이 감염에 취약해 멸종 위기에 처한 바나나의 DNA를 수술해 건강한 바나나를 만들려는 노력이 국내외 과학자들에 의해 수행되고 있으며, 모기와 같은 해충을 박멸하기 위한 연구도 진행되고 있다.

몇 년 전만 해도 크리스퍼 또는 유전자가위는 극히 일부의 생명과학자들 사이에서만 사용되는 학술 용어로서 일반인들은 물론이고 대다수 생물학자들에게도 생소했다. 하지만 이제 누구나 한 번쯤은 들어보았을 만큼 세간의 큰 관심을 받고 있다. 《크리스퍼가 온다》는 이 도구의 작동 원리를 최초로 규명한 캘리포니아대학교 버클리캠퍼스의 제니퍼 다우드나 교수가 그 경험담을 소개한 책이다. 더 나아가 저자는 이 도구가 인류에게 가져올 혜택과 변화, 윤리적 함의에 대해 과학자는 물론이고 일반인들도 함께 고민할 것을 촉구하고 있다.

지난 1월 말, 필자는 미국 콜로라도 주 키스톤에서 열린 학술 심포지엄을 조직하면서 다우드나 교수를 기조강연자로 초청했다. 유전자가위 개발자들과 이를 다양한 분야에 활용하고 있는 세계 각국의 생명과학자 330여 명이 참가한 이 심포지엄에서 다우드나 교수는 열정적이고 재치 있는 강연으로 참석자들을 사로잡았다. 강연 전에 인사를 나누며 한국에서 이 책이 번역 출판될 예정이라고 했더니 놀라면서 기뻐했다. 또 필자와 동갑이라고 했더니 같은 용띠라며 반가워하기도 했다. 다우드나 교수는 RNA 구조생물학 분야의 거장으로서, 지난 2012년 크리스퍼 유전자가위의 작동 원리를 규명한 논문을 학술지 〈사이언스〉에 발표하기 전에도 이미 유명한 학자였다.

사실 유전자가위는 크리스퍼 이전에도 이미 일부 생명과학자들 사이에서 큰 주목을 받고 있었던 실험도구다. 1996년 한국인 과학자들과 그들의 지도교수인 존스홉킨스대학교 스리니바산 찬드라세가란 교수가 최초의 유전자가위인 징크 핑거 뉴클레이즈ZFN를 만들어 학계에 소개했다. 그 이후 국내외 과학자들이 이를 이용해 인간 배양세포와 동식물 세포의 DNA를 자르고 고칠 수 있음을 입증했다. 그러나 징크 핑거 뉴클레이즈는 워낙 만들기가 어려워 널리 활용되지 못했다.

다우드나 교수는 2012년 발표한 논문을 통해 세균의 항바이러스 면역체계로 새롭게 밝혀진 크리스퍼가 유전자가위로 사용될 수 있음을 제안했다. 매번 새로 만들어야 하는 징크 핑거 뉴클레이즈와 달리 크리스퍼는 작은 가이드 RNA만 교체해서 캐스9 단백질과 함께 세포에 주입하면 되기 때문에 생명과학자라면 누구나 사용할 수 있을 만큼 간편했다. 2013년 이후 수많은 과학자들이 크리스퍼를 이용해 인간 세포, 동식물 세포의 유전자를 자르고 붙이는 혁신적인 연구성과를 발표하면서 이른바 크리스퍼 혁명이 시작되었다. 수십억 년 동안의 무작위적 진화를 통해 탄생한 인류가 이제 크리스퍼 유전자가위를 이용해 생명체의 진화를 인위적으로 통제할 수 있는 프로그래머가 된 것이다.

다우드나 교수는 크리스퍼 기술의 개발자로서 이 기술이 인류의 건강과 복지를 위해 널리 활용될 수 있을 것으로 기대하면서도, 다른 한편 히틀러와 같은 독재자나 이기적인 부모들에 의해 남용되어 인류에 돌이킬 수 없는 피해를 미치게 되지는 않을지 우려하고 있다. 지금 당장은 아니더라도 머지않은 장래에 외모, 지능, 운동 능력 등의 개선을 위해 이 기술이 남용될 수도 있기 때문이다. 다우드나 교수는 특히 중국 과학자들이 원숭이 유전자를 교정하는 데 성공하고 인간 배아에 크리스퍼 유전자가위를 도입해 유전자 변이를 교정하려고 시도했던 것에 주목했다. 이를 계기로 다우드나 교수는 생명과학자들 사이에서만 관심을 받고 있던 크리스퍼 기술에 대해 법학자, 윤리학자를 포함한 다른 분야의 전문가들과 더 나아가 일반인들에게도 널리 알려 주의를 환기시킬 필요가 있다고 생각하게 되었다. 다우드나 교수는 탁월한 리더십을 발휘해서 2015년 12월, 워싱턴 DC에서 미국 국립과학원, 중국 과학학술원, 영국 왕립학회 공동 주관으로 열린 '국제 인간유전자편집 회의'를 소집하는 데 결정적인 기여를 했다.

필자도 이 회의에 초청받아 유전자가위 기술의 과제와 전망에 대해 발표하고 2박 3일 동안의 논의에 참여했다. 회의 결과 유전자가위를 인간 배아에 도입해 유전자가 교정된 아이를 출산하게 하는 행위는 안전성이 입증될 때까지 당분간 금지하되 배아의 착상을 전제하지 않은 연구는 허용해야 한다는 성명을 발표했다. 안전성을 입증하거나 개선하기 위해서라도 연구는 허용해야 한다는 학계의 주장이 받아들여진 것이다. 이후 영국, 스웨덴, 미국에서 인간 배아 유전자 교정 실험이 수행되었다. 그 결과 지난해 기초과학연구원 연구진이 미국 오리건 보건과학대학교의 미탈리포프 교수팀과 공동 연구를 통해 인간 배아에 유전자가위를 도입해 비후성 심근증의 원인이 되는 유전자 변이를 교정하는 데 성공했다. 다우드나 교수는 이에 대해 〈뉴욕타임스〉와 인터뷰하면서 "한 개인에게는 작은 걸음이지만 인류 전체에게는 큰 도약"과 같다고 호평했다.

다우드나 교수가 염려하듯이 이제 유전자가위 기술은 더 이상 SF의 범주에 머무르지 않고 우리 자신과 주변 생명체의 진화에 돌이킬 수 없는 변화를 초래할 가능성이 있다. 인류가 엄청난 도구를 손에 쥐게 된 셈이다. 이 책이 국내에 번역 출판되는 것을 계기로 이제 우리 사회도 유전자가위 기술이 만들어가게 될 미래에 대해 전문가들과 일반인들이 함께 공부하고 토론해서 시대착오적이고 부적절한 규제는 폐지하고 합리적인 대책을 마련할 수 있게 되기를 기대한다.

프롤로그

• • • • •

파도

꿈속에서, 나는 바닷가에 서 있다.

희고 검은 모래가 깔린 긴 해안가가 넓은 만을 둘러가며 내 앞에 펼쳐진다. 내가 자랐던 하와이 섬의 바닷가, 힐로 만灣이라는 사실을 깨닫는다. 주말이면 친구들과 카누 경기를 보거나, 조개껍데기나 일본인이 탄 낚싯배에서 흘러나온 유리구슬을 찾아 거닐던 곳이다.

하지만 지금은 친구들도, 카누도, 낚싯배도 보이지 않는다. 해안은 텅 비어 있고, 모래사장과 파도는 이상할 정도로 고요하다. 힐로 주민이라면 누구에게나 있는, 소녀 시절부터 떨칠 수 없었던 공포를 달래주려는 듯, 방파제 너머 바다 위로 불빛이 잔잔히 떠오른다. 우리 세대는 쓰나미를 겪지는 않았지만 그 사진은 항상 볼 수 있었다. 힐로 만은 범람하기 쉬운 지대다.

때맞춰 저 멀리서 다가오는 것이 보인다. 파도다.

처음에는 아주 작지만 시시각각 커져서 내 앞에 다가왔을 때는 거대한 벽이 되고 해일 꼭대기의 흰 물결은 하늘을 뒤덮는다. 다른 파도가 그 뒤를 따라 해안가로 몰려온다.

나는 공포로 꽁꽁 얼어붙는다. 하지만 쓰나미가 점점 다가올수록 공포는 물러나고 투지가 솟아난다. 뒤쪽에서 작은 판잣집을 발견한다. 내 친구 푸아의 집인데 앞에 서프보드가 한 무더기 쌓여 있다. 나는 서프보드를 집어 들고 바다로 뛰어들어 만을 벗어나고 방파제를 돌아 밀려드는 파도를 향해 달려든다. 첫 번째 파도가 나를 집어삼키기 전에 파도를 넘은 뒤 두 번째 파도를 탄다. 파도에 올라서자 풍경이 한눈에 들어온다. 경이로운 풍광이다. 마우나케아 산이 보이고, 그 뒤로 마우나로아 산이 만을 보호하듯 하늘로 솟아올랐다.

눈을 깜빡이는 순간, 나는 캘리포니아 주 버클리, 고향에서 수천 마일 떨어진 내 침대에서 깨어난다.

2015년 7월은 내 생에서 가장 흥미진진하며 가슴 벅찬 시기였다. 이와 비슷한 꿈을 반복해서 꾸기 시작했는데, 지금은 이 꿈의 깊은 의미를 알게 되었다. 바닷가는 신기루였지만 파도와 파도가 불러일으키는 공포, 희망, 경외 같은 복잡한 감정은 지나치게 현실적이다.

내 이름은 제니퍼 다우드나다. 생화학자이며, 이 분야 사람이 아니면 한 번도 들어보지 못했을 주제를 실험실에서 연구하며 경력 대부분을 쌓았다. 하지만 지난 5년 동안 나는 기초과학계의 벽을 넘어서 생명과학 분야에서 신기원을 이룬 분야에 몸담았다. 동료들과 나는 내 꿈에 나온 쓰나미처럼 저항할 수 없는 힘에 휩쓸렸다. 쓰나미와 이 거대한 진보의 파도가 다른 점은 이 파도가 일어나는 데 내가 힘을 보탰다는 것이다.

2015년 여름, 불과 몇 년 전에 내가 동료들과 함께 정립했던 이 생명과학 기술은 내 상상을 뛰어넘는 속도로 성장하고 있다. 그 막강한 영향력은 생명과학 분야에 그치지 않고 지구 전체에 미치고 있다.

이 책은 새로운 생명과학 기술과 나의 이야기다. 여러분의 이야기이기도 하다. 이 기술에서 파급된 반향이 여러분의 문 앞에도 곧 도달할 것이기 때문이다.

∽

인간은 수천 년 동안 물리적인 세계를 재구성해왔지만, 지금처럼 인간의 영향력이 극적인 때는 없었을 것이다. 산업화가 일으킨 기후 변화는 지구 생태계를 위협하고, 인간의 여러 활동이 인간과 지구를 공유하는 다양한 생물을 짓밟으면서 급격한 생물 멸종 위기를 촉발했다. 이러한 변화는 지질학자들이 이 시대를 인간의 시대라는 의미의 인류세(인류가 지구 기후와 생태계를 변화시켜 만들어진 새로운 지질시대 — 옮긴이)로 명명하게 했다.

생물계도 인간이 이끄는 근본적인 변화를 맞고 있다. 수십억 년 동안 생명은 다윈의 진화론에 따라 진전해왔다. 생물은 연속적인 무작위 유전자 변이 중에서 생존과 경쟁, 생식에 유리한 혜택을 부여하는 변이를 통해 발달했다. 지금까지는 우리 인간이라는 종 역시 이 과정을 통해 만들어졌으며, 최근까지도 그저 자비에 기대고 있었다고 해도 과언이 아니다. 1만 년 전 농업이 출현했을 때, 인간은 식물과 동물을 선택적으로 심고 키워서 진화 방향을 조절하기 시작했다. 하지만 '무작위 DNA 돌연변이를 통한 유용한 유전자 변이 창조'라는 가장 근본적인 재료는 여전히 자연 발생적으로, 그리고 무작위로 생겨났다. 그 결과 자연을 바꾸려는 인간의 노력은 가로막히고 한정적인 결과만 얻을 수 있었다.

오늘날에는 상황이 완전히 달라졌다. 과학자들은 이 근본적인 과정을 완전히 사람의 통제 아래 두는 데 성공했다. 강력한 생명공학 기술로 살아 있는 세포 안의 DNA를 수정하면서, 과학자들은 이제 인간을 비롯한 지구의 모든 종을 정의하는 유전자 암호를 합리적으로 수정하고 조작하게 되었다. 새로운, 그리고 의심의 여지없이 가장 효과적인 유전공학 기술인 크리스퍼-캐스9(간략히 크리스퍼라고 부르겠다)을 이용해서, 생물의 유전자를 포함한 모든 DNA 집합체인 게놈을 간단한 문장을 고치듯이 편집할 수 있게 되었다.

특정한 특성을 지정하는 유전자 암호가 알려지면 과학자들은 크리스퍼를 이용해서 사실상 어떤 식물이나 동물이든 연관 유전자를 게놈에 삽입하거나 편집하거나 삭제할 수 있다. 이 과정은 현존하는 그 어떤 유전자 조작 기술보다 단순하며 효과적이다. 하룻밤 사이에 우리는 유전자 공학과 생물 지배력의 새로운 시대, 온전히 인간의 집단 상상력으로만 가능성이 재단되는 혁명의 시대를 마주하게 되었다.

지금까지 이 새로운 유전자 편집 기술을 증명하는 가장 큰 첫 번째 무대는 동물 왕국이었다. 예를 들어 과학자들은 크리스퍼를 이용해 유전자 측면에서 개선된 비글을 만들었는데, 이 개는 근육 형성을 조절하는 유전자의 염기 하나를 바꾸어서 아놀드 슈워제네거처럼 근육이 많아졌다. 또 다른 예로는 돼지 게놈에 있는 성장호르몬에 반응하는 유전자 활성을 억제해서 만든 초소형 돼지를 들 수 있다. 이 초소형 돼지는 큰 고양이보다도 작아서 애완동물로 팔린다. 과학자들은 산베이 염소도 크리스퍼를 이용해서 게놈을 편집하는 비슷한 방법으로, 근육이 더 많이 발달하고(따라서 고기를 더 많이 얻을 수 있다) 털도 더 긴(캐시미어 섬유를 더 많이 얻을 수 있다) 종을 만들었다. 심지어 언젠가는 멸종한 거대 야수를 부활시키겠다는 야심을 품고 크리스퍼로 아시아코끼리 DNA를 털이 많은 매머드 DNA로 변형하려는 유전학자도 있다.

한편 식물 왕국에서는 곡물 게놈을 편집해서 사람들의 영양 상태를 크게 개선하고 식량 문제를 해결하기 위해 농업을 진보시키는 데 크리스퍼가 널리 사용된다. 유전자 편집으로 질병에 강한 쌀, 쉽게 무르지 않는 토마토, 다중불포화지방이 든 건강에 좋은 콩, 신경독소가 될 수 있는 물질의 농도가 낮은 감자 등을 만들었다. 식품과학자들은 한 생물 종의 게놈에 다른 종의 DNA를 삽입하는 형질전환 기술이 아니라 생물 자체의 DNA 염기 몇 개만을 바꾸는 식으로 섬세하게 조절된 유전자 업그레이드를 통해 문제를 해결하고 있다.

지구의 식물군과 동물군에 신기술을 적용하는 일은 흥미롭지만, 인간에게 유전자 편집 기술을 적용하는 일이야말로 인류의 미래에 무한한 희망과 거대한 위협을 동시에 안겨준다.

역설적으로 동물이나 곤충에 크리스퍼를 사용하는 일이 종종 인간의 건강에 혜택을 주기도 한다. 최근 연구에서 크리스퍼는 돼지 DNA를 '인간화'하는 데 사용되었으며, 이는 동물이 언젠가는 사람 장기를 제공할 수 있다는 희망을 부풀어 오르게 했다. 또 크리스퍼는 새로운 종의 모기 게놈에도 삽입되어 야생 모기 집단에 새로운 특성을 빠르게 전파하는 데 이용되었다. 과학자들은 말라리아나 지카 바이러스처럼 모기로 인해 발생하는 질병이 점차 사라지거나, 질병을 매개하는 모기 자체가 사라지기를 기대한다.

크리스퍼에는 많은 질병을 치료하기 위해 돌연변이를 일으킨 환자의 유전자를 직접 수정하고 편집할 수 있는 잠재력이 있다. 지금까지는 가능성만을 엿보았지만 지난 몇 년간 우리는 황홀감을 맛보았다. 새로운 유전자 편집 기술은 실험실에서 배양한 인간 세포에서 낭포성섬유증, 겸상적혈구증, 몇몇 종류의 시각장애, 중증 복합형 면역부전증 등의 원인인 돌연변이를 교정하는 데 사용되었다. 과학자들은 인간 게놈을 구성하는 32억 개 염기쌍 중에서 DNA 속 단 하나의 잘못된 염기를 찾아내고 수정하는 크리스퍼를 이용해서 이러한 위업을 이룰 수 있었다.

크리스퍼는 이보다 더 복잡한 작업도 수행할 수 있다. 과학자들은 뒤셴 근이영양증을 일으키는 DNA 오류를 찾아, 돌연변이가 일어난 유전자 부위만 잘라내고 나머지 유전자는 온전히 남겨 교정했다. 또한 A형 혈우병 환자의 게놈 중 역위가 일어난 유전자의 DNA 염기 50만여 개를 크리스퍼로 정확하게 재배열했다. 크리스퍼를 이용해서 환자의 세포에 침입한 바이러스 DNA를 잘라내거나, 환자 DNA를 편집해 세포가 감염되지 않도록 하는 식으로 HIV/AIDS도 치료할 수 있다.

유전자 편집으로 치료할 수 있는 질병 목록은 길고도 길다. 크리스퍼가 정확하고 상대적으로 간단하게 DNA를 편집할 수 있으므로, 모든 유전 질병, 최소한 질병의 원인인 돌연변이의 정체를 알고 있는 질병은 모두 치료할 수 있는 목표가 되었다. 의사들은 이미 면역세포 유전자를 편집하고 강화해서 암세포를 잡는 성능을 높인 면역세포로 몇몇 암을 치료하기 시작했다. 환자에게 크리스퍼에 기반을 둔 치료법을 널리 적용하기에는 여전히 갈 길이 멀지만, 그 잠재력만은 의심의 여지가 없다. 유전자 편집은 인간의 삶을 바꾸는 치료법이 될 것이며 때에 따라서는 환자의 목숨을 구하는 치료법이 될 것이다.

크리스퍼 기술에는 또 다른 근본적인 잠재력이 있다. 살아 있는 사람의 질병 치료뿐만 아니라 미래 후손의 질병도 예방할 수 있는 것이다. 크리스퍼 기술은 아주 간단하고 효율적이기 때문에, 과학자가 한 세대에서 다음 세대로 건네지는 유전정보가 들어 있는 인간 생식세포를 변형하는 데 이용하기도 쉽다. 이 기술은 언젠가, 어디에선가 인간이라는 종의 게놈을 유전될 수 있는 방식으로 바꾸는 데 이용되어, 인류의 유전자 구성을 영원히 바꾸는 데 이용될 것이 틀림없다.

인간 유전자 편집이 안전하고 효율적이라면 해로운 유전자가 대혼란을 일으키기 '전'에 질병을 일으키는 돌연변이를 가능한 한 일찍, 삶의 초기 단계에서 수정하는 편이 더 논리적이고 나을 것처럼 보인다. 그런데 일단 배아의 돌연변이 유전자를 '정상' 유전자로 바꾸는 일이 가능해지면, 정상 유전자를 더 우수한 수준으로 향상하려는 유혹이 틀림없이 생길 것이다. 아직 태어나지 않은 아이들의 유전자를 편집해서 심장병이나 알츠하이머병, 당뇨병, 암 같은 질병에 걸릴 위험을 낮추어야 할까? 그렇다면 태어나지 않은 아이들에게 유익한 특성, 예를 들어 힘이 더 세고 인지능력이 더 높은 특성을 부여하거나 눈이나 머리카락 색상 같은 신체적 특성을 선택해주는 일은 어떨까? 완벽함을 향한 욕구는 인류에게 거의 본능이나 마찬가지지만, 일단 이 험한 경사를 미끄러져 내려가기 시작하면 우리가 도착하는 곳이 마음에 들지 않을 수도 있다.

문제는 바로 이것이다. 현대 인간이 출현한 지 거의 10만 년이 흐르면서 '호모 사피엔스' 게놈은 무작위 돌연변이와 자연선택이라는 두 힘으로 형태를 갖췄다. 이제 처음으로 우리는 현재의 인간뿐만 아니라 미래 세대의 DNA도 편집할 수 있는 능력을 갖췄다. 즉, 우리 자신의 진화 방향을 결정할 수 있다. 지구 생명체 역사상 전례 없는 일이다. 인간의 지식을 넘어서는 일이다. 우리는 불가능하지만 꼭 답해야 하는 질문에 대면하게 된다. 스스로 인정하지는 않지만 사실은 괴팍한 우리는 이 거대한 힘을 갖고 어떤 선택을 해야 하는가?

∽

나와 동료들이 크리스퍼 유전자 편집 기술에 관한 논문을 발표했던 2012년에는 인간 진화의 통제 같은 것은 생각하지도 못했다. 어쨌거나 우리 연구는 처음에는 전혀 상관없는 주제, 세균이 바이러스 감염에 어떻게 대항하는지에 관한 호기심에서 출발했다. 하지만 '크리스퍼-캐스'라고 불리는 세균 면역 체계에 관한 연구 과정은 정교한 정확도로 바이러스 DNA를 절단하는 놀라운 분자 기계에 관한 비밀을 들추어냈다. 이 분자 기계가 사람을 포함한 다른 종의 세포에서도 DNA를 조작하는 데 유용하리라는 사실은 금방 알 수 있었다. 그리고 크리스퍼 기술이 널리 적용되고 빠르게 발전하자, 더는 우리 연구 결과가 일으키는 거대한 파문을 방관할 수 없게 되었다.

과학자들이 크리스퍼와 영장류 배아를 이용해서 최초의 유전자 편집 원숭이를 만들었을 때, 어떤 모험심 넘치는 과학자들이 언제쯤 똑같은 실험을 인간에게 시도할지 스스로 묻지 않을 수 없었다. 나는 생화학자라 동물 실험이나 인간 조직, 인간 환자를 대상으로 삼아본 적이 없다. 내 한계선은 실험실의 시험관과 페트리 접시의 둥근 테두리까지다. 하지만 나는 지금 내가 탄생하도록 도운 기술이 인간과 인간이 사는 세계를 급격하게 변화시킬 수 있는 방식으로 사용되는 상황을 맞이했다. 이 상황은 사회적 또는 유전적 불평등을 심화할 것인가, 아니면 새로운 우생학 운동을 이끌 것인가? 우리는 어떻게 대비해야 할까?

이 문제를 생명윤리학자들에게 맡기고 내가 원래 속했으며 나를 크리스퍼로 이끈 흥미로운 생화학 연구로 돌아가고픈 유혹을 느끼기도 했다. 동시에 새로운 분야의 개척자로서, 이 기술이 어떻게 사용될 수 있으며 또 어떻게 사용되어야 할지를 논의하는 여론을 이끌어야 한다는 책임감도 느꼈다. 특히 나는 이 논의에 과학자나 생명윤리학자뿐만 아니라 사회과학자, 정책입안자, 종교지도자, 규제기관, 대중을 포함하는 이해관계자 모두가 참여해야 한다고 생각했다. 이 과학적 진보는 인류 전체에 영향을 미치므로, 최대한 많은 사회 분야에서 토론에 참여해야 한다고 생각했다. 또한 크리스퍼 기술이 통제할 수 없는 지경에 이르기 전에 이 논의를 되도록 빨리 시작해야 한다고도 느꼈다.

그래서 2015년, 버클리캠퍼스 실험실을 관리하고 세계를 돌아다니며 연구 결과를 세미나와 학회에서 발표하면서, 내게는 생소한 주제에 시간을 할애하기 시작했다. 맞춤 아기나 돼지-인간 잡종, 유전자 조작으로 탄생할 초인류에 이르기까지, 수많은 기자의 질문에 답했다. 캘리포니아 주지사와 백악관 과학기술정책국, CIA, 미국 의회에서 크리스퍼에 관해 설명했다. 유전자 편집 기술, 특히 크리스퍼가 생식생물학과 인간유전학부터 농업, 환경, 의료산업에서 일으키는 윤리적 문제를 토론하는 최초의 회의를 열었다. 최초의 회의에서 탄력을 받아 미국, 영국, 중국 등 전 세계 과학자와 이해관계자가 대거 참여하는 인간 유전자 편집에 관한 국제회의를 공동 개최했다.

반복되는 논의의 장에서 이 새로운 기술을 어떻게 사용할지 토론했다. 아직 우리는 결론에 이르지는 못했다. 하지만 조금씩, 결론에 다가서고 있다.

유전자 편집 기술은 우리가 인간 유전자를 조작할 때 한계선을 어디에 그어야 하는가에 관한 어려운 문제를 해결하라고 종용한다. 유전자 변형을 극악무도하며 신성한 자연법칙과 생명의 존엄성을 해치는 비뚤어진 폭력이라고 생각하는 사람도 있다. 게놈은 그저 우리가 수정하거나 다듬고, 갱신하고, 업그레이드할 수 있는 소프트웨어에 지나지 않으며, 인류의 결함 있는 유전자를 방치하는 일은 비이성적이고 부도덕한 행동이라는 사람도 있다. 이런 다양한 생각은 태어나지 않은 인간 게놈을 편집하는 일을 전면적으로 금지해야 한다는 편과 과학자가 아무런 제약 없이 기술을 발전시켜야 한다는 편으로 나뉘게 했다.

내 생각은 계속 진화하고 있지만, 인간 태아의 생식세포 편집에 관한 토론이 이루어진 2015년 1월 회의에서 나는 충격을 받기도 했다. 이 책의 공동저자이며 내게 박사학위를 받은 학생이기도 한 샘 스턴버그를 포함한 열일곱 명은 캘리포니아 나파밸리에 모여 생식세포 편집을 허용해도 될지, 허용한다면 그 시기는 언제일지에 관해 열띤 토론을 벌였다. 그때 누군가가 우리에게 조용히 말했다.

"사람들의 고통을 덜어주는 데 이 기술을 사용하지 '않는' 일이 비윤리적이라고 생각하게 될 날이 올지도 모릅니다."

이 말은 토론을 완전히 뒤엎었다. 지금도 유전병 때문에 절망에 빠진 부모와 예비부모를 만날 때면 이 말이 머릿속에 떠오른다.

우리가 신중을 기하는 동안에도 크리스퍼 연구는 계속 전진했다. 2015년 중반이 되자 중국 과학자들은 인간 배아에 크리스퍼를 주입한 실험 결과를 발표했다. 발생할 수 없어서 폐기된 배아를 사용했지만, 이 연구는 인간 생식세포 DNA를 정교하게 편집하려는 최초의 시도라는 중요한 지표가 되었다.

이런 발전에는 당연히 경고가 따라붙는다. 하지만 유전 질병으로 고통받는 사람을 유전자 편집 기술로 도울 수 있는 환상적인 의학적 기회를 과소평가할 수도 없다. 조기 발생 치매를 일으키는 HTT 유전자 돌연변이가 있는 사람이, 발병하기 전에 크리스퍼 약물로 DNA 돌연변이를 제거하는 상황을 상상해보라. 이렇게 강력한 치료법이 현실이 될 가능성은 그 어느 때보다 높다. 생식세포 편집을 논의하더라도, 크리스퍼에 관한 여론을 부정적인 방향으로 뒤엎거나, 유전되지 않는 유전자 편집 기술을 치료 목적으로 사용하는 상황을 방해해서는 안 된다.

나는 유전자 편집 기술이 가져올 희망을 반기는 쪽이다. 크리스퍼 연구는 학계 실험실과 투자자와 창업투자회사에서 1조 1천억 원 이상을 지원받는 생명공학 스타트업 회사에서 동시에 활발한 진전을 이루고 있다. 학계 과학자와 비영리 집단이 값싼 크리스퍼 관련 기술을 전 세계 과학자에게 제공하면서, 연구는 방해받지 않고 진보하며 이 분야에 박차를 가한다.

하지만 과학적 진보에는 연구나 투자, 혁신을 넘어서는 것이 필요하며, 대중의 참여 역시 중요한 열쇠다. 지금까지는 크리스퍼 혁명이 실험실과 생명공학 스타트업 회사의 닫힌 문 안에서만 일어났다. 모두의 노력과 이 책이 크리스퍼를 밝은 곳으로 끌어내기를 바란다.

이 책의 제1부 '도구'에서 샘과 나는 크리스퍼 기술에 숨겨진 스릴 넘치는 이야기를 풀어놓았다. 여기에서는 세균 면역 체계 연구에서 크리스퍼 연구가 시작된 과정을 소개하고, 크리스퍼 연구가 세포 속 DNA를 수정하는 방법을 개발하려는 수십 년간의 긴 여정에서 어떤 도움을 받았는지도 살펴본다. 제2부인 '과업'에서는 현재와 미래에 동물, 식물, 사람에 적용될 크리스퍼 기술의 무한한 잠재력을 탐색하고, 해결해야 할 중요한 도전 과제와 흥미로운 기회를 논의한다.

이 책의 주요 화자는 내가 맡을 예정이다. 샘과 나는 함께 책을 썼고, 이 책에 풀어낸 관점을 공유하지만, 좀 더 또렷한 목소리로 주제를 전하고 수년에 걸친 내 독특한 경험을 세세하게 숨결까지 전하려면 이 방법이 낫다고 결정했다.

이 책은 크리스퍼의 역사를 자세하게 풀어내거나 초기 유전자 편집 기술의 발달상을 세밀하게 기록한 연대기가 아니다. 그보다는 가장 중요한 진전에 초점을 맞추고 우리 연구가 다른 연구팀의 연구와 어떻게 맞물리면서 발전했는지를 보여주려 했다. 적절한 곳에 참고문헌을 제시했으니, 관심 있는 독자는 우리가 논의한 주제를 보완해주는 여러 출판물을 찾아보기를 권한다. 마지막으로 우리는 크리스퍼와 유전자 편집 연구에 중요하고도 유용한 역할을 해낸 수많은 과학자의 존재를 알리고 싶다. 지면이 부족해서 여기 싣지 못한 동료들에게는 미안한 마음을 전한다.

이 책이 흥미진진한 과학 분야를 독자에게 친절하게 설명할 수 있기를 바라며, 독자들의 참여를 이끌어내면 좋겠다. 유전자 편집에 관한 세계인의 논의는 이미 시작됐다. 이는 다름 아닌 인류의 미래에 관한 역사적인 논쟁이다. 파도가 다가오고 있다. 파도를 향해 헤엄쳐나가 파도에 올라타야 한다.

| 차례 |

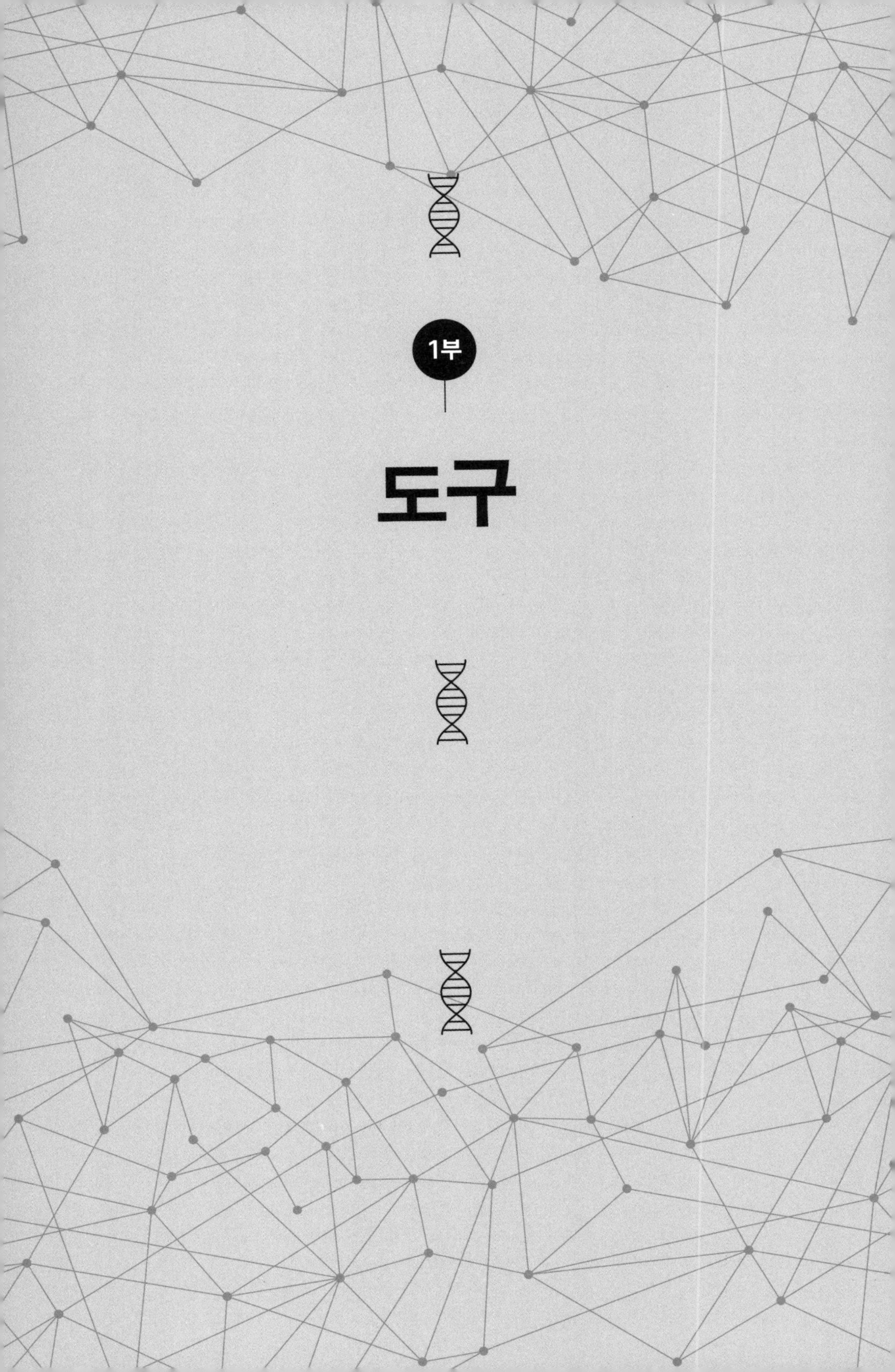

1부

도구

1장

치료를 위한 탐색

최근 나는 유전자 편집의 잠재력과 전망에 관해 놀라운 이야기를 들었다.

2013년, 미국 국립보건원 과학자들[1]은 의학계의 수수께끼와 씨름하고 있었다. 희귀한 유전 질병인 WHIM 증후군[2]을 연구하던 과학자들은 우연히 상태를 무어라 설명할 수 없는 환자를 발견했다. 환자는 어렸을 때 WHIM 증후군을 진단받았지만, 국립보건원 과학자들이 환자를 진료했을 무렵에는 기적적으로 완치된 상태였다.

전 세계에 극소수의 환자만 발생하는 희소병인 WHIM 증후군은 고통스럽고 치명적인 면역결핍 질병으로 환자는 일상생활을 영위하기 어렵다. 이 병은 아주 작은 돌연변이 때문에 생긴다. 사람이 가진 60억 개 염기 중 단 하나가 잘못되어 열두 개가량의 원자가 바뀐다. 이 작은 변화 탓에 WHIM 증후군 환자는 인유두종 바이러스HPV 감염에 근본적으로 취약해지며, 피부에 사마귀가 수없이 생기고 점차 암으로 발달하기도 한다.

WHIM 증후군 환자가 처음 진단된 시기는 1960년대로 거슬러 올라가며, 이 환자가 국립보건원 과학자들이 만난 유일한 WHIM 증후군 환자라는 사실은 이 질병이 희소하다는 사실을 방증한다. 과학 문헌에서 이 환자는 WHIM-09로만 표기됐지만, 나는 지금부터 이 여인을 킴이라고 부르겠다. 킴은 태어날 때부터 WHIM 증후군을 앓았으며, 평생 이 질병 때문에 생긴 심각한 감염 증상으로 여러 번 병원에 입원했다.

2013년 당시 58세였던 킴은 20대 초반의 두 딸과 국립보건원에 왔다. 두 딸은 WHIM 증후군 증상을 보였지만 킴 자신에게는 증상이 없었다. 사실 킴은 지난 20년간 증상이 나타나지 않았다고 말했다. 놀랍게도 어떤 치료도 받지 않았는데도 킴은 완치된 상태였다.

과학자들은 킴이 생명을 위협하는 질병에서 자연스럽게 완치된 현상을 이해하려고 여러 실험을 했고, 몇 가지 단서를 얻었다. 킴에게 질병을 안겨준 돌연변이 유전자는 볼과 피부에서 채취한 세포에 계속 남아 있었지만, 혈액세포에는 없었다. 킴의 혈액세포에서 DNA를 분리해 정밀 분석한 과학자들은 더 놀라운 사실을 발견했다. 염색체 2번의 한쪽에서 DNA 염기 3,500만 개가 사라진 상태였는데, 이 부분은 돌연변이 유전자 CXCR4가 있던 곳이었다(유전자는 단백질을 지정한다. 예를 들어 HTT 유전자는 헌팅턴이라는 단백질을 암호화한다. 헌팅턴병은 HTT 유전자가 돌연변이를 일으켜 나타나는 병이다. 원서에서는 유전자 이름을 이탤릭체로 표기하여 유전자가 지정하는 단백질과 구분했지만, 우리말 번역에서는 가독성을 위해 모두 일반 서체로 표기했다—옮긴이). 회오리바람이 염색체를 한바탕 휩쓸고 지나가면서 염색체 안을 뒤집어놓은 것처럼, 염색체 2번에 있는 약 2억 개의 DNA 염기는 서로 뒤엉켜 있었다.

최초의 발견에 새로운 질문이 뒤를 이었다. CXCR4 유전자 돌연변이는 일단 제쳐두고서라도, 어떻게 몸속 다른 부위의 DNA는 원래 상태를 유지하면서 킴의 혈액세포 속 DNA만 이렇게 엉클어질 수 있었을까? 게다가 CXCR4 유전자가 있던 염색체는 유전자가 164개나 사라져 심각하게 훼손되었는데, 혈액세포는 어떻게 살아 있을 뿐만 아니라 정상적으로 기능하는 걸까? 인간 세포 속 유전정보의 총체인 게놈에는 DNA 복제나 세포분열 등 사람이 살아가는 데 꼭 필요한 수천 개의 유전자가 들어 있다. 그토록 많은 유전자가 아무런 해악도 끼치지 않은 채 단순히 사라졌다는 사실은 상상하기 힘들었다.

여러 시험을 끝낸 국립보건원 과학자들은 서서히 킴의 행운을 설명할 퍼즐 조각을 맞출 수 있었다. 킴의 몸속 한 세포에서 보통은 재앙으로 여겨지는 드문 현상인 염색체파열Chromothripsis이 일어났던 것이 확실했다. 염색체파열은 최근 발견한 현상[3]으로 염색체가 갑자기 산산조각났다가 복구되는데, 이때 염색체 안에서 광대한 유전자 재조합이 일어난다. 손상된 세포가 즉시 죽는다면 별 상관없지만, 재배열된 DNA가 우연히 암 유발 유전자를 활성화하면 염색체파열의 효과는 심각해진다.

하지만 킴의 몸에서 일어난 염색체파열은 색다른 효과를 불러왔다. 돌연변이 세포가 정상적으로 자랐을 뿐만 아니라 질병의 원인인 CXCR4 유전자가 없어졌으므로, 세포에서 WHIM 증후군을 일으키는 원인이 제거된 것이다.

킴의 눈먼 행운은 여기서 끝나지 않았다. 국립보건원 과학자들은 이 행운의 혈액세포가 조혈모세포였음이 틀림없다고 추측했다. 조혈모세포는 몸속 모든 혈액세포를 만드는 줄기세포로, 증식하고 스스로 재건할 수 있는 거의 무한한 잠재력이 있다. 이 조혈모세포가 딸세포에 재배열된 염색체를 물려주면서 점차 킴의 전체 면역 체계를 CXCR4 유전자 돌연변이가 없는 건강한 백혈구로 채웠다. 이 연속적인 사건은 태어날 때부터 킴을 괴롭혔던 질병을 효과적으로 제거했다. 너무나 희귀한 일이라 나는 발표를 들으면서도 상상하기 어려웠다.

킴을 연구한 과학자는 사례보고에서 킴이 "전례 없는 자연의 실험"의 혜택을 받았다고 마무리했다. 단 하나의 줄기세포가 자연스럽게 변화하면서 질병 유전자를 가진 세포와 그 세포의 모든 딸세포를 제거했다. 단순하게 보면 축복받은 우연이고, 다르게 진행됐더라면 킴을 죽일 수도 있었던 변화지만, 그러는 대신 킴은 새 삶을 얻었다.

이 결과가 얼마나 행운이었는지는 인간 게놈을 거대한 소프트웨어에 빗대어 상상해보면 알기 쉽다. 킴의 사례는 소프트웨어를 구성하는 대략 60억 개 프로그램 중 한 글자가 잘못된 코드가 있는 상황과 같다. 보통은 이 문제를 해결하기 위해 그 부근의 코드를 무작위로 잘라내서 다른 부분까지 헝클어뜨리지는 않는다. 원래의 잘못된 부분을 교정할 수도 없거니와, 이 같은 무지한 시도로 더 큰 문제를 일으킬 것이 뻔하다. 놀라울 정도로 운이 좋을 때나 잘못된 코드가 들어있는 덩어리를 잘라내는 '동시에' 소프트웨어의 중요한 기능을 망가뜨리지 않을 것이다. 이럴 확률은 100만분의 일, 10억분의 일 정도밖에

되지 않는다. 요약하자면, 바로 이런 일이 킴에게 일어났다. 다만 여기서 눈먼 프로그래머가 자연이었다는 점이 특이할 뿐이다.

킴의 사례가 놀랍기는 하지만 이보다 더 놀라운 점은, 이런 사례가 킴뿐만이 아니라는 것이다. 염색체파열과 복구 과정에서 자연적으로 치료된 환자 사례로는 킴이 유일하긴 하지만, 과학 문헌을 보면 우연히 자연적으로 게놈이 '편집'되면서 유전 질병이 부분적으로, 또는 완전히 치료된 사례가 상당히 많다.[4] 예를 들어 1990년대 뉴욕에는 유전 질병인 중증 복합형 면역부전증SCID을 진단받은 환자가 두 명 있었다. 이 질병은 '버블 보이'라고도 불리는데, 어린 환자가 병원체에 노출되지 않도록 무균 상태의 풍선 같은 용기 속에서 살아가기 때문이다. 이렇게 극단적으로 환경과 분리하거나 공격적인 치료를 받지 않으면 SCID 환자는 대개 두 살이 되기 전에 죽는다. 하지만 뉴욕의 두 SCID 환자는 이 끔찍한 법칙의 예외가 되었으며, 건강하게 청소년기를 거쳐 성인이 되었다. 두 사례 모두, 환자 세포가 다른 유전자나 염색체에 영향을 미치지 않고 자연적으로 ADA 유전자에서 질병을 일으키는 돌연변이를 치유한 덕분이라고 과학자들은 결론지었다.[5]

비스코트 올드리치 증후군[6](이 질병은 환자의 10~20%가 자연적인 유전자 편집으로 회복된다)이나 간 질환인 타이로신 혈증[7] 같은 다른 유전 질병이 자연적인 유전자 편집을 통해 치료된 유사 사례도 있다. 유전자가 편집된 세포를 맨눈으로 확인할 수 있는 피부 질환도 있다. 예를 들어 선천성 어린선양홍피증[8]은 환자 피부에 홍반이 생기고 비늘처럼 일어난 부위가 정상 부위와 섞여 얼룩덜룩하다. 이 부위의 세포에는 유전자 돌연변이가 있지만, 주변의 건강한 세포는 돌연변이가 교정된 상태다.

하지만 전체적으로 볼 때 유전 질병이 자연적으로 치료될 확률은 극히 낮다. 대부분 환자는 치료가 필요한 세포나 조직에서 게놈이 정확하게 올바른 서열로 바뀌는 자연의 기적을 절대로 경험할 수 없을 것이다. 자발적인 유전자 편집은 이례적인 상황이며 흥미로운 의료 사례일 뿐, 유전자 로또를 맞은 환자는 한 손가락에 꼽힌다.

하지만 유전자 편집이 자발적으로 일어나는 과정, 그 이상의 것이 된다면 어떨까? 의사들이 WHIM 증후군, SCID, 타이로신 혈증, 그 밖의 다른 유전 질병을 일으키는 해로운 돌연변이를 교정할 수 있다면 어떨까?

나와 많은 과학자가 킴의 사례를 흥미롭게 여기는 이유는 이 사례가 자연적인 유전자 편집이 가진 치유력을 보여줄 뿐만 아니라 게놈 속 잘못된 염기를 합리적이며 의도적으로 수정해서 유전 질병의 증상을 뒤바꾸는 의료기술이 가질 잠재력을 암시하기 때문이다. 이런 행운의 이야기는 과학자에게 이를 실현할 수 있는 유전학적 노하우와 생명공학 기술만 있다면 의도적인 유전자 편집이 가능하리라는 점을 증명했다.

내가 이 분야에 들어오기 오래전부터, 생명과학 분야는 이런 기술을 개발하고 노하우를 쌓기 위해 수십 년 동안 노력했다. 사실 과학자는 자연이 이를 실현할 단서를 보여주기 전부터 치료를 위한 유전자 편집을 꿈꾸었다. 하지만 이 기술을 구현하려면 우선 게놈 자체에 관한 지식이 있어야 했다. 게놈의 구성 성분, 구축 방식 그리고 가장 중요한 교정과 조절 방법을 알아야 했다. 기초과학 지식이 있어야만 킴과 달리 스스로 치유할 힘이 없는 환자를 돕기 위해 과학자와 후대 과학자들이 자꾸만 멈칫거리게 되는 첫 발걸음을 뗄 수 있었다.

∽

게놈genome이라는 단어는 1920년 독일 식물학자 한스 빙클러Hans Winkler가 제안했다. 아마도 유전자gene와 염색체chromosome의 합성어[9]로, 세포 속 유전정보의 총체를 가리키려는 의도였을 것이다. 때때로 발생하는 돌연변이는 예외지만 게놈은 대개 한 개체 안에서는 어느 세포에서나 모두 같은 형태이며, 모든 생명체가 성장하고 개체

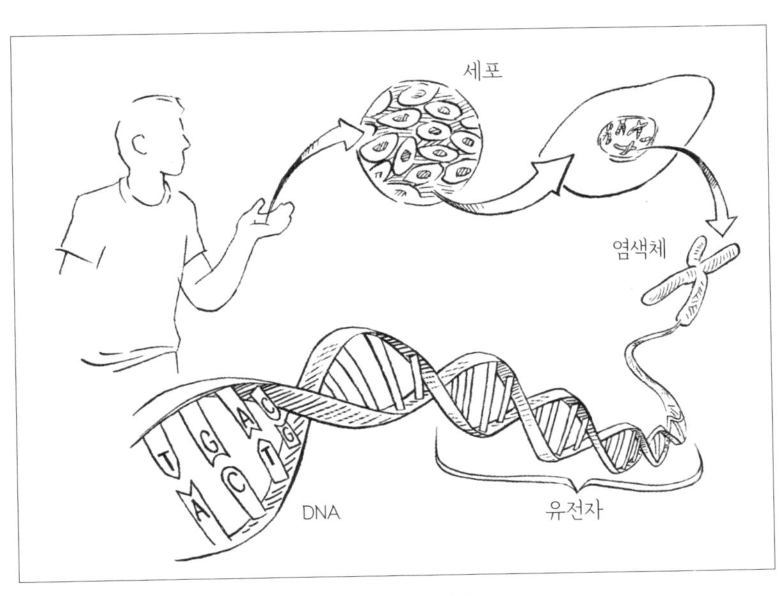

DNA: 생명의 언어

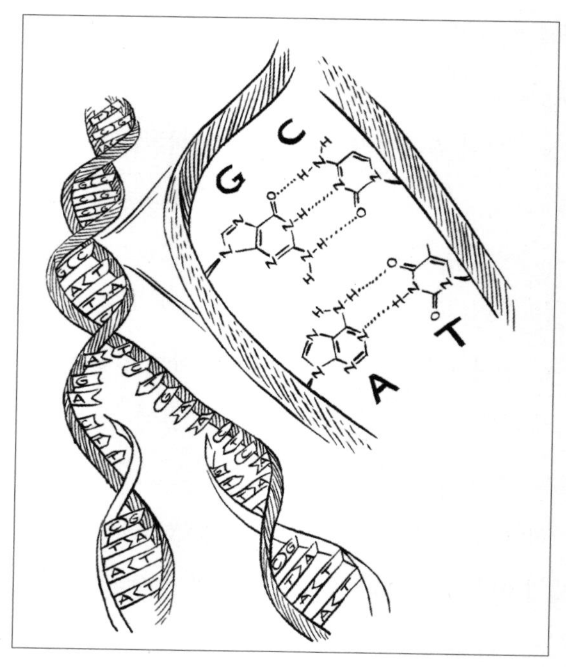

DNA 이중나선의 구조

를 유지하며 후손에게 유전자를 전달하도록 지휘한다. 게놈은 어떤 유기체에서는 지느러미와 아가미를 만들게 지시해서 물속에서 움직이고 숨 쉴 수 있게 한다. 다른 생물체의 게놈은 잎과 엽록소를 만들어 태양 빛에서 에너지를 합성할 수 있게 한다. 인간 고유의 신체 특징인 시력, 키, 피부색, 질병에 대한 성향 등도 우리 게놈에 암호화된 정보에서 나온 결과물이다.

게놈은 데옥시리보핵산, 즉 DNA라는 분자로 구성된다. DNA는 오직 네 개의 기본 물질로 이루어진다. 이 기본 물질을 뉴클레오타이드라고 부르며, DNA에서 친숙하게 볼 수 있는 A, G, C, T라는 약칭

이 바로 뉴클레오타이드를 나타낸다. A, G, C, T는 각각 아데닌, 구아닌, 시토신, 티민을 뜻하는데 뉴클레오타이드의 화학기, 즉 염기를 상징한다. 이 분자들은 한 가닥으로 길게 이어진다. 두 가닥이 만나면 그 유명한 이중나선 구조의 DNA를 형성한다.

이중나선은 사다리가 길게 나선형으로 꼬인 형태다. DNA 두 가닥이 중심축을 따라 서로를 감싸고, 이중나선 바깥쪽에 당-인산 뼈대가 이어지면서 전체적으로 사다리 난간의 양면을 형성한다. 이 형태는 이중나선 안쪽에 있는 네 개의 염기가 안으로 향하게 해서 가운데에서 서로 만나게 되며, 이것이 사다리의 가로대에 해당한다. 이 구조물의 우아한 특징은 각각의 가로대를 하나로 이어주는 분자 접착제 같은 화학적 상호작용이다. 염기 A는 항상 맞은편의 T와, G는 항상 C와 짝을 이룬다. 이를 가리켜 염기쌍이라고 부른다.

상대적으로 단순한 화학물질인 DNA가 유전정보를 세포분열로 생긴 두 개의 딸세포에 전달하는 방식이나, 유전정보가 식물이나 동물의 모든 세포로 전파되는 방식 등, 이중나선은 유전의 분자적 토대를 우아하게 보여준다. DNA 분자의 두 가닥 구조의 장점이나 DNA 조합(A와 T, G와 C)을 지배하는 규칙에 따라, 각각의 가닥은 짝을 이루는 가닥의 완벽한 주형이 된다. 세포분열 직전에 두 가닥 DNA는 이중나선의 가운데를 '열어주는' 효소에 의해 분리된다. 이후 다른 효소가 동일한 염기쌍 형성규칙에 따라 각각의 가닥에 맞는 새로운 가닥을 합성하며, 그 결과 원래의 이중나선과 정확하게 일치하는 두 개의 이중나선이 만들어진다.

DNA 이중나선에 관해 내가 처음 알게 된 순간은, 가장 강력한 광

학현미경으로도 볼 수 없을 만큼 작은 분자에 관해 과학자들이 발견한 사실을 책에서 읽은 때였다. 열두 살쯤 되었던 어느 날, 학교에서 돌아왔을 때 내 침대 위에 놓여 있는 제임스 왓슨의 낡은《이중나선 *The Double Helix*》을 발견했다(아버지는 가끔 헌책방에서 책을 사다 주시면서 내가 흥미를 느끼기를 바라셨다). 나는 이 책을 추리소설이라고 생각했는데, 정말로 그랬다! 몇 주 동안 이 책을 내버려뒀다가, 어느 비 오는 토요일 오후에 정신없이 빠져들었다. 로절린드 프랭클린의 가공하지 않은 자료를 토대로 왓슨과 프랜시스 크릭이 학문적으로 협력해서 이 단순하고도 아름다운 분자 구조를 발견해나가는 과정을 읽으면서, 서서히 나를 비슷한 길로 인도할 호기심이 움트는 것을 느꼈다(훗날 나는 훨씬 더 복잡한 RNA 3차원 분자 구조를 분석하면서 과학 경력을 쌓기 시작했다).

왓슨과 크릭의 발견 이후, 과학자들은 DNA 분자 구조를 분석하고, 단순한 화학물질이 어떻게 유전정보를 암호화하고 무수한 생물체의 생명현상을 설명할 수 있는지 연구했다. DNA는 비밀스러운 언어 같았다. DNA의 특별한 염기 서열은 세포 안에서 특정 단백질을 생산하는 설명서와 같다. 그렇게 만들어진 단백질은 음식을 소화하고, 병원체를 인식해서 파괴하며, 빛을 감지하는 등 몸속에서 중요한 기능을 수행한다.

DNA에 있는 정보를 단백질로 바꾸기 위해서 세포는 이 과정에 밀접하게 관련된 주요 매개분자인 리보핵산, 즉 RNA를 이용한다. RNA는 DNA 주형에서 전사 과정을 거쳐 만들어진다. RNA를 구성하는 염기 중 세 종류는 DNA와 같지만, 티민인 T 대신 우라실인 U를 사용한다. 또한 RNA 뼈대를 이루는 당은 DNA 뼈대를 이루는

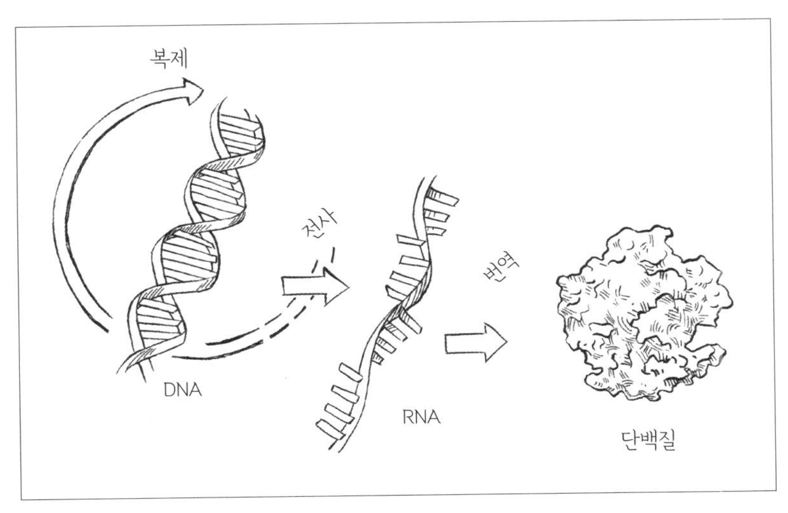

분자생물학의 중심 원리

당보다 산소 원자가 하나 더 많다(그래서 DNA는 '데옥시'리보핵산이다). RNA는 전령 역할을 하며, DNA가 저장된 핵에서 단백질이 생산되는 핵 외부로 정보를 나른다. 번역 과정에서 세포는 보통 유전자라고 부르는 분절된 형태의 DNA 암호에서 생성된 기다란 RNA 가닥을 이용해서 단백질 분자를 생산한다. RNA의 염기 세 개는 하나의 아미노산을 지정하는데, 아미노산은 단백질의 기본 구성단위다. 유전자와 거기에 대응하는 단백질은 유전자의 염기 서열과 단백질의 아미노산 서열이 단백질마다 서로 달라 구별된다. DNA에서 RNA, 다시 단백질로 이어지는 총체적인 유전정보의 흐름은 분자생물학의 중심 원리이며, 생명체를 만들고 서로 소통하는 언어이기도 하다.

게놈 크기와 게놈에 포함된 유전자 수는 생물마다 다양하다. 예를 들어 바이러스는 대부분 염기 수천 개짜리 DNA(또는 RNA일 수도 있다. 바이러스 종류에 따라서는 DNA가 없고 RNA만 있을 수도 있기 때문이다)와 한 손에 꼽히는 수의 유전자만 있다. 반대로 세균 게놈은 수백만 개의 염기가 있고 유전자 수는 4,000개나 된다. 파리 게놈은 DNA 염기쌍 수억 개 사이에 유전자가 약 1만 4,000개나 흩어져 있다. 인간 게놈은 DNA 염기쌍이 약 32억 개 있으며, 이 안에 단백질을 암호화한 유전자가 대략 2만 1,000개 있다. 흥미롭게도 게놈 크기로는 생물체의 복잡성을 정확하게 예측할 수 없다. 인간 게놈은 쥐나 개구리 게놈과 길이가 거의 비슷하지만 도롱뇽 게놈보다는 10배나 짧고, 특정 식물 게놈과 비교하면 100배나 짧다.

수많은 생물이 다양한 방법으로 게놈을 압축한다. 세균 게놈 대부분이 세포 안에 연속적인 DNA 한 가닥으로 존재하는 반면, 인간 게놈은 길이 5,000만~2억 5,000만 개의 염기로 이루어진 23개의 독특한 조각인 염색체로 구성된다. 거의 모든 포유류 세포처럼 인간 세포도 정상이라면 각각의 염색체를 두 개씩 한 쌍으로 갖추며, 하나는 아버지에게, 다른 하나는 어머니에게 받는다. 부모는 각각 염색체 23개를 자녀에게 물려주며, 따라서 자녀는 총 46개의 염색체를 갖는다(이 법칙에는 예외가 있다. 다운증후군에 걸린 사람은 염색체 21번이 세 개 있다). 핵 속 염색체는 몸속 세포 어디서나 발견할 수 있지만(핵이 없는 적혈구는 예외다), 핵은 세포에서 DNA를 찾을 수 있는 유일한 장소는 아니다. 인간 게놈은 독립된 미니 염색체를 갖고 있다. 1만 6,000개의 염기로 이루어진 이 DNA는 세포의 에너지 생산 전지인 미토콘드리아에 있다. 다른 염색체에서 찾을 수 있는 유전암호와 달리, 미토콘드리아 DNA는 어머니에게서만 물려받는다.

23개 핵 염색체 쌍이나 미토콘드리아 염색체 중 어떤 것에든 돌연변이가 일어나면 유전 질병이 생긴다. 가장 단순한 돌연변이는 치환substitution으로, 염기 하나가 다른 염기로 대체되는 현상이다. 이로 인해 유전자가 제 기능을 못 하거나 결함 있는 단백질을 생산할 수 있다. 예를 들어 혈액 유전 질병인 겸상적혈구병은 베타글로빈 유전자의 17번째 염기가 A에서 T로 바뀐 경우다. 아미노산으로 번역하면 이 돌연변이는 원래 글루탐산이 있어야 할 자리에 발린이 만들어지는데, 이 부분은 적혈구가 산소 수송에 이용하는 헤모글로빈 단백질에서 중요한 부분이다. 이 작은 단백질의 변화가, 즉 총 8,000개 원자 중에 불과 10개 원자가 바뀌면 끔찍한 결과로 이어진다. 돌연변이 헤모글로빈 단백질은 서로 달라붙어서 비정상적인 섬유를 만들어 적혈구 형태를 변화시키며, 이로 인해 빈혈이 나타나고 감염과 뇌졸중 위험을 높이며 뼈에 심한 통증을 일으킨다.

겸상적혈구병은 열성 유전 질환의 하나다. 한 사람의 HBB 유전자 두 개가 모두 돌연변이를 일으켜야 질병이 나타난다. 유전자 하나만 돌연변이를 일으켰다면, 정상인 나머지 유전자가 정상 헤모글로빈을 만들어서 돌연변이 헤모글로빈의 약점을 충분히 보완할 수 있다. 하지만 HBB 유전자 중 하나만 돌연변이더라도 겸상적혈구병의 특성이 있으므로, 자신은 질병 증상이 나타나지 않아도 자녀에게 돌연변이 유전자를 물려주게 된다.

다른 유전 질병은 우성 유전 특성을 보이며, 이는 돌연변이 유전자가 하나만 있어도 질병이 나타난다는 뜻이다. WHIM 증후군이 좋은 예로, CXCR4 유전자의 천 번째 염기가 C에서 T로 돌연변이를 일으키며, 돌연변이 유전자는 건강한 유전자 기능을 억누를 수 있는 활동성 높은 단백질을 생산한다.

겸상적혈구병과 WHIM 증후군은 모두 단순한 치환으로 일어나는 돌연변이 유전 질병의 예시다(DNA 염기 하나가 다른 염기로 바뀐 오류다). 하지만 유전 질병은 DNA 삽입insertion이나 DNA 결실deletion로도 나타날 수 있다. 예를 들어, 헌팅턴병은 DNA 안에 똑같은 염기 세 개가 수없이 반복적으로 나타나는 HTT 유전자 돌연변이 때문에 생기는 퇴행성 신경질환이다. 이로 인해 뇌세포는 비정상 단백질을 만들면서 점차 손상된다. 반대로 DNA 결실은 주로 폐를 공격해서 목숨을 위협하는 유전 질병인 대다수 낭포성섬유증의 주요 용의자다. CFTR 유전자의 염기 세 개가 사라지면서 만들어진 단백질은 중요한 아미노산이 없는 상태로, 제구실을 할 수 없다. 다른 질병은 유전자 분절 방향이 거꾸로 되었거나invert(즉, 염기 순서가 역순으로 나타난다), DNA 분절이나 염색체 전체가 실수로 복제되거나 삭제되면서 나타난다.

비교적 최근에 발달한 DNA 염기 서열 결정법으로 우리는 많은 질병의 원인인 유전자 돌연변이를 찾아냈다. DNA 염기 서열 결정법으로 인간 게놈을 염기 하나 단위까지 읽고 기록할 수 있게 되었다. 1970년대에 처음으로 DNA 염기 서열 결정법이 등장한 이후, 과학자들은 당시 유전 질병으로 유명했던 질환의 유전자적 원인을 공들여 추적했다. 이 분야는 인간게놈프로젝트를 완성하면서 비약적으로 발전했다. 1990년 초에 전 세계 과학자는 서로 협력해서 인간 게놈의 전체 서열을 분석하기 시작했다. 이 어마어마한 양의 작업은 효모에서 인간 DNA를 큰 덩어리로 잘라 클론을 만드는 신기술과 실험실

기계의 자동화, 염기 서열 자료를 분석할 수 있는 복잡한 컴퓨터 알고리즘의 발달 덕분에 가능했다. 2001년, 엄청난 노력과 3조 4,000억 원이라는 비용을 투입한 첫 번째 게놈 서열 시안이 발표됐다.

인간게놈프로젝트가 완료된 후, DNA와 전체 게놈 염기 서열 결정법은 속도가 빨라지고 비용은 낮아졌으며 효율성이 높아졌다. 과학자들은 유전 질병을 일으킬 수 있는 다양한 종류의 DNA 돌연변이를 4,000개 이상 정확하게 밝혀냈다. DNA 염기 서열은 한 개인에게 특정 암이 생길 위험도를 알려줄 수 있으며, 유전자 배경이 다양한 각각의 환자에게 특별한 맞춤 치료법을 제시할 수 있다. 게다가 이제는 DNA 염기 서열 분석이 상업적으로 이루어지며, 검사비용도 수십만 원에 불과하다. 침을 넣은 봉투를 우편으로 보내는 것만으로도 간단하게 수백만 명이 자신의 게놈을 분석할 수 있다. 그 결과 폭발적으로 늘어나는 자료 덕분에 과학자들은 수천 개의 유전자 변이체와 다수의 신체적 특성, 행동 특성 사이의 중요한 연관성을 가려낼 수 있다.

게놈 염기 서열 분석이 유전 질병 연구에 거대한 발전을 가져왔지만 이는 진단 기술에 불과할 뿐, 치료법은 아니다. 유전 질병이 DNA 언어로 기록된 방식은 알 수 있었지만 잘못된 언어를 고칠 방도가 없었다. 결국 DNA를 읽는 방법과 쓰는 방법은 다른 차원의 문제였다. 과학자에게는 완전히 다른 도구가 필요했다.

∽

과학자들은 유전 질병을 알게 된 순간부터 DNA에 기초한 질병 치료를 꿈꿔왔다. 몇몇 과학자가 유전 질병의 원인을 찾아내기 시작했을 때, 다른 과학자는 고통을 치료하는 신기술을 열정적으로 탐색했다. 환자에게 약을 주어 돌연변이 유전자의 부정적인 효과를 일시적으로 완화하는 데 그치지 않고, 유전자 자체를 복구해서 질병의 근본을 없애려 했다. 여기서 슬프지만 흔한 사례를 하나 들어보려 한다. 겸상적혈구병은 자주 수혈하거나, 수산화요소를 약으로 처방하거나, 골수를 이식해서 치료한다. 이보다는 질병의 원인인 DNA 돌연변이 자체를 목표로 삼는 게 낫지 않을까?

유전 질병을 치료하는 가장 좋은 방법은 초기 과학자들이 생각했던 대로, 자연이 킴과 다른 운 좋은 환자들을 우연히 치료했듯이 결함 있는 유전자를 의도적으로 복구하는 것이다. 하지만 돌연변이를 일으킨 유전암호를 수정해서 유전 질병을 치료하는 방법은 불가능해 보였다. 결함 있는 유전자를 복구하는 일은 짚더미 속에서 바늘을 찾아서 제거하기나 마찬가지고, 그러면서도 단 하나의 지푸라기도 건드리지 않아야 하는 과정이었다. 그러나 손상된 세포에 결함 유전자 전체를 대체하는 유전자를 넣으면 비슷한 변화가 나타나리라고 추측했다. 하지만 이 귀중한 화물을 병든 게놈에 어떻게 전달해야 할까?

유전자 치료 분야의 초기 개척자들은 세균 DNA에 새로운 유전정보를 끼워 넣는 바이러스의 기묘한 능력에서 힌트를 얻어, 바이러스를 이용해서 인간에게 치료용 유전자를 전달하는 방법을 떠올렸다. 최초의 시도는 1960년대 후반 미국인 의사 스탠필드 로저스Stanfield Rogers의 논문에 발표됐는데, 그는 토끼에 사마귀를 만드는 바이러스인 쇼프유두종 바이러스를 연구했다. 로저스는 해로운 아미노산인 아르지닌을 중화하는 효소 아르기나아제를 토끼에게 과잉생산하게 하는 쇼프 바이러스의 특성에 특히 관심을 기울였다. 병든 토끼의 몸속에는 건강한 토끼보다 아르기나아제가 많고 아르지닌은 적었다. 게다가, 로저스는 이 바이러스를 연구한 과학자들 '역시' 혈액 속 아르지닌 농도가 정상 수치보다 낮다는 사실을 발견했다. 과학자들이 토끼에서 감염되어 바이러스의 활성이 인간 몸속에서도 지속적인 변화를 끌어낸 것이 확실했다.

로저스는 쇼프 바이러스가 세포 속 아르기나아제 생산을 촉진하는 유전자를 운반한다고 추정했다. 로저스는 유전정보를 효율적으로 전달하는 바이러스의 능력에 놀라면서, 다른 유용한 유전자를 전달하도록 조작할 수 있을지 궁금하게 여겼다. 수년이 지난 후 로저스는 "질병을 연구하다가 치료 물질을 발견한 것이 분명했다!"[10]라고 회상했다.

로저스는 오래지 않아 자신의 가설을 시험해볼 기회를 얻었다. 불과 몇 년 뒤, 유전 질병인 아르지닌 혈증(아르지닌 분해 효소 결핍증이라고도 한다—옮긴이)에 걸린 독일 소녀 두 명이 발견되었다. 쇼프유두종 바이러스에 감염된 토끼처럼 두 소녀는 비정상적인 아르지닌 농도를 나타냈지만, 아미노산 농도가 낮은 것이 아니라 극단적으로 높았다. 아르기나아제를 생산하는 환자의 유전자가 없거나 돌연변이를 일으켰을 가능성이 컸다. 로저스는 쇼프 바이러스를 통해 아르기나아제 생산 촉진 유전자를 전달할 수 있으리라고 추측했다.

아르지닌 혈증의 증상은 끔찍했다. 소녀들은 계속 발작을 일으키고 뇌전증, 심각한 정신 퇴행 현상을 보였다. 하지만 두 독일 소녀는 아직 어려서 재빨리 초기 의료처치를 하면 질병이 일으키는 최악의 증상을 피할 가능성이 있었다. 로저스와 독일 동료들은 두 소녀에게 치료 목적으로 다량의 토끼 쇼프 바이러스를 정제해서 혈관에 주사했다.

안타깝게도 로저스의 실험적인 유전자 치료 결과는 로저스에게도, 그리고 환자와 환자 가족에게도 실망스러웠다. 혈관에 바이러스를 주입한 효과는 거의 없었고, 로저스는 많은 과학자가 무모하고 시기상조라 여기는[11] 시험과정을 시행한 데 대해 비난받았다. 이후 연구에서는 로저스의 가설과 달리 쇼프 바이러스가 아르기나아제 유전자를 가지고 있지 않으며,[12] 따라서 애초에 아르지닌 혈증 치료에 소용없었음이 밝혀졌다.

로저스는 이후 다시는 유전자 치료를 시도하지 않았지만, 과학자가 벡터라고 부르는 유전자 전달 도구로서 바이러스를 이용한다는 그의 발상은 생물학 분야에 혁명을 일으켰다. 실험은 실패했지만 기본 전제는 굳건하게 증명되었으며, 바이러스 벡터는 지금도 세포의 게놈에 유전자를 삽입해서 살아 있는 유기체의 유전자 암호를 바꾸는 가장 효율적인 방법의 하나다.

바이러스는 몇 가지 독특한 특성 덕분에 효율적인 벡터가 된다. 첫째로, 바이러스는 어떤 세포든지 효율적으로 잠입하도록 진화했다. 생명이 존재한 이후 세균, 식물, 동물 등 모든 유기체는 기생체인 바이러스와 격전을 벌여왔다. 바이러스의 목적은 세포를 탈취하는 것으로, 세포에 자신의 DNA를 집어넣어 세포가 더 많은 바이러스를 만들도록 속인다. 영겁의 세월 동안 바이러스는 세포 방어 체계의 약

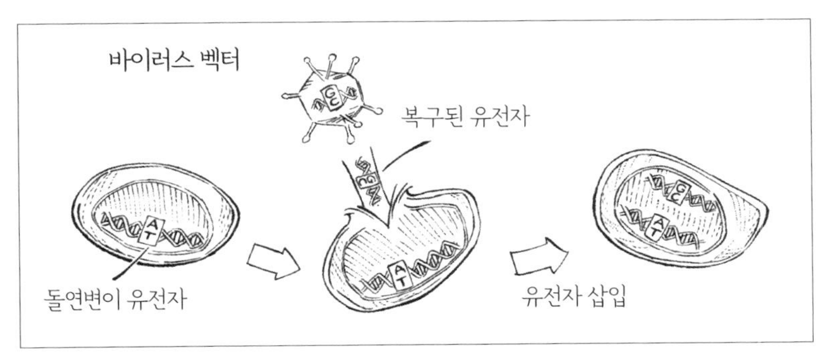

바이러스 벡터를 이용한 유전자 치료

점을 실리적으로 탐색하도록 진화했고, 자신의 유전자를 세포에 탑재하는 완벽한 전략을 갖췄다. 도구라는 측면에서 볼 때 바이러스 벡터는 놀라울 정도로 안정적이다. 바이러스 벡터를 사용해서 유전자를 목표 세포에 집어넣는 일은 거의 100%의 효율을 자랑한다. 바이러스 벡터를 치료용으로 만들려는 과학자에게는 더할 나위 없이 완벽한 트로이 목마다.

바이러스는 세포 속에 DNA를 집어넣는 방법뿐만 아니라 새로운 유전자 암호를 고정하는 방법도 알고 있다. 1920년대와 1930년대 세균유전학 연구 초기에는, 겉보기에 아무것도 없는 곳에서 불쑥 나타나 세균을 감염시키는 세균 바이러스(박테리오파지) 때문에 과학자들이 혼란스러웠다. 이후 이어진 연구에서 이 바이러스가 실제로 자신의 게놈을 세균 염색체에 집어넣고 숨어 있다가, 적당한 때가 오면 공격적으로 감염 활동을 시작한다는 사실이 밝혀졌다. 또 레트로 바이러스는 인간면역결핍 바이러스HIV가 속한 거대한 바이러스 과科로 인간에게 비슷한 작업을 하는데, 세균 바이러스처럼 자신의 게놈을 감염된 인간 세포 게놈에 끼워 넣는다. 이 치명적인 특성 덕분에 레트로 바이러스는 뿌리 뽑기가 매우 어려워서 인간에게 거대한 표식이 남기도 했다. 인간 게놈의 8%에 해당하는 DNA 염기 2억 5,000만 개 이상이 천 년 전 인간 선조가 감염된 고대 레트로 바이러스의 흔적이다.

1960년대에 최초의 유전자 치료가 시도된 후, 이 분야는 자연이 아니라 실험실에서 만든 유전자 암호를 일컫는 포괄적 용어인 재조합 DNA를 포함한 혁명을 거치면서 도약했다. 1970년대와 1980년대 과학자들은 새로운 생명공학 기술과 생화학 기술을 이용해서 DNA 분절을 자르거나 게놈에 붙이고, 특정 유전자 서열을 분리했다. 이 기술로 치료용 유전자를 바이러스에 삽입하고 위험한 유전자는 제거해서, 감염되는 표적 세포를 바이러스가 손상하지 않도록 했다. 바이러스는 탑재한 유전자를 표적 세포에 전달하는, 해롭지 않은 미사일로 바뀌어야 했다.

1980년대 후반이 되자 새롭게 보강된 레트로 바이러스는 실험실에서 만든 유전자를 쥐 게놈에 삽입하는 데 성공했고, 이제 경쟁은 병원에서 유전자 치료에 도전하는 과제로 옮겨갔다. 나는 그때 하버드 대학교에서 생화학 박사학위를 받기 위해 연구에 열중하고 있었는데, 국립보건원의 프렌치 앤더슨French Anderson 연구팀이 최초로 발표한 관련 논문을 두고 실험실 동료와 토론했던 일이 기억에 남는다. 이 연구는 유용성이 높은 벡터를 개발해서 건강한 아데노신탈아미노화효소ADA 유전자를 집어넣는 것이었다. ADA 유전자가 돌연변이를 일으킨 환자는 아데노신탈아미노화효소-중증복합형 면역부전증

ADA-SCID을 앓게 된다. 연구 목적은 돌연변이가 없는 ADA 유전자를 ADA-SCID 환자의 혈액세포에 영구히 장착하는 유전자 치료였다. 이를 통해 환자는 사라진 단백질을 정상적으로 생산할 수 있으며, 앤더슨 연구팀이 바라던 대로 질병이 치료될 가능성이 있다. 안타깝게도 이 선구적인 치료 시험은 모호한 결과를 보였다. 재조합 바이러스는 치료받은 두 환자에게 해를 끼치지는 않았지만 효과도 미지수였다. 예를 들어 두 환자는 치료를 받은 후 면역세포 활성도가 높아졌지만, 이 결과는 환자가 받고 있던 다른 치료 때문일 수도 있었다. 게다가 건강한 ADA 유전자가 실제로 삽입된 환자의 세포 수는 극히 적었기에, 바이러스는 과학자들이 기대한 만큼 유전자 삽입에 효율적인 도구가 아닐 수도 있다는 점이 밝혀졌다.

하지만 거의 30년 전에 실행했던 이 애매한 실험 이후, 유전자 치료는 경이로울 정도로 발전했다. 바이러스 벡터를 새롭게 설계하고 벡터를 전달하는 방법을 개선하면서, ADA 유전자 치료는 수십 명의 SCID 환자를 대상으로 좋은 결과를 냈다. 이 치료제는 상업적으로 생산되어 스트림벨리스Strimvelis라는 이름으로 승인을 기다리고 있다. 또한 2016년에 2,000여 건의 유전자 치료 시험이 완료되었거나 새롭게 시작했으며, 이 목록에는 낭포성섬유증, 뒤셴 근이영양증, 혈우병, 몇 종류의 시각장애 같은 단일 유전자성 유전 질병과 심혈관계 질병, 신경계 질병 등 다양한 질병이 포함된다. 한편 종양과 싸우는 세포에 종양에 특이적으로 반응하는 특정 분자 유전자를 삽입하는 암 면역 치료법처럼 새롭게 개척되는 분야는, 유전자 치료가 암을 치료할 가능성이 가장 큰 돌파구이자 여전히 의학 분야에서 공헌할 수 있다는 증거로 묘사된다.

과장 광고가 판을 치지만, 유전자 치료는 과학자와 의사의 기대처럼 만병통치약이 아니다. 사실 좋은 결과보다 나쁜 결과가 나올 때도 많다. 1999년 한 환자가 고농도의 바이러스 벡터를 주입한 뒤 격렬한 면역 반응으로 고통스럽게 죽자 유전자 치료계는 충격을 받았다. 당시 나는 예일대학교에서 바이러스 RNA가 세포의 단백질 생산체계를 가로채는 과정을 연구하고 있었다. 내 연구 분야는 유전자 치료와 거리가 멀었지만 재앙이나 다름없는 소식을 들은 나는 우울해졌고, 세포와 바이러스에 대해 더 깊이 연구하기로 마음먹었다.

이후 2000년대 초에 유전자 치료를 받던 X-연관 SCID 환자 다섯 명이 골수에 암이 생기는 병인 백혈병에 걸렸다. 레트로 바이러스에 있던 발암 유전자가 실수로 활성화하면서 세포가 통제 불가능할 정도로 급증한 상황이었다. 이 사건은 환자에게 외부 유전자를 대량으로 삽입해서, 수천 개의 DNA 염기 서열이 게놈과 무작위로 뒤엉키는 일에 내재한 위험성을 드러냈다. 이 분야의 임상 연구는 원리를 보면 너무나 매력적이지만 내재된 위험이 너무 크다고 속으로만 생각했던 것이 기억난다.

유전자 치료는 그 본질 탓에 유전자가 삭제되거나 결함이 있는 질병이 아니라면 대다수 유전 질병에는 그다지 효과적이지 않다. 세포에 새 유전자를 삽입하는 것만으로는 이런 질병을 치료할 수 없다. 헌팅턴병을 예로 들어보면, 돌연변이를 일으킨 유전자가 생산하는 비정상적인 단백질이 건강한 유전자가 만드는 정상 단백질의 효과를 압도해버린다. 돌연변이 유전자가 정상 유전자보다 우세하므로, 바이러스 벡터로 정상 유전자 하나 더 집어넣는 식의 단순한 유전자 치료로는 헌팅턴병이나 다른 우성 유전병에 효과가 없다.

이렇게 치료하기 힘든 유전 질병의 경우, 의사에게 필요한 것은 문제가 있는 유전자를 대체하는 작업이 아니라 결함 자체를 고치는 방법이다. 문제를 일으키는 결함 있는 유전자 암호를 수정할 수 있다면, 새 유전자가 엉뚱한 곳에 삽입되는 문제를 걱정할 필요 없이 열성 유전 질병과 우성 유전 질병을 가리지 않고 똑같이 치료할 수 있다.

과학자의 길을 걷는 순간부터 나는 그 잠재력에 흥미를 느꼈다. 1990년대 초 하버드대학교에서 생화학박사 학위를 받은 뒤, 볼더 시 콜로라도대학교 연구실에서 박사후과정 연구원으로 지내는 동안 수많은 밤을 이 주제로 토론하며 보내곤 했다. 그 시절 친구이자 연구실 동료였던 브루스 설린저Bruce Sullenger와는 1992년 대통령 선거(나는 폴 송거스를, 브루스는 빌 클린턴을 지지했다)부터 다양한 유전자 치료 전략까지, 무엇이든 함께 토론했다. 우리가 토론했던 아이디어 중에는 세포 속 DNA와 단백질의 매개자로서 RNA의 잠재력에 관한 것도 있었는데, DNA 돌연변이를 매개자인 RNA 단계에서 편집할 수 있을지가 관심사였다. 이 주제는 브루스의 연구 프로젝트이기도 했다. 때로 우리는 다른 가능성, 즉 결함 있는 RNA의 원천 암호인 게놈 DNA를 편집할 수 있을지도 논의했다. 이 일이 가능하다면 판세가 완전히 뒤집히리라는 데 우리는 동의했지만, 이 아이디어는 그림의 떡일 수도 있었다.

∽

1980년대가 지나면서 몇몇 과학자는 바이러스의 유전자 이식 치료법을 개선했고, 다른 과학자들은 실험실에서 재조합한 DNA로 포유류 세포를 형질전환하는 더 단순한 방법을 찾으려 했다. 원래는 연구를 위한 것이었지만 시간이 지나면서 과학자들은 이 방법을 인간 세포를 치료하는 데에도 이용할 수 있을지 고민하기 시작했다.

이 방법은 복잡한 유전자 이식 기술보다 장점이 많았다. 첫째, 시간이 적게 걸린다. 재조합한 바이러스에 유전자를 집어넣으면서 고생하는 것보다, 실험실에서 만든 DNA를 직접 세포에 주입하거나 DNA와 인산칼슘을 섞은 특별한 혼합물에 세포를 담가 자연스럽게 세포 안으로 DNA가 스며들게 하는 편이 더 빨랐다. 둘째, 이 단순한 방법은 바이러스를 이용해서 세포 게놈에 유전자를 삽입하지 않지만, 조금 비효율적이기는 해도 외부 DNA를 세포 안에 집어넣을 수 있었다.

쥐는 신기술을 실험하는 첫 번째 대상으로 많이 이용된다. 과학자들은 이 새로운 방법이 작은 생물에게 놀랍도록 효율적이라는 사실을 발견했다. 새로운 DNA를 주입한 쥐 수정란을 어미 쥐에 이식하면 이 DNA를 후손에게 영구히 전달할 수 있었고, 발달단계에서 눈에 띌 만한 뚜렷한 변화가 나타났다. 어떤 유전자든 실험실에서 분리해서 클론으로 만들면 실험하고 탐구할 수 있다는 뜻이다. 즉 과학자들은 유전자를 세포에 넣어서 그 유전자가 나타내는 효과를 관찰할 수 있으며 유전자 기능을 더 확실히 알 수 있다. 당시 RNA 분자의 형태와 기능을 밝히는 데 집중하고 있던 나도, 이 기술이 미칠 영향력이 엄청나다는 점을 짐작할 수 있었다.

그렇다면 DNA는 어떻게 게놈에 들어갔을까? 유타대학교 교수인 마리오 카페키Mario Capecchi는 여러 유전자를 게놈에 삽입하면 예상과 달리 무작위로 게놈에 삽입되지 않는다는 사실을 발견한 뒤, 1980년대 초부터 이 문제를 연구했다. 유전자는 게놈의 여러 염색체에 무작위로 들어가는 대신, 항상 한 곳이나 몇몇 영역에 서로 겹쳐져 뭉쳐 있었다. 마치 유전자가 일부러 결집한 것처럼 보였는데, 카페키 교수는 실제로 유전자가 의도적으로 결집했다고 생각했다.[13]

카페키 교수가 관찰한 현상은 상동 재조합homologous recombination이라는 과정이었다. 상동 재조합은 당시 널리 알려진 현상이었지만, 이 실험에서 볼 수 있으리라고는 누구도 예상하지 못했다. 상동 재조합은 난자와 정자가 생성될 때 가장 쉽게 볼 수 있다. 부모에게 물려받은 염색체 두 세트는 하나로 감소했다가 유성생식을 통해 새로운 염색체 조합을 만든다. 이때 염색체가 줄어드는 과정에서 세포는 부계와 모계 염색체 중에서 하나를 선택해서 혼합물을 만들며, 각각의 염색체 쌍은 각자 나름대로 유전적 다양성이 증가하도록 DNA 조각을 교환한다. DNA 염기 수백만 개를 섞고, 짝짓고, 재조합하는 과정은 놀랍도록 복잡하지만, 세포는 상동 재조합을 통해 아무 문제없이 수행할 수 있다. 이 과정은 동물 왕국의 모든 생명체에서 똑같이 일어난다. 예를 들어 세균은 상동 재조합을 통해 유전자 정보를 교환하며, 생물학자는 이를 이용해서 오랫동안 효모에서 유전자 실험을 했다.

하지만 실험실에서 배양하는 포유류 세포에서도 상동 재조합이 일어난다는 사실은 중대한 발견이었다. 카페키 교수는 1982년 논문 끝머리에 "상동 재조합 과정을 이용해 유전자를 특정 염색체 영역으로 보낼 수 있는지, 여기에 관련된 효소는 무엇인지 알 수 있다면 흥미로울 것이다"라고 썼다.[14] 다시 말하자면 과학자는 상동 재조합을 이용해서 게놈의 적절한 영역에 정확하게 유전자를 붙일 수 있다. 바이러스가 무작위로 유전자를 삽입하는 현상과 비교하면 놀라운 발전이다. 돌연변이가 일어난 부위에 직접 건강한 유전자를 끼워 넣어 결함 있는 유전자를 덮어쓸 수 있는, 더 나은 방법일 수도 있다.

카페키 교수의 논문이 발표된 지 불과 3년 후에, 올리버 스미시스Oliver Smithies 연구팀이 발표한 유명한 논문으로 이 가능성은 현실이 되었다. 연구팀은 인간 방광종양세포에서 유래한 세포주의 베타글로빈 유전자를 실험실에서 설계한 인공적인 재조합 유전자로 대체했다. 믿을 수 없게도 이 유전자는 제대로 작동했다.[15] 과학자가 손댈 필요도 없이 말 그대로 그저 DNA를 인산칼슘과 섞어서 세포에 부었을 뿐인데, 몇몇 세포의 게놈에 외부 DNA가 들어갔고, 실험실에서 만든 DNA 서열이 게놈에 원래 있던 DNA와 짝을 이루었으며, 모종의 분자 과정을 거쳐 낡은 DNA를 걷어내고 새로운 서열이 그 자리를 차지했다.

세포는 게놈을 수정하는 어려운 일을 대부분 스스로 할 수 있는 듯 보였다. 즉 과학자들은 게놈에 새 DNA를 집어넣기 위해 바이러스를 사용하지 않고도, 더 세심하게 유전자를 전달할 수 있다. 세포가 재조합 DNA를 게놈에 원래 있었던, 짝지어야 하는 여분의 염색체라고 착각하게 하면 과학자는 새 DNA를 원래 존재하던 유전자 암호에 상

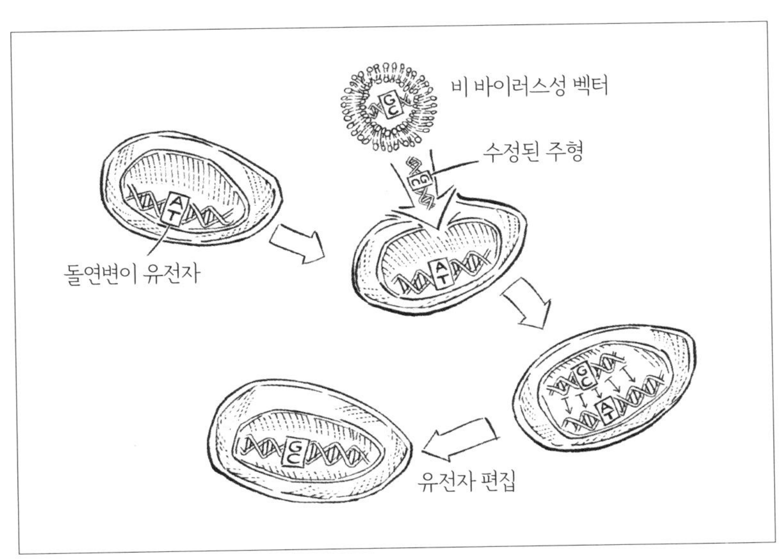

상동 재조합을 이용한 유전자 편집

동 재조합을 통해 결합할 수 있었다.

과학자들은 이 새로운 방법을 유전자 조작의 표적화 단계에 포함시켰다. 오늘날, 우리는 이 과정을 유전자 편집이라고 부른다.

유전학 연구에 이용하는 이런 기술의 잠재력은 유혹적이었다. 스미시스는 상동 재조합이 치료법으로도 이용될 수 있다는 사실을 깨달았다. 과학자들이 겸상적혈구병 환자의 혈액 줄기세포에 비슷한 방법으로 유전자를 표적화할 수 있다면, 돌연변이 베타글로빈 유전자를 건강한 정상 유전자로 대체할 수 있다. 스미시스의 발견은 아직 실험적 수준이지만, 언젠가는 질병을 치료하는 데 이용될 것이다.

다른 연구팀도 유전자 표적화 기술을 개선하는 경쟁에 뛰어들었다. 그중 하나가 카페키 교수 연구팀이었다. 1986년, 내가 아직 대학원 2년생이었을 때, 카페키 교수는 상동 재조합이 게놈 속 단 하나의 돌연변이까지도 정확하게 수정해서 세포 속 효소의 결함을 교정할 수 있다는 점을 증명했다.[16] 2년 후, 카페키 교수는 서열이 알려진 유전자라면 게놈 속 어떤 유전자든 표적화할 수 있는 다목적 전략을 발표했다. 동시에 상동 재조합으로 유전자를 교정하고 복구할 뿐만 아니라 연구를 위해 유전자를 비활성화시킬 수도 있다고 했다.[17] 유전자 활성을 억제하고 그 결과를 관찰하면 과학자는 유전자의 기능을 알 수 있었다.

내가 박사학위를 마치던 1980년대 후반에는 유전자 표적화 기술이 인간과 쥐 배양세포주뿐만 아니라 살아 있는 쥐에서도 DNA를 편집하는 데 널리 사용됐다. 마틴 에번스Martin Evans 연구팀은 쥐 배아줄기세포의 유전자를 표적화해서 교정한 뒤, 교정한 줄기세포를 다시 쥐 배아에 넣어서 과학자가 의도한 변화를 일으킨 살아 있는 쥐를 만들 수 있음을 증명했다. 카페키, 스미시스, 에번스가 만들어낸 위대한 업적은 2007년 노벨 의학상과 노벨 생리학상을 수상하면서 공을 인정받았다.

그러나 엄청난 영향력에도 불구하고 유전자 편집은 초기에는 환자를 치료하기보다는 기초연구 분야에서 더 유용하게 인식됐다. 다양한 유전자 기능을 연구할 방법을 찾던 포유류 유전학자에게 유전자 표적화 기술은 학계의 판도를 바꾸는 기술이었다. 하지만 그 잠재력에도 불구하고 의학자가 볼 때는 인간에게 사용하기에 조심스러운 기술이었으며, 치료 분야에서 상동 재조합은 한심할 정도로 모자란 기술이었다.

어쩌면 이 기술의 가장 큰 결점은 새로운 DNA가 짝이 맞는 서열에 정확히 전달되지 않고 게놈에 무작위로 들어가버리는 비상동 재조합 또는 변칙 재조합일지도 모른다. 사실 비상동 재조합과 상동 재조합이 일어나는 확률은 100 대 1 정도로 보였다. 당연하게도 형질전환 세포 중 1%만 돌연변이 유전자를 편집하고 나머지 99%는 게놈에 무작위로 들어간다면 치료법으로는 그다지 좋지 않았다. 과학자들은 배양세포주에서 이 문제를 회피할 수 있는 우아한 해결책을 찾아냈으며, 미래에는 의학에 적용되리라는 희망을 버리지 않았다. 카페키가 1990년대 초에 말했듯이, "결국 인간 유전자 치료를 하려면 상동 재조합이 유일한 방법이다."[18] 하지만 당분간은, 유전자 편집은 인간에게 쓸 만한 기술은 아닌 듯했다.

∽

1980년대 초 많은 과학자가 인간 세포 속 유전자를 표적화하는 일에 분주할 때, 잭 쇼스택Jack Szostak은 효모 세포분열 과정 때문에 골머리를 앓고 있었다. 하버드 의과대학교 교수인 쇼스택(나중에 내 박사학위 연구 프로젝트에 관해 조언해주셨다)은 유전자 편집과 상동 재조합이 일어나는 근본 기전을 연구하던 중이었다. 특히 쇼스택은 한 염색체에서 나온 DNA 이중나선이 다른 염색체에서 나온 서열이 일치하는 DNA와 짝을 이루어 서로 융합된 중간상태에서 정보를 교환한 뒤, 세포가 분열한 뒤에 분리되어 각자의 염색체로 재형성되는 과정을 알고 싶어 했다.

1983년 내가 퍼모나대학교 학부생이었을 때, 미국 반대편에서 쇼스택은 답을 알아냈다고 생각했다. 효모 유전자 실험 결과를 바탕으로, 쇼스택과 대학원생 테리 오어위버Terry Orr-Weaver는 로드니 로스타인Rodney Rothstein 교수, 프랭크 슈탈Frank Stahl 교수와 함께 도발적인 모델을 발표했다.[19] 상동 재조합 과정을 유도하는 경고등인 촉발 인자는 절단된 두 염색체 중 하나로, 이는 DNA 이중나선 파손으로 이어진다고 설명했다. 이 모델에서 이중나선의 파손과 이로 인해 풀려난 DNA 끝부분은 특히 잘 결합하는 경향이 있고, 풀린 DNA 끝부분은 서열이 일치하는 염색체(또는 유전자 편집의 경우, 과학자가 의도적으로 집어넣은 서열이 일치하는 DNA)와 유전정보를 교환하기 쉽다.

내가 쇼스택의 연구실에 갔던 1986년에는, 쇼스택이 이미 초기 생명체의 진화과정에서 RNA 분자의 역할로 연구 주제를 바꾼 뒤였다. 연구실에서 나는 동료들과 이중나선 파손 모델과 그 우아함에 대해, 과학계의 회의적인 반응에 관해 토론했다. 하지만 시간이 지나면서 이 모델이 광범위한 실험 데이터와 부합한다는 사실이 명백해졌다. 이중나선 파손의 복구 기전은 난자와 정자 형성 과정에서 일어나는 상동 재조합뿐만 아니라 DNA가 손상됐을 때 일어나는 재결합도 설명할 수 있었다. 모든 세포는 X선이나 발암물질 같은 DNA 손상 물질에 노출되며, 유전정보를 잃지 않으면서 DNA를 효율적으로 복구한다. 쇼스택 모델에 따르면, 복구 과정은 상동 재조합 과정을 통해 올바른 서열과 짝짓는 염색체의 능력에 달려 있으며, 두 개의 염색체를 보유하는 전략의 진화상 유용성을 보여준다. 한 염색체에 손상이 가더라도 다른 염색체에서 일치하는 서열을 찾아 복제하면 간단하게 복구할 수 있다.

이중나선 파손 모델이 맞는다면, 효모 연구에서 도출한 결과가 포유류에게도 적용된다면, 유전자를 편집하려는 정확한 위치의 게놈을 잘라 유전자 편집의 효율성을 개선할 명백한 기회였다. 게놈 속의 결함 있는 유전자를 실험실에서 정확하게 교정한 유전자로 대체하려면, 먼저 결함 있는 유전자를 잘라 DNA 이중나선을 파손한 뒤, 교정한 유전자 서열을 집어넣어야 한다. DNA가 파손되면 세포는 서열이 일치하는 염색체를 찾아 복제해 손상을 복구하려 하는데, 이때 합성한 유전자가 슬쩍 나타난다. 결론적으로는 DNA가 자연적으로 손상된 것처럼 세포를 속이고, 새로운 DNA를 짝이 되는 염색체로 위장시켜 제공해서 세포가 파손된 부위를 수정하게 만든다.

뉴욕 시 메모리얼 슬론 케터링 암연구소의 마리아 제이신Maria Jasin 연구팀은 1994년 최초로 포유류 세포에서 이 속임수 게임에 도전했다. 당시 볼더 시에서 박사후과정을 끝내고 뉴헤이븐 시 근처에 왔던 나는 강한 흥미를 갖고 논문을 읽었다. 나처럼 생명의 분자에 매혹당한 또 다른 여성 과학자가 내 대학원 스승의 이중나선 파손 모델 위에 세운 이 선구적인 논문을 읽으면서, 짜릿한 기분을 느꼈다.

제이신의 유전자 편집 실험은 참신하고 독창적이었다. 제이신의 전략은 게놈을 자르는 효소를 쥐 세포에 집어넣어 이중나선 파손을 일으키는 동시에, 잘린 DNA 서열과 일치하는 합성 DNA 조각을 복구용 주형으로 사용하도록 세포에 함께 집어넣었다. 그 후 쥐 세포가 복구용 주형 DNA를 사용해 파손된 DNA를 복구했는지 확인했다. 똑같은 실험을 효소를 넣거나 빼고 진행하면서, 제이신은 인공적으로 일으킨 이중나선 파손이 상동 재조합 효율성을 높인다는 자신의 가설을 검증할 수 있었다.

이는 수십억 개 염기를 가진 게놈의 특정 부위만을 자르는 효소를 이용해서 해결했다. 제이신은 영리하게도 효모의 분자 기계를 가져와서 문제를 해결했는데, 바로 '핵산 내부 가수분해 효소' I-SceI이다.

핵산 가수분해 효소는 핵산을 절단하는 효소다. RNA를 자르는 효소도 있고 DNA를 절단하는 효소도 있다. 핵산 사슬 끝에서부터 RNA나 DNA를 자르는 핵산 말단 가수분해 효소와 달리, 핵산 내부 가수분해 효소는 RNA나 DNA 가닥 '내부'를 자른다. 핵산 내부 가수분해 효소 중에는 DNA가 보이는 족족 서열에 상관없이 잘라버려서 세포에 크게 해로운 종류도 있다. 몇몇 핵산 내부 가수분해 효소는 특이성이 매우 높아서 특정 서열만 인식해서 절단하며, 나머지 효소들은 양극단의 중간쯤에 자리한다.

제이신이 고른 I-SceI 핵산 내부 가수분해 효소는 당시에는 가장 특이성이 높다고 알려진 종류로, I-SceI는 연속된 DNA 염기 서열 18개가 정확히 일치해야만 DNA를 절단했다. 특이성이 매우 높은 핵산 내부 가수분해 효소를 선택하는 일은 아주 중요했다. 특이성이 낮은 효소를 고르면 게놈을 아무 곳이나 잘라 결과를 해석하기가 어려운 것은 물론, 숙주 세포에 해를 입힐 수 있었다. 하지만 I-SceI의 연속한 18개 염기 서열이라는 특이성은 500억 개 조합 중에서 단 하나의 서열을 구분할 수 있었다(역설적으로 쥐의 게놈에는 I-SceI 효소가 자를 수 있는 18개 염기 서열이 없었기에, 제이신은 유전자 편집 실험을 하기 전에 쥐의 게놈에 18개 염기를 끼워 넣어 I-SceI 효소가 자를 수 있는 부위를 만들어야 했다).

제이신의 실험 결과[20]는 놀라웠다. 상동 재조합으로 돌연변이 유전자가 정확하게 복구된 세포의 비율은 10%였는데, 현재 기준에서는 성공률이 낮아 보이지만 이전의 결과와 비교하면 100배나 높은 숫자였다. 과학자가 비상동 재조합이나 레트로 바이러스 벡터의 무작위 삽입에 대한 걱정 없이 이 기술을 이용해 게놈의 유전자 암호를 수정할 수 있으리라는 가장 희망적인 증거였다. 올바른 위치에 이중나선 파손을 일으키기만 하면, 세포가 우리를 위해 일하는 것이다.

오직 한 가지 문제만이 남아 있었다. 이 방법을 실제로 사용하려면, 과학자는 게놈의 특정 영역을 절단할 수 있어야 했다. 제이신의 개념 증명 실험에서 I-SceI 효소가 인식해서 절단한 서열은 효소를 집어넣기 전에 인공적으로 게놈에 만들어 붙인 것이었다. 하지만 많은 질병 연관 유전자는 말하자면 고정되어 있으며, 까다로운 핵산 내부 가수분해 효소에 맞추어 바꿀 수 없다. 일단 절단되면, 게놈은 대단히 효율적으로 스스로 복구하고 새로운 유전정보를 내재화한다. 중요한 것은 올바른 위치를 절단하는 방법을 알아내는 일이었다.

내가 RNA 분자의 구조와 독특한 생화학적 특성을 연구하던 1990년대 중반 이후로는, 과학자들이 I-SceI 효소처럼 정확하게 특정 DNA 서열을 표적화하는 새로운 체계를 설계하는 데 전력투구했다. 이 문제를 해결하면 유전자 편집의 무한한 잠재력을 마음껏 사용할 수 있었다.

차세대 유전자 편집 도구는 세 가지 조건을 만족해야 했다. 첫째, 우리가 원하는 특정 DNA 서열을 인식할 수 있어야 하고, 둘째, 바로 그 DNA 서열을 자를 수 있어야 하며, 셋째, 다른 DNA 서열을 표적화해서 자르도록 프로그램하기 쉬워야 했다. 첫째와 둘째 조건은 이중나선 파손을 일으키는 데 필요한 조건이고, 셋째는 보편적으로 널리 사용되기 위한 조건이다. I-SceI 효소는 첫째와 둘째 조건은 훌륭하게 충족했지만 셋째 조건을 충족하지 못했다. 필요에 따라 설정할 수 있는 DNA 절단 체계를 만들기 위해 생명공학자는 I-SceI 효소계가 새로운 염기 서열을 표적화해서 자르도록 재구성하거나, 완전히 다른 DNA 염기 서열을 절단하는 새로운 핵산 가수분해 효소를 찾아야 했다.

I-SceI 효소를 재구성하려는 노력은 기대에 미치지 못했고(단백질 효소 분자의 복잡성을 생각하면 놀랄 일도 아니다), 과학자들은 다른 핵산 가수분해 효소를 찾는 편이 훨씬 가능성이 크다는 점을 재빨리 깨달았다. 사실 제이신이 I-SceI 효소 실험을 할 당시에는 이미 수십여 종의 핵산 가수분해 효소를 광범위한 유기체에서 분리했고, 이 효소들이 절단하는 정확한 DNA 서열도 알아낸 상황이었다. 하지만 여기에는 근본적인 문제점이 있었다. 이들 효소 대부분은 겨우 염기 6~8개 정도만 인식해서, 사용하기에는 유용성이 떨어졌다. 이렇게 짧은 염기 서열은 인간 게놈에 수만 개 또는 수십만 개씩 나타나며, 이는 핵산 가수분해 효소가 설령 한 유전자에서 상동 재조합을 자극한다고 해도, 이 과정에서 게놈 전체를 갈가리 분해해버릴 수도 있었다. DNA 복구를 시작하기도 전에 세포가 파괴될지도 몰랐다.

이미 발견한 핵산 가수분해 효소 중에는 사용할 만한 효소가 없었고, 새로운 유전자를 편집할 때마다 I-SceI 효소 같은 새로운 효소를 찾는 일은 불가능했다. 만약 치료 목적의 유전자 편집이 질병을 일으키는 돌연변이를 수정하는 유용한 기술이 되려면, 과학자가 환자의 해로운 돌연변이 유전자의 정확한 영역을 표적화하는 핵산 가수분해 효소를 우연히 찾을 때까지 의사가 마냥 기다려줄 수는 없었다. 과학자는 필요한 핵산 가수분해 효소를 그때그때 골라 쓸 수 있거나, 최소한 필요에 따라 만들어낼 방법을 찾아야 했다.

당시에 나는 몰랐지만, 이 문제에 관해 사고의 대전환을 일으키는 해결책을 제시한 연구가 1996년 발표됐다. 존스홉킨스대학교 교수인 스리니바산 찬드라세가란Srinivasan Chandrasegaran은 핵산 가수분해 효소를 실험실에서 합성하거나 자연에서 새로운 효소를 찾거나 I-SceI 효소를 재구성하는 대신, 이미 자연에 존재하는 단백질 조각을 골라 결합해서 잡종을 만드는 편이 낫다고 생각했다. 이 같은 키메라 핵산 가수분해 효소는 유전자 편집 핵산 가수분해 효소의 처음 두 조건을 충족시켜, 특정 DNA 염기 서열을 인식하고 자를 수 있을 것이다.

찬드라세가란은 자연에 존재하는 단백질 중 각각 DNA 서열을 인식하고 자르는 데 능숙한 단백질 두 개의 일부분을 결합해 키메라 핵산 가수분해 효소를 만들었다. 자르는 부위는 세균 핵산 가수분해 효소인 FokI에서 가져왔는데, 이 효소는 DNA를 절단하지만 특정 염기 서열을 인식하지는 못한다. 특정 염기 서열을 인식하는 부위는 자연계에 흔한 징크 핑거 단백질Zinc Finger Protein에서 가져왔다. 징크 핑거라는 이름이 붙은 이유는, 이 단백질이 나란히 배열된 아연Zinc 이온이 연결하는 손가락처럼 생긴 모듈을 이용해서 DNA 서열을 인식하기 때문이다. 징크 핑거 단백질은 나란히 반복된 분절 여러 개로 구성되는데 각각의 분절은 특별한 세 개의 염기로 이루어진 DNA 서열을 인식하므로, 단백질 분절을 여러 방법으로 배열하면 다양한 DNA 서열을 인식하도록 재설계할 수 있었다.

믿을 수 없게도, 찬드라세가란의 키메라 핵산 가수분해 효소는 의도한 대로 움직였다.[21] FokI의 DNA 절단 부위와 징크 핑거 단백질의 DNA 인식 부위를 결합한 키메라 핵산 가수분해 효소는 근본이 완전히 다른 두 단백질 부위를 뭉쳐놓았어도 연구팀이 원하는 DNA 서열을 인식해서 자른다는 사실을 증명할 수 있었다.

찬드라세가란 연구팀은 곧바로 유타대학교의 데이나 캐럴Dana Carroll 교수와 공동으로 새로운 징크 핑거 뉴클레이즈ZFN를 사용하기 더 쉽게 만드는 일에 착수했다. 두 연구팀은 징크 핑거 뉴클레이즈가 생물학에서는 보편적인 모델인 개구리 알에서도 작동하며,[22] 징크 핑거 뉴클레이즈가 유도하는 DNA 절단이 상동 재조합을 촉진한다는 사실을 증명했다. 다음으로 캐럴 연구팀은 초파리의 체색소 발현에 연관된 '옐로우' 유전자를 표적화하는 새로운 징크 핑거 뉴클레이즈를 만들어서, 이 전략이 생물체 전체에 의도한 대로 정확한 유전자 변형을 일으킬 수 있다는 점을 증명했다.[23] 이 결과는 유전자 편집에서 근본적으로 중요한 발전이었다. 징크 핑거 뉴클레이즈를 동물에 실제로 적용할 수 있을 뿐만 아니라 새 유전자를 표적화하도록 재설계할 수 있다는 매우 중요한 점을 증명한 것이다.

더 많은 과학자가 재빨리 이 분야에 뛰어들었고, 새로운 유전자를 인식하고 새로운 동물 모델에 적용할 수 있도록 징크 핑거 뉴클레이즈를 각자 목적에 맞게 바꾸기 시작했다. 2003년 매슈 포투스Matthew Porteus와 데이비드 볼티모어David Baltimore는 사람 세포 유전자도 맞춤 제작한 징크 핑거 뉴클레이즈로 정확하게 편집할 수 있다는 점을 처음으로 증명했다.[24] 곧이어 표도르 우르노프Fyodor Urnov 연구팀이 사람 세포에서 X-연관 SCID를 일으키는 돌연변이를 교정했다.[25] 유전자 편집을 유전 질병 치료에 적용할 가능성은 그 어느 때보다 현실에 가까워졌다.

한편 징크 핑거 뉴클레이즈는 정교하게 조작한 곡물이나 동물 모델을 만드는 등 전혀 다른 목적으로 유전자 편집에 관심을 가진 실험실에서도 연구했다. 2000년대 후반에는 이 기술이 애기장대, 담배, 옥수수 등에 성공적으로 적용되어, DNA 이중나선 파손이 포유류 세포뿐만 아니라 다양한 세포에서 상동 재조합을 효율적으로 촉진한다는 점을 보여주었다. 동시에 징크 핑거 뉴클레이즈로 제브라피시, 지렁이, 쥐, 생쥐의 유전자를 변형한 논문도 서서히 발표되기 시작했다. 흥미로운 잠재력을 지닌 이 논문들은 수많은 논문과 학회에서 내 관심을 끌었다.

하지만 그 무한한 잠재력에도 불구하고 징크 핑거 뉴클레이즈는 연구실 밖에서는 널리 사용할 수 없었다. 징크 핑거 뉴클레이즈를 사용하는 과학자는 단백질공학 전문가이거나 숙련된 기술이 있는 연구실과 공동 연구를 하는 소수의 연구팀, 맞춤 핵산 가수분해 효소를 제작할 만큼 연구비가 넉넉한 연구팀뿐이었다. 이론상으로는 징크 핑거 뉴클레이즈를 설계하기는 쉬웠다. 그저 편집하려는 염기 서열을 인식할 수 있는 징크 핑거 분절을 결합하면 끝이었다. 그러나 실제로 이 작업은 아주 어려웠다. 새로 만든 징크 핑거 뉴클레이즈 대부분은 목표로 한 DNA 염기 서열을 인식하지 못했다. 아니면 표적과 비슷한 염기 서열 아무 데나 달라붙어서 편집해야 하는 세포를 죽이기도 했다. 징크 핑거 영역이 DNA 서열을 잘 인식하더라도 핵산 가수분해 효소가 DNA를 자르지 못하기도 했다.

비슷한 이유로 I-SceI 효소를 재설계하는 일도 어려워서, 징크 핑거 뉴클레이즈는 다목적 유전자 편집 도구로 사용하기에 부족해 보였다. 확실히 해두자면, 징크 핑거 뉴클레이즈가 보여준 결과는 유전자 편집이 목표라면 맞춤형 핵산 가수분해 효소가 옳은 방향이라는 점을 분명히 입증했지만, 여전히 더 안정적이고 사용하기 쉬운 신기술이 필요했다.

바로 그 기술의 최소한 첫 번째 유형이 2009년 식물을 감염시키는 병원성 세균인 크산토모나스Xanthomonas에서 새로운 유형의 단백질을 발견하면서 나타났다. 전사 활성화인자 유사 조절인자transcription activator-like effectors, 즉 TALEs라고 부르는 이 단백질은 징크 핑거 단백질과 구조가 놀라울 정도로 비슷하다. 여러 개의 반복된 분절로 구성되며, 각각의 분절은 특정 DNA 염기 서열을 인식한다. 하지만 차이점도 있다. 징크 핑거 단백질의 손가락 하나가 DNA 염기 서열 3개를 인식하는 반면, TALEs의 분절 하나는 DNA 염기를 단 하나만 인식한다. 이 차이점을 이용해서 과학자는 DNA 염기 서열을 인식하는 분절에 해당하는 암호를 쉽게 추측할 수 있었고, 그 분절을 그저 연달아 배열하기만 하면 유전자 안에서 더 긴 DNA 염기 서열을 인식할 수 있었다. 징크 핑거 뉴클레이즈에게는 보이기만 쉬워 '보였던' 작업이지만, TALEs에서는 실제로 쉬웠다.

과학자들은 재빨리 방향을 바꿔 이 새로운 실마리를 탐색했다. 암호는 금방 해독되었고 연구팀 세 곳에서 TALEs를 징크 핑거 뉴클레이즈가 사용했던 DNA 절단 부위와 결합해 TALEs 핵산 가수분해 효소, 즉 탈렌TALEN을 완성했다. 탈렌은 세포 안에서 유전자 편집을 촉발하는 데 놀라운 효율성을 보였다. 뒤이어 구조와 설계가 개선되면서 탈렌은 징크 핑거 뉴클레이즈보다 더 쉽게 만들고 쓸 수 있을 것으로 기대를 모았다.

"하지만 탈렌은 안타깝게도,"[26]라고 데이나 캐럴은 유전자 편집의 기원에 관한 연대기 기사를 쓰면서 이렇게 표현했다. 탈렌은 발견되어 유전자 편집에 적용되자마자 강력한 차세대 주자에게 자리를 빼앗겼다. 이 새로운 기술이 바로 크리스퍼CRISPR로, 여기가 내 이야기와 유전자 편집 기술 이야기가 맞물리는 지점이다. 그리고 활기찬 새 시대에 들어서는, 긴 과학 역사와 만나는 지점이기도 하다.

2장

새로운 방어법

2014년, 나는 과학 연구에 뛰어든 지 20년이 되는 해를 자축했다. 우연히 내 50세 생일과 겹친 기념할 만한 해였으므로, 연구실 단합회를 겸해서 내 고향인 하와이로 갔다. 학부생, 박사과정생, 박사후과정 연구원, 실험실 사람들, 친한 친구들, 내 아들 앤드루까지 30여 명이 코나 시 근처의 방을 세 개 빌려서 함께했다. 코나 시는 빅아일랜드 서부 해안 바닷가에서 15분 거리에 있고, 내가 자란 힐로의 집에서는 차로 몇 시간 거리에 있다. 낮에는 소풍 가거나 하와이 화산 국립공원에 하이킹을 가고, 해안 근처와 시장을 걸어 다니며 섬을 에워싼 자연 그대로의 산호초에서 스노클링을 즐겼다. 어떤 밤에는 할레마우마우 분화구에서 흘러나오는 붉은 용암이 뿜어내는 숨 막히는 장관을 감상하고, 며칠 밤은 숙소에서 피자와 맥주를 먹고 마시며 댄스파티를 벌이고 노래를 부르며 머리를 식혔다.

물론 과학자들 모임이 흔히 그렇듯이 발표 시간도 있었다. 나흘 동안 모든 실험실 연구원이 15분 동안 자신이 선택한 주제에 관해 설명하는 미니 심포지엄을 4회 열었는데, 주제는 연구실의 역사부터 RNA 구조에 이르기까지 다양했다.

마지막 날에는 박사후과정 연구원이며 이 단합회를 계획한 로스 윌슨Ross Wilson이 발표했다. 나는 로스가 이야기를 하리라고 생각했지만 그는 나에 관한 짧은 동영상을 보여주어 모두를 놀라게 했다. 연구실에 일종의 전통처럼 내려온 오래된 비디오테이프에서 발췌한 이 동영상은 내겐 비밀로 하고 만든 것이었다.

사람들은 화면에 영상이 뜰 때마다 재미있어하면서 나를 놀리기도 했다. 1999년 국립과학재단 수상식에서 한 연설도 있었고, 2000년 〈보그〉에 실린 가이거 계수기를 든 사진도 있었으며, 예일대학교에서 캘리포니아대학교 버클리캠퍼스로 옮겨 왔을 당시 프레더릭 와이즈먼Frederick Wiseman이 찍은 다큐멘터리도 있었다.

동영상에는 내가 출연한 TV 뉴스도 두 개 있었는데, 모두 1996년 예일대학교에서 주목받을 만한 발견을 했을 때였다. 특별하게 여기지는 않았지만 내가 TV 뉴스에 나왔다는 사실은 기억했다. 갑자기 연구원들, 특히나 온종일 실험실에서 시간을 보내는 젊은 연구자들의 분위기가 달아오르면서 살짝 긴장이 풀리는 분위기로 바뀌었다.

이 뉴스는 로스가 만든 동영상에서 가장 많은 웃음을 불러일으켰다. 자기들 지도교수의 30대 시절 모습이나 기자의 딱딱한 말투라든지, 당시에는 최첨단 기계였던 투박한 구식 컴퓨터까지, 전체적으로 너무 촌스러워 보였다.

함께 웃으면서 내 마음은 예일대학교에서 일하던 시절로 되돌아갔다. 그리고 많은 과학자가 좋은 결과가 나오기 힘들 것이라고 경고하던 새로운 분야의 연구에 뛰어들면서 마주했던 희망과 두려움도 기억해냈다. 젊었던 내가 인터뷰하는 장면을 지켜보면서 그 시절을 물들였던 강렬한 흥분과 깊은 상실감을 동시에 느꼈다. 뉴스에서 흘러나오는 내 말은 후에 내 연구가 새로운 방향으로 흘러가면 어떻게 될지 놀랍도록 정확하게 예견하고 있었다.

인터뷰할 당시는 스스로 이어 맞추는 능력이 있는 RNA 효소self-splicing ribozyme인 리보자임의 일부분인 RNA 3차원 구조를 모든 원자 하나하나의 위치까지 정확하게 해명한 때였다. 내가 콜로라도대학교에서 박사후과정을 할 때 지도교수였던 톰 체크Tom Cech 교수는 리보자임을 발견한 공로로 1980년대에 노벨상을 받았다. 원시세포 속에서, 스스로 유전정보를 암호화하는 동시에 복제할 수 있는 RNA 분자에서부터 지구 생명체가 유래했다는 점을 제시했기에 리보자임의 발견은 하나의 돌파구였다. 1994년 예일대학교에서 내 연구실을 열었을 때, 톰의 발견을 토대로 삼아 리보자임의 구조를 연구해서 그 기능을 자세히 밝히기로 했다. DNA와 밀접하게 연관된 분자인 RNA가 유전정보를 저장하면서도 형태와 생물적 활성을 바꿀 수 있는 화학적으로 활성화한 분자라는 두 기능을 어떻게 동시에 수행할 수 있는지 궁금했다. 내 노력은 결국 RNA가 단순하면서도 우아한 DNA 이중나선과는 매우 다른 3차원 구조를 만들 수 있다는 환상적이며 놀라운 발견으로 이어졌다.

대학원생 제이미 케이트Jamie Cate와 함께 리보자임의 구조를 연구하는 일은 기쁘기도 했지만 개인적인 비극도 함께했다. 그해 가을 아버지는 예일대학교의 내 사무실로 전화해서 진행성 흑색종을 진단받았다는 끔찍한 소식을 알려왔다. 아버지가 보낸 마지막 석 달 동안 나는 뉴헤이븐 시에서 하와이를 세 번 방문해서 아버지의 손을 붙잡고 충만한 낮과 밤을 함께했다. 헨리 데이비드 소로의《월든》에서 아버지가 좋아하시는 구절을 읽어드리기도 하고, 모차르트를 함께 듣고, 다양한 통증 치료 중 어떤 것이 효과가 있는지 의논하고, 죽음 이후에 무엇이 올지 함께 이야기했다. 내 연구에 항상 호기심을 가졌던 아버지는 계속 최근의 내 연구 성과에 관해 물으셨다. 아버지에게 초록색으로 그려진 리보자임 분자 그림을 보여드린 적도 있다. 그림을 보고 아버지는 "초록색 페투치네(파스타 면의 일종으로 납작한 모양이다 — 옮긴이) 같구나!"라고 말씀하셨다. 3주 후, 아버지는 돌아가셨다.

아버지가 돌아가신 충격에서 벗어나 머리를 식히고픈 마음에서 나는 일에 몰두했고, 내 연구 결과가 언젠가는 환자의 생명을 구하리라는, 또는 최소한 고통을 덜어주리라는 생각으로 위안 삼았다. 리보자임 연구는 여느 과학 연구처럼 미지의 자연현상을 밝혀내고, 이 지식을 현실에 응용한다는 두 가지 목적으로 진행했다. 내가 리보자임의 분자 구조를 규명하겠다고 결심했을 당시 많은 생물학자는 이런 종류의 분자가 질병을 치료하는 또 다른 대안을 제시하리라고 생각했다. 당시의 구상대로라면 리보자임을 기반으로 한 방법은 유전자 치료(건강한 유전자를 삽입해서 불운한 유전자를 교정하려는 시도)나 유전자 편집(결함 있는 유전자 자체를 복구하려는 시도)과 달라야 했고, 우리 세포가 DNA를 단백질로 바꿀 때 사용하는 전달자인 결함 있는 RNA 분자를 교정해서 환자를 치료하는 형태여야 했다.

리보자임이 보여준 가능성에 흥분한 나는 기자에게 이 RNA 분자가 언젠가는 DNA를 편집하는 도구가 되리라고 말했다. 어쨌든 몇몇 리보자임이 DNA에 화학적 변화를 촉발할 수 있다는 증거가 이미 있었다. 거의 20년 전의 낡은 필름에서 젊은 날의 내가 바로 그 목표로 향하는 모습을 보았다. "유전적 결함이 있는 사람을 치료할 가능성이 있습니다. (…) 이 발견으로 리보자임을 분자 복구 키트처럼 변형시켜, 결함 있는 유전자를 교정할 단서를 찾기를 기대하고 있습니다"라고 그때 나는 말했다.

이후에 밝혀졌듯이, 이 특별한 발전은 절대로, 최소한 아직은 일어나지 않았다. 수많은 리보자임을 근거로 한 치료법이 점차 임상시험을 거치고 있기는 하지만, 유전 질병을 치료하는 효과를 입증한 사례는 없다. 하지만 이 인터뷰는 예상하지 못했던 현재 연구와의 연결고리를 일깨우며 충격을 주어, 나는 과거의 회상에서 퍼뜩 깨어났다.

하와이 숙소에 앉아 있던 내 관심을 끌었던 것은 인터뷰를 하면서 선택했던 단어가 내 연구 방향의 놀라운 전환을 예견했다는 점이었다. 나는 유전자를 복구하는 리보자임의 잠재력에 관해 설명하면서도 거의 20년 뒤에 유전자 편집이 내 연구 주제가 되리라고는 상상하지도 못했다.

이 방송이 나간 지 약 15년 후에, 나는 치료법으로서의 효능이 어마어마하게 큰 연구에 참여하게 되었다. 1996년에 막 교수가 되었던 당시의 나였더라면 상상하기도 힘든 연구였다. 그때 나는 다른 생물체계인 세균의 면역 체계에 관해 연구했는데, RNA가 아주 중요한 역할을 했다. 하지만 발견자가 노벨상을 받으면서 이미 어마어마한 관심이 쏟아진 리보자임 연구와 달리, 이 주제는 모호함 속에서 출발했다. 연구는 가볍게 시작했지만, 예상 밖의 회의와 운 좋은 협력 연구가 이어지면서 진척되었다. 하와이에 가족과 동료들과 모여 앉아 젊은 내가 TV에 나오는 장면을 보면서, 결함 있는 유전자를 복구한다는 아이디어가 내 연구 경력 전체를 관통한다는 사실을 깨닫고 경이를 느꼈다.

∽

'크리스퍼'라는 단어를 처음 들은 순간을 절대 잊을 수 없다.

2006년 캘리포니아대학교 버클리캠퍼스의 스탠리 홀 7층에 있는 내 사무실에 앉아 있을 때, 전화가 왔다. 전화한 사람은 질리언 밴필드Jillian Banfield로, 같은 대학의 지구와 행성과학, 환경과학, 정책과 경영학부의 동료 교수였다.

나와 질리언은 서로 이름만 아는 정도였는데, 질리언은 구글 검색으로 내 연구실 홈페이지를 찾았다고 말했다. 미생물과 환경의 상호작용을 연구하는 지구미생물학자인 질리언은 버클리캠퍼스에서 RNA 간섭RNA interference을 연구하는 동료를 찾는 중이었다. RNA 간섭은 식물과 동물 세포에서 특정 유전자 발현을 억제하는 분자 체계이며, 생물체가 면역 반응을 일으킬 때도 사용한다. 내 연구실에서 집중적으로 연구하는 주제였다.

질리언은 자신이 '크리스퍼' 비슷하게 들리는 무언가를 연구하고 있다고 말했다. 질리언은 철자를 가르쳐주거나 개념을 설명하지도 않고 그저 자신이 분석하는 데이터에서 그것이 갑자기 튀어나왔다고만 말했다. 그래서 질리언은 내 연구실에서 이용할 수 있는 유전학과 생화학 기술을 이용해서 자신의 연구를 확장하려는 계획이었다. 특히 질리언은 RNA 간섭과 '크리스퍼' 사이에 뭔가 유사점이 있으리라고 생각했다. 자신과 만나서 논의해보지 않겠냐는 제의였다.

질리언이 연구하는 것이 대체 무엇인지 알 수 없어서 의구심이 들었지만 그녀의 열정에 호기심이 생겼다. 질리언이 흥분했다는 사실은 전화기 너머로도 느낄 수 있어서 나는 다음 주에 함께 커피를 마시기로 했다.

전화를 끊은 후, 재빨리 논문을 검색해서 질리언이 그토록 흥분했던 주제에 관한 논문을 한 줌 정도 손에 쥐었다. 이와 대조적으로 RNA 간섭에 관한 논문은 이제 8년밖에 안 되었는데도 이미 4,000여 편이 넘게 쌓여 있었다(RNA 간섭에 관한 관심은 그해 말 RNA 간섭을 발견한 앤드루 파이어Andrew Fire와 크레이그 멜로Craig Mello가 노벨상을 받으면서 절정에 달했다). 질리언의 주제에 관한 논문은 상대적으로 수가 적어서 평가하기 어려웠지만, 같은 이유로 내 호기심을 자극했다.

나는 배경을 설명하는 논문 몇 개는 걷어내고 크리스퍼가 무엇인지 알 만큼만 읽었다. 크리스퍼는 세균 DNA의 한 영역을 가리키는 것으로 'clustered regularly interspaced short palindromic repeats'(앞뒤가 동일한 서열인 짧은 회문 구조가 간격을 두고 반복되는 구조의 집합체 —옮긴이)의 두문자어였다. 나는 전문용어에 걸려 넘어져서 그 이상은 읽지 못하고 질리언이 만나면 내게 설명해주리라고 편히 생각했다.

구글 검색을 해보니 질리언은 상당히 훌륭한 과학자였다. 영리하고 창의적으로 여러 과학 분야에 발을 들였고, '광물학적 측면에서 생명의 징후와 화성 생명체 탐색'이나 '생물학적 광물생성 작용을 촉진하는 미생물을 이용한 지구물리학적 영상처리법' 같은 제목의 논문을 발표했다. 질리언은 일본의 깊은 땅속이나 호주의 소금호수, 캘리포니아 북부의 산성 광산 배수지 같은 극한 생물권의 표본을 수집하고 연구했다. 이런 색다르고 실험적인 연구는 내 연구와는 완전히 대조적이었다. 내 연구가 대부분 시험관 속에서 진행되는 것과 달리 질리언의 연구는 로런스버클리국립연구소에 설치한 X선을 발생하는 입자가속기를 자주 이용한다.

질리언의 연구가 상당히 인상적이기도 했고 나 자신의 과학적 이유로 인해, 질리언과의 만남에 점점 기대가 부풀었다. 나는 남편 제이미 케이트와 아들 앤드루와 함께 예일에서 버클리로 4년 전 이사했다. 내 연구는 진행 방향을 비틀어야 했지만, 연구실을 확장하고 새로운 연구도 하고 싶었으며, 새로운 동료와 협력 연구도 하고 싶었다. 어쩌면 이 만남이 내가 바라던 그런 기회일지도 몰랐다.

질리언과 나는 다음 주에 대학원 도서관 입구 근처의 자유언론운동 카페에서 만났다. 바람이 거세게 불던 봄이었는데, 내가 도착했을 때 질리언은 이미 정원에 앉아 노트패드와 서류 한 뭉치를 옆에 쌓아 놓고 있었다. 잠시 가벼운 이야기를 나눈 뒤, 질리언이 노트북을 펴자 본격적인 이야기가 시작됐다.

질리언은 간략하게 크리스퍼 구조를 그렸다. 먼저 커다란 타원으로 세균 세포를 그렸다. 그런 뒤 타원 안에 원으로 세균 염색체를 그리고, 마름모와 사각형이 교대로 이어지는 띠를 원의 한쪽에 그려서

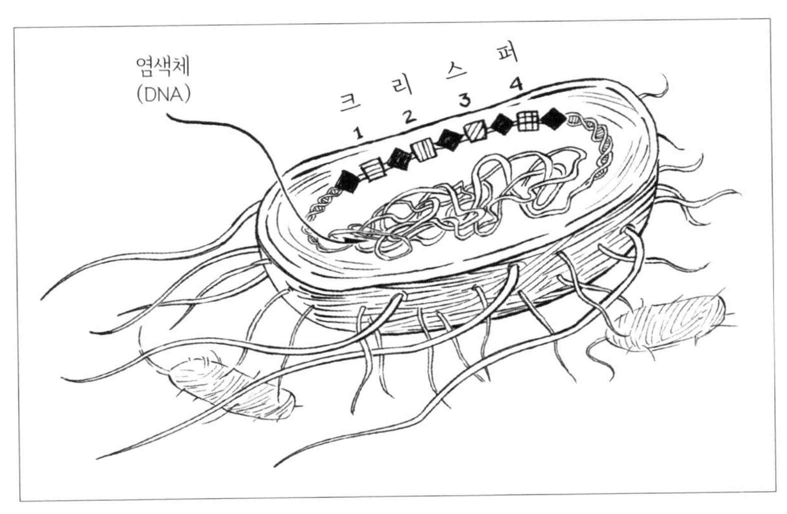

세균 세포 속 크리스퍼

DNA 영역을 표시했다. 바로 이 영역이 크리스퍼였다.

질리언은 마름모를 색칠한 뒤, 이것이 모두 똑같은 30여 개 DNA 염기로 구성된다고 설명했다. 그다음에는 사각형에 숫자를 1부터 써 넣고 이 사각형은 독특한 DNA 염기 서열로 구성된다고 설명했다.

그러자 비로소 '짧은 회문구조가 간격을 두고 반복되는 구조가 모여 있다'는 두문자어를 이해할 수 있었다. 마름모는 짧은 반복 서열이고 사각형은 반복 서열을 규칙적으로 끊어주는 간격에 해당하는 서열이며, 마름모와 사각형의 띠는 아무 데나 흩어져있지 않고 염색체의 한 영역에 모여 있었다(사무실에 돌아와서 반복되는 DNA 염기 서열을 더 자세히 살펴보니 두문자어의 P도 이해할 수 있었다. 반복된 염기 서열은 앞뒤 어느 방향으로 읽어도 똑같아서 회문구조라고 부르는 것이었다. 'senile felines'처럼 앞으로 읽어도, 뒤로 읽어도 똑같은 구조를 회문구조라고 한다).

세포에 반복되는 DNA 서열이 있다는 사실 자체는 놀랍지 않았다. 인간 게놈의 50% 이상, 즉 DNA 염기 10억 개 이상은 다양한 반복 서열이 차지하며, 몇몇 서열은 수백만 번씩 반복되기도 한다. 상대적으로 작은 세균 게놈은 훨씬 수가 적겠지만, 나는 세균에게도 반복되는 서열이 있으며, 크리스퍼와 비슷한 REP(repetitive extragenic palindromic, 반복되는 유전자 외부 회문구조), BIME(bacterial interspersed mosaic elements, 세균 산재 모자이크 인자) 등이 있다는 사실을 알고 있었다. 하지만 DNA 서열이 이 정도로 정확하게 균일성을 나타내면서 반복되는 것은 없었다. 크리스퍼는 모든 반복 서열이 정확하게 일치했고, 항상 비슷한 크기의 무작위 스페이서(유전자 사이에 있는 염기 서열로 유전자 기능이 없는 것으로 추정된다—옮긴이) 영역으로 분리되어 있었다.

이 희한한 세균 DNA 영역에 호기심이 생겨서 질리언에게 크리스퍼의 생물적 기능을 물었지만 실망스럽게도 기능에 대해서는 질리언도 몰랐다. 하지만 질리언의 연구실은 중요한 단서를 찾았다.[1] 세균 집단에서 DNA 서열을 비교해보니 모든 세균에는 서로 다른 크리스퍼 서열이 있었는데, 이는 특히 반복 서열 사이에 끼어 있는 무작위 스페이서 영역의 서열 다양성 때문이었다. 다른 DNA 영역은 거의 모두 똑같았기 때문에 더더욱 전례 없는 경우였다. 질리언은 크리스퍼가 환경에서 맞부딪히는 무언가에 반응해서 빠르게 적응하거나 변화해야 하는 기능을 가진 영역이어서 아마 게놈에서 가장 빠르게 진화하는 영역이리라고 생각했다.

몇 년 전 스페인의 프란시스코 모히카Francisco Mojica 교수는 고세균이나 세균 같은 원핵 단세포 미생물 등 연관성이 없는 다양한 종에서 유사 반복 서열을 발견하는 선구적인 업적[2]을 남겼다(지구 생명체는 원핵생물인 세균과 고세균, 진핵생물의 세 범주로 나뉜다). 크리스퍼는 지금까지 염기서열이 결정된 세균 게놈의 거의 절반 정도에서 발견되었으며, 고세균 게놈은 거의 모두에서 발견되었다고 질리언은 말했다. 사실상 모든 원핵생물이 공유하는 반복된 DNA 서열로는 가장 많이 나타나는 셈이다.

이런 적은 정보로도 흥분이 척추를 타고 흘렀다. 크리스퍼가 그토록 다양한 종에 존재한다면 자연이 크리스퍼에 중요한 역할을 부여했을 가능성은 충분했다.

쌓여 있는 서류 더미에서 2005년에 발표된 논문 세 편[3]을 뽑아 건네주면서, 질리언이 열정적인 목소리로 논문의 결과를 요약해주는 것을 나는 주의 깊게 들었다. 세 연구팀이 각자 독립적으로 발표한 논문으로 한 편은 모히카 교수의 논문이었는데, 크리스퍼에 있는 스페이서, 즉 반복되는 서열 사이에 끼어 있는 DNA 정보 조각 대부분이 이미 알려진 세균 바이러스 DNA와 완벽하게 일치한다는 내용이었다. 더욱 놀라운 점은 바이러스 DNA와 일치하는 세균 크리스퍼 DNA 서열의 수와 크리스퍼를 가진 세균을 감염시킬 수 있는 바이러스의 수 사이에는 역상관 관계가 성립한다는 사실이었다. 일치하는 서열이 많을수록 감염 위험도 낮아졌다. 질리언의 선구적인 논문[4]을 보면, 중복되는 작은 DNA 조각의 서열을 분석해서 조합해 미생물군 전체에서 얻은 DNA 게놈을 재구성했는데, 이 과정에서 수많은 크리스퍼 스페이서 서열이 주변 환경의 바이러스 DNA 서열과 일치한다는 점이 밝혀졌다.

결론적으로 이런 사실은 크리스퍼가 세균과 고세균에서 어떤 역할을 하는지에 관해 중요한 단서를 제공한다. 연구팀은 크리스퍼가 고세균과 세균이 바이러스와 맞서 싸울 때 돕는 면역 체계의 일부분이리라는 증거를 찾았다.

마지막으로, 질리언은 마치 마지막 빵 부스러기를 보여주는 듯한 태도로 크리스퍼에 관한 최근 논문을 내밀었다. 미국국립보건원의 키라 마카로바Kira Makarova와 유진 쿠닌Eugene Koonin이 발표한 이 논문[5]은 'RNA 간섭에 기반을 둔 것으로 추정되는 원핵생물의 면역 체계에 관하여'라는 제목으로 단번에 내 눈을 사로잡았다. 물론 앞선 세 논문처럼, 이 논문도 결정적인 실험 데이터가 없었지만 크리스퍼에 관한 유용한 정보를 도출했다. 이전 논문들이 얻은 결과와 크리스퍼가 여러 종에 널리 존재한다는 사실에서, 저자는 RNA가 세균 같은 단세포 미생물의 면역 체계에서 중요한 역할을 하며, 이 면역 체계는 내가 연구하던 RNA 간섭과 유사한 기능을 하리라는 흥미로운 새 가설을 세웠다.

질리언이 자신의 연구에 나를 끌어들이는 데 이보다 더 좋은 미끼는 없을 것이다. 그때까지 나는 RNA 분자를 연구하는 데 내 경력을 모두 바쳤을 뿐만 아니라 인간 세포에서 RNA 간섭이 일어나는 과정에 점점 더 집중하고 있었기 때문이다. 지금, 마카로바와 쿠닌은 크리스퍼가 세균의 RNA 간섭 체계라고 주장하고 있었다. 이것이 사실이라면 내 연구팀이 이 새롭고 신비한 생물기능 연구에 끼어들 완벽한 기회인 셈이다. 크리스퍼에 관한 가설이 돌고 있지만 아직 누구도 이 가설을 검증할 실험을 하지 않은 상태라 조바심이 나는 상황일 수밖에 없었다. 나 같은 생화학자에게는 경쟁에 뛰어들어 크리스퍼의 기능을 밝힐 최적의 타이밍이었다.

질리언과 헤어지면서 나는 그녀에게 고마워했고 계속 연락하기로 했다. 질리언에게 들은 정보에 관해 숙고하고, 크리스퍼를 연구하게 될 때의 비용과 이익도 생각해야 했다. 나 자신은 연구실 전체를 관리하느라 새로운 연구에 직접 뛰어들기에는 너무 바빴으므로, 크리스퍼 연구를 시작하면 매일매일 이를 전담할 과학자도 찾아야 했다.

세균과 세균을 감염시키는 바이러스에 관한 내용도 다시 훑어봐야 했다. C형 간염 바이러스에 관한 논문을 수도 없이 발표했고, 연구실에서 박사후과정 연구원과 함께 인플루엔자 바이러스에 관한 연구도 하며, RNA 간섭 경로가 식물과 동물의 항바이러스 방어기전에 긴밀하게 연관되어 있다는 사실도 알고 있었다. 하지만 세균 바이러스를 연구한 적은 없었고, 생각해본 적도 없었다. 질리언과 함께 연구하려면 세균 바이러스를 알아야 했다.

∽

20세기 초에 활동한 영국 미생물학자 프레더릭 트워트Frederick Twort는 세균 바이러스의 기능을 보고한 최초의 과학자였다. 하지만 역설적으로 트워트가 연구한 바이러스는 세균이 아니라 동물과 식물을 감염시키는 바이러스였고, 이미 예전에 연구된 것이었다. 그런데 트워트는 이 바이러스를 동물 배설물과 건초를 이용해서 배양하려다가 우연히 미구균micrococcus을 배양해냈다. 이 미구균 군체는 병든 것처럼 보였다. 다른 세균처럼 영양이 풍부한 페트리 접시에서 밀도 높은 군체를 이루지 못했고, 군체가 투명하고 희미했다. 이 미구균 군체를 건강한 미구균에 살짝 묻혀주면, 건강한 군체도 무언가에 감염된 것처럼 똑같이 투명하게 변했다. 트워트는 이 감염체가 바이러스일 가능성을 제시했지만 당시에는 세균을 감염시키는 바이러스에 관한 개념조차 없을 때였고, 형질전환을 일으키는 원인은 그 외에도 많았다. 트워트는 건강한 미생물 군체를 병들게 한 원인을 확실히 밝힐 수 없었다.

트워트의 논문이 발표된 지 2년 후인 1917년, 캐나다 출신 의사인 펠릭스 데렐Felix d'Herelle에 의해 세균 바이러스가 재발견되었다. 제1차 세계대전이 한창이던 프랑스에서 데렐은 기갑부대를 휩쓸던 세균성 이질 발생을 조사하게 되었다. 병에서 회복하는 환자와 회복하지 못하는 환자의 차이점을 알아내겠다고 결심한 데렐은 환자의 대변 표본을 채취해서 지금의 기준으로는 엉성하지만 당시로서는 철저하게 분석했다. 먼저 환자의 피투성이 대변을 아주 고운 필터에 걸러 세균을 포함한 고체를 모두 제거했다. 그 뒤 거른 액체를 이질을 일으키는 이질균Shigella이 자라는 배양액에 뿌렸다. 다음 날, 데렐은 세균이 자라는 배양액의 하나에서 하룻밤 새에 이질균이 "설탕이 물에 녹듯이 녹아 없어진"[6] 것을 보고 놀랐다. 더욱 놀라운 점은, 이 특별한 대변 표본을 채취한 환자가 어떻게 되었는지 확인하려고 병원에 갔을 때, 환자의 병이 많이 나았다는 사실이었다. 퍼즐 조각을 이리저리 맞춰본 데렐은 기생생물이 이질균을 파괴했다고 결론 내렸다. 데렐은 필터를 통과할 만큼 작은 생명체인 이 기생생물을 "세균을 먹는" 박테리오파지bacteriophage라고 불렀다. 박테리오파지는 바이러스가 식물과 동물을 감염시키는 것과 비슷한 방식으로 세균을 감염시키는 듯 보였다.

짧게는 파지라고도 부르는 박테리오파지는 데렐의 실험 이후 몇 년 동안 더 많은 수가 발견되었고, 각각의 파지는 특정 종의 세균을 감염시킨다는 사실이 밝혀졌다. 다양한 박테리오파지가 발견될수록 흥분은 부풀어 올라, 박테리오파지로 세균 감염을 치료한다는 개념의 파지 치료법이 생겼다. 환자에게 살아 있는 바이러스를 주입한다는 생각에 거부감을 느끼는 과학자도 있었지만, 박테리오파지는 인간 세포는 무시하는 것처럼 보였고 임상시험에서 치료받은 환자에게 부작용은 없었다. 1923년 데렐은 소련 과학자들을 도와 현재 조지아의 수도인 트빌리시에 박테리오파지를 전문적으로 연구하는 연구소를 세웠다. 한창 전성기에는 연구소에 1,000여 명이 넘는 직원이 있었고, 매년 수 톤의 박테리오파지를 치료 목적으로 생산했다.[7] 박테리오파지 치료는 특정 지역에서는 현대까지 지속되었다. 현재 조지아에서는 세균 감염의 20% 정도를 박테리오파지로 치료한다.[8] 하지만 항생제가 발견되어 개발된 1930년대와 1940년대 이후 박테리오파지 치료법은 특히 서구에서 빠르게 설 자리를 잃었다.

박테리오파지는 치료법으로는 한계가 있었지만 유전학 연구에는 뜻밖의 선물이었다. 1940년대와 1950년대 과학자들이 고배율 전자현미경으로 침입하던 세균에 달라붙은 박테리오파지를 처음 보았을 때, 세균 바이러스는 다윈의 자연선택설을 입증했다. 단백질이 아니라 DNA가 세포 유전물질이라는 점을 증명했던 것이다. 유전자 암호가 단백질을 구성하는 각각의 아미노산을 지정하는 DNA 염기 세 개로 이루어졌다는 사실은 박테리오파지를 통해 증명됐다. 또 박테리오파지 실험은 세포 속에서 유전자가 활성화되고 비활성화되는 과정을 밝히는 데도 공헌했다. 바이러스가 외부 유전자를 감염된 세포 속으로 실어 나를 수 있다는 조슈아 레더버그Joshua Lederberg의 발견도 살모넬라균을 특이적으로 감염시키는 박테리오파지를 통해서 이루어졌다. 바이러스로 외부 유전자를 세포 속으로 운반한다는 발상은 유전자 치료 초기에 영감을 주었다. 분자유전학은 세균 바이러스를 이용한 다양한 실험으로 기초를 세웠다.

박테리오파지 연구는 1970년대 분자생물학 혁명에도 이바지했다. 박테리오파지 감염을 막는 세균 면역 체계를 연구하던 과학자들은 시험관에서 합성 DNA 조각을 자를 수 있는 제한효소를 발견했다. 제한효소를 박테리오파지에 감염된 세포에서 분리한 다른 효소와 결합해 사용해서, 과학자들은 인공 DNA 분자를 실험실에서 설계하고 복제할 수 있었다. 동시에 박테리오파지 게놈은 새롭게 발명한 DNA 염기 서열 결정법의 표적으로 사용되었다. 1977년 프레드 생어Fred Sanger 연구팀은 ΦX174라는 박테리오파지의 DNA 게놈 서열을 완전하게 분석하는 데 성공했다. 25년 후, 이 박테리오파지는 또다시 유명해졌다. ΦX174 게놈이 최초로 실험실에서 완벽하게 인공적으로 합성되었기 때문이다.[9]

박테리오파지는 실험실에서뿐만 아니라 지구에 가장 널리 퍼진 생물로도 유명하다. 빛과 토양처럼 자연계에서 흔한 존재이며, 흙, 물, 인간의 장, 온천, 빙하 핵 등 생명체가 살 수 있는 곳이라면 어디서

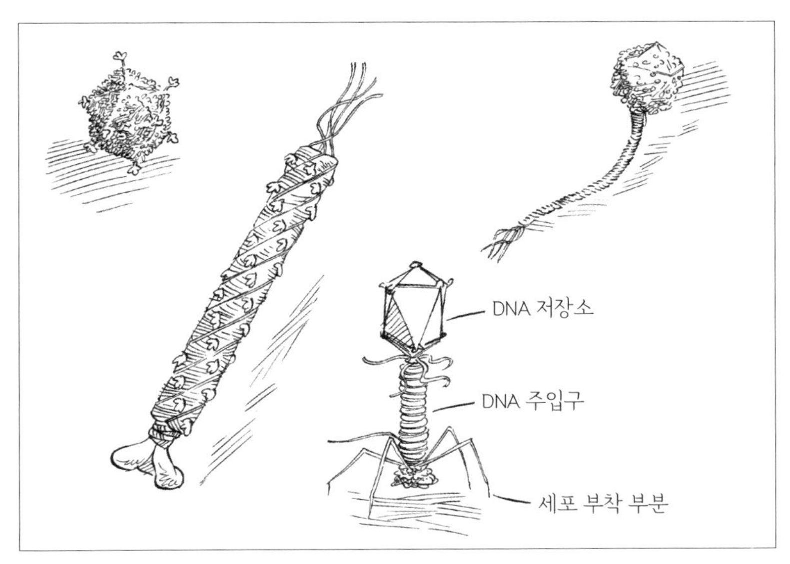

다양한 종류의 박테리오파지

나 발견할 수 있다. 과학자들은 지구에 존재하는 박테리오파지의 수가 대략 10^{31} 정도는 되리라고 평가했다. 1 뒤에 0이 자그마치 31개나 붙어 있는 숫자다. 찻숟가락 하나 분량의 바닷물에는 뉴욕 시에 사는 사람보다 더 많은 박테리오파지가 들어 있다. 놀랍게도 박테리오파지가 감염시킬 수 있는 세균보다 파지의 수가 훨씬 더 많다. 세균도 많지만 세균 바이러스는 세균의 10배를 넘어선다. 세균 바이러스는 지구에서 수없이 많은 감염을 매초 일으키며, 바다에서만도 매일 모든 세균의 40%가 치명적인 박테리오파지에 감염되어 죽는다.[10]

세균 바이러스는 치명적인 존재로, 수십억 년 동안 냉혹하리만치 효율적으로 세균을 감염시키도록 진화했다. 모든 박테리오파지는 내구성 높은 단백질 껍질인 캡시드 안에 유전물질이 들어 있는 구조를

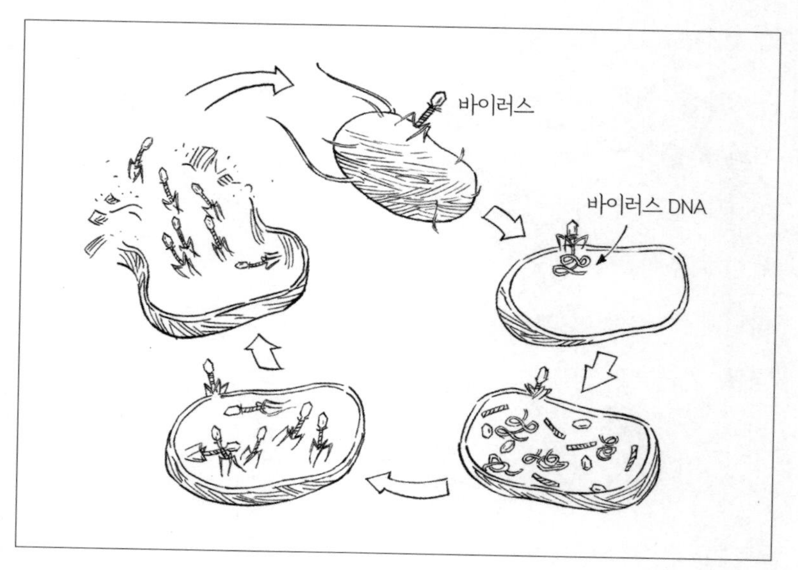

박테리오파지의 생활사

갖는다. 박테리오파지의 캡시드는 형태가 다양한데, 어떤 형태든 바이러스 게놈을 안전하게 보호하기 위해 최적화한 구조로, 바이러스가 증식하고 전파할 수 있는 세균 세포 안에 바이러스 유전물질을 효율적으로 전달한다. 박테리오파지 중에는 우아한 20면체 구조를 가진 것도 있고 구형 캡시드에 긴 꼬리가 달린 것도 있다. 실 같은 모양의 박테리오파지는 원통형으로 생겼다. 이 중 가장 무섭게 생긴 바이러스는 외계인 우주선처럼 세포 외부 표면에 다리가 붙어 있는 형태로, 머리에는 DNA가 저장되어 있고 착륙한 세균 세포 속으로 DNA를 주입하는 펌프가 달려 있다.

겉모습처럼 바이러스의 작업 방식도 다양하지만 항상 무자비하며 극도로 효율적이다. 어떤 바이러스 게놈은 캡시드 안에 아주 단단하게 뭉쳐 있어서, 단백질 껍질이 열리자마자 샴페인 병을 딸 때처럼 내부 압력을 단번에 터트리면서 세균 세포 속으로 폭발하듯이 퍼져나간다. 일단 바이러스 게놈이 세균 세포 속으로 퍼지면 숙주 조직을 빼앗는 경로는 두 가지가 있다. 용원성lysogenic 경로에서는 바이러스 게놈이 숙주인 세균의 게놈에 끼어 들어가 수많은 세대를 거듭하면서 자기복제를 할 적당한 시기를 기다린다. 이와 대조적으로 용균성lytic 경로에서는 바이러스 게놈이 숙주의 모든 것을 즉시 차출해서 세균이 자기 단백질 대신 바이러스 단백질을 생산하게 하고 바이러스 게놈을 수없이 복제해서 세균 세포가 축적되는 압력을 못 이겨 난폭하게 폭발하며, 새로 만들어진 박테리오파지를 산산이 흩뿌려 이웃 세포에 감염을 일으킨다. 세포 침입, 납치, 복제, 전파로 이어지는 이 생활사를 통해 박테리오파지 하나가 세균 집단 전체를 몇 시간 만에 전멸시킬 수 있다.

하지만 세균도 이 오랜 전쟁에서 맥없이 당하지만은 않는다. 식물과 동물처럼, 세균도 수십억 년의 진화를 거치면서 인상적인 방어 전략을 개발했다. 내가 질리언과 이야기했던 당시에는 세균의 주요 방어 체계가 네 가지나 밝혀졌다.[11] 이 중 가장 중요한 것은 세균이 자신의 게놈에 독특한 표지를 달아서, 발현하는 유전정보에는 영향을 미치지 않은 채 DNA의 화학적 형태만 미묘하게 변화시키는 전략이다. 그런 뒤, 세균은 제한효소로 이런 표지가 없는 DNA는 모두 잘라버려서 세포벽을 뚫고 들어온 박테리오파지 유전자를 효율적으로 제거한다. 세균은 박테리오파지가 만든 구멍을 막아서 박테리오파지 DNA가 주입되는 일을 막거나 세포 표면에 파지 단백질 분자가 부착하는 것을 막아서, 박테리오파지 DNA가 세포 속으로 들어오는 일 자체를 방해할 수도 있다. 세균은 다가오는 감염 위험을 감지하고 박테리오파지가 증식하기 전에 자살하는 방법도 개발했다. 자살은 더 큰 세균 공동체를 보호하는 이타적인 행동이다.

크리스퍼는 또 다른 항바이러스 방어 기전일까? 세균과 박테리오파지 사이의 무기경쟁에 관해 읽으면 읽을수록, 또 다른 무기 체계가 발견되기만을 기다리고 있다는 가능성을 발견했다. 나는 더욱더 흥분을 감출 수 없었다.

게다가 크리스퍼 논문을 읽으니 질리언의 연구와 내 연구의 접점이 어디쯤인지 알 수 있었다. 2002년 크리스퍼라는 용어를 최초로 제시했던 네덜란드의 루드 얀선Ruud Jansen 연구팀의 컴퓨터를 이용한 데이터 분석 결과[12]는 세균 염색체의 크리스퍼 영역에 거의 항상 붙어 있는 유전자 무리의 존재를 드러냈다. 이 영역은 반복 서열이나 크리스퍼 DNA 안의 스페이서가 아니라 온전하게 독립된 유전자 집단이었다.

크리스퍼 연관 유전자 또는 캐스cas 유전자에 관해 아는 것이 거의 없었기에, 놀라운 가능성이 가득해 보였다. 이미 알려진 유전자와 비교해보니 캐스 유전자는 DNA 이중나선을 풀거나 제한효소가 DNA를 자르듯이 RNA나 DNA 분자를 자르는 특별한 효소를 암호화하고 있었다.

1970년대 DNA 재조합기술에 제한효소의 발견이 얼마나 큰 공헌을 했는지 생각해볼 때, 이 효소와 크리스퍼를 더 깊이 파고들면 새로운 효소의 보물창고를 발견할 가능성이 매우 컸다. 그리고 이 단백질들 역시 주요 생명공학 기술로서의 잠재력이 있을 수 있었다.

그것만으로도 충분했다. 나는 낚여버렸다.

ꕥ

과학자는 저돌성과 호기심, 직감, 투지로 불타오르기 마련이지만 이런 고결한 특성 외에 현실성에 대해서도 건강한 감각을 유지해야 한다. 연구자금을 끌어오는 일은 따분하고 관리 조건이 너무나 많다. 연구실을 운영하는 과학자는 스스로 하도록 훈련받은 많은 업무를 동료 과학자에게 넘겨주게 된다. 이는 종종 새로운 분야에 뛰어들 때 연구를 이끌어갈 적절한 사람을 선택해야 한다는 말과 일맥상통한다.

버클리캠퍼스에서 연구실에 넉넉한 연구자금을 배당해줬다는 점에서 나는 운이 좋았지만, 질리언이 처음 내게 크리스퍼를 알려주었을 때 내 연구실에는 이 예측할 수 없고 위험한 새 연구를 맡을 만한 사람이 아무도 없었다. 그런데 우연히 블레이크 비덴헤프트Blake Wiedenheft가 박사후과정 연구원으로 면접을 보러 왔다. 어떤 연구를 하고 싶은지 물었을 때, 이 젊은 과학자가 "교수님은 크리스퍼에 대해 아십니까?"라고 되묻는 말을 듣고 기뻤다. 나는 블레이크를 고용했다. 몇 달 후, 블레이크는 버클리에 자리 잡고 열정적으로 크리스퍼 연구를 이끌었다.

블레이크는 다정하고 매력적이며, 야외 스포츠를 사랑하는 데서 비롯된 강한 경쟁심을 갖춘 몬태나 청년으로, 보즈먼의 몬태나주립대학교에서 학사와 박사학위를 받고 버클리로 왔다. 이전에 내가 채용했던 과학자는 대부분 생화학자나 구조생물학자였는데, 블레이크는 뼛속까지 미생물학자였다. 질리언처럼 블레이크도 연구실에서 실험하고 야외에서 표본을 채집하면서 연구 경력을 쌓았다. 블레이크는 박사학위 논문을 쓰려고 옐로스톤국립공원과 러시아 캄차카 반도까지 표본을 수집하러 가서, 물속 온도가 77℃까지 올라가는 뜨거운 산성 온천에서도 온전하고 감염력도 유지한 채로 사는 새로운 바이러스들을 발견했다.

이 바이러스들은 세균과 비슷하며 게놈에 크리스퍼를 대부분 가진 단세포 미생물인 고세균을 감염시킨다. 자신이 분리한 두 바이러스의 게놈 염기 서열을 분석한 블레이크는 이 바이러스들이 상당한 양의 DNA를 공유한다는 점을 확인했다. 옐로스톤과 캄차카 반도는 지리상으로는 멀리 떨어져 있지만, 이 바이러스들은 공통 조상에서 갈라져 나왔다는 뜻이다. 바이러스 게놈은 이 바이러스가 숙주를 어떻게 감염시키는지도 보여주었다. 바이러스 유전자를 분석한 블레이크는 바이러스가 자신의 게놈을 숙주 DNA에 집어넣을 때 사용하는 것으로 추측되는 효소 하나를 찾아냈다.

이는 내가 계획한 크리스퍼 연구에 딱 필요한 탐지 능력으로, 그저 그것을 반대로만 해내면 되었다. 감염을 촉진하는 바이러스 유전자 대신, 세균 안에 있으면서 크리스퍼와 연관된, 감염을 막는 유전자를 찾아내야 했다. 아니면 감염을 막았다고 '추측되는' 세균 유전자를 찾으면 되는 일이다. 여전히 우리는 캐스 유전자나 크리스퍼가 실제로 어떤 기능을 하는지 확신할 수 없었다.

처음 우리의 난상토론은 대부분 이 매혹적인 가설, 즉 크리스퍼와 캐스 유전자가 같은 항바이러스 면역 체계에 속해 있을지, 바이러스를 탐지하는 데 RNA가 이용될지에 집중됐다. 하지만 가설은 엄격한 과학 과정에서 첫 단계에 지나지 않는다. 우리는 여전히 이 가설을 시험해서 우리의 가설을 지지하거나 반론할 증거를 모아야 했다.

내 사무실에서 가까운 로런스버클리국립연구소에서 열린 회의에는 질리언과 크리스퍼에 흥미를 느낀 과학자 몇 명이 모였고, 블레이크와 나는 실험을 어떻게 준비할지 고민했다. 가장 큰 문제는 어떤 생물 모델을 선택할지였다. 첫 번째 후보는 이탈리아 나폴리 근처에 있는 활화산 솔파타라의 온천에서 처음 분리한 고세균인 술폴로부스 솔파타리쿠스sulfolobus solfataricus다. 이 고세균은 크리스퍼를 가지고 있으며 블레이크가 옐로스톤과 캄차카에서 분리한 바이러스들에 감염된다. 블레이크가 두 바이러스를 잘 알고 있으므로 이 모델은 블레이크가 실험하는 데 유리한 후보였다. 또 다른 후보는 대장균Escherichia coli, E. coli이다. 현재까지는 미생물 분야에서 가장 널리 연구된 세균 종으로, 역시 널리 연구되었으며 인터넷으로도 쉽게 살 수 있는 박테리오파지 수십 종에 쉽게 감염된다(대장균은 최초로 크리스퍼 서열이 확인된 세균[13]이라는 특징도 있다). 여기에 블레이크가 추천한 병원성 세균인 녹농균, 즉 슈도모나스 에루기노사Pseudomonas aeruginosa도 여러 항생제에 저항성이 있고 크리스퍼를 갖고 있었다. 결국 녹농균을 선택하게 되었는데 이 세균은 수많은 박테리오파지에 감염되는 특징도 있었다(블레이크는 가끔 슈도모나스균을 감염시키는 새로운 박테리오파지를 탐색하곤 했다. 다만 옐로스톤 같은 이국적인 장소가 아니라 가까운 베이 에어리어 지역의 하수처리장을 서성거렸다).

블레이크는 내게 생화학과 구조생물학을 배우고 싶다는 점을 명백히 밝혔고, 새로운 과학 분야로 독립할 수 있기를 열망했다. 크리스퍼 연구를 시작하기에 앞서 블레이크는 녹농균 게놈에 암호화된 캐스 단백질을 정제해서 바이러스 DNA를 파괴하거나 인식하는 능력이 있는지 시험했다. 가장 널리 알려진 캐스 단백질인 캐스1부터 시작했다. 그리고 2007년 블레이크가 내 연구실에 왔을 무렵, 질리언에게서 세계적인 식재료 생산업체인 덴마크의 바이오 회사 다니스코 소속 과학자가 곧 발표할 놀라운 논문에 대해 들었다. 이 논문은 유전학을 이용해서 아직 세부적인 기능까지는 알 수 없지만 크리스퍼가 사실상 세균 면역 체계[14]라는 점을 증명했다고 했다.

다니스코 논문은 우유를 발효하는 유산균 중 스트렙토코커스 써모필러스Streptococcus thermophilus를 연구했다. 이는 요구르트, 모차렐라 치즈 외의 수많은 유제품을 생산하는 주요 프로바이오틱스의 하나다. 인간은 해마다 엄청난 양의 살아 있는 유산균을 먹어치우며, 매해 세균 배양의 시장가치는 45조 원 이상[15]이다. 유제품 업계가 연구에 매진하는 이유가 유제품 손실과 불완전한 발효의 가장 큰 원인인 박테리오파지 감염이라는 끊임없는 위협에 시달리기 때문이라는 것은 새삼스러운 일도 아니다. 원유 한 방울에도 바이러스 입자가 10~1,000개 정도 들어 있어서 박테리오파지를 박멸하는 일은 한마디로 불가능하다. 다니스코 같은 회사는 위생 설비와 공장 설계를 개선하는 등 여러 전략을 써서 박테리오파지를 없애려 했지만 문제를 해결할 수는 없었다.[16]

프랑스 다니스코 사 소속 과학자인 필리프 오르바트Philippe Horvath 연구팀과 미국 다니스코 사 소속 과학자인 로돌프 바랑구Rodolphe

Barrangou 연구팀은 스트렙토코커스 써모필러스를 함께 연구하면서 다른 해결 방안을 찾을 수 있을지 궁리했다. 로돌프와 필리프는 스트렙토코커스 써모필러스 균주 일부가 박테리오파지 감염에 저항성이 강해진 원인을 추적했다. 낙농업계는 이미 박테리오파지에 감수성이 낮은 돌연변이 세균주를 사용하고 있었지만, 로돌프와 필리프는 스트렙토코커스 써모필러스 게놈의 크리스퍼 영역이 무작위 돌연변이보다 더 강력한 면역력을 부여할 수 있으리라고 추측했다.

로돌프와 필리프가 생각하기에 스트렙토코커스 써모필러스의 크리스퍼 서열에는 이들이 연구할 만한 흥미로운 특징이 있었다. 알렉산더 볼로틴Alexander Bolotin이라는 과학자는 세균 게놈 서열을 분석하면서 이런 몇몇 특성을 발견했고, 후에 특히 크리스퍼 DNA를 집중해서 연구했는데, 점차 그의 분석 대상은 20종의 균주로 다양해졌다. 이 과정에서 볼로틴은 크리스퍼의 반복 서열(질리언의 그림에서 색칠한 검은 마름모)은 항상 똑같지만, 스페이서 서열(질리언의 그림에서 번호가 매겨진 사각형)은 균주마다 매우 다양하다는 사실을 관찰했다. 게다가 스페이서 중 많은 영역이 최근 분석된 박테리오파지 게놈 일부와 완벽하게 일치했다(볼로틴의 발견은 질리언이 자유언론운동 카페에서 내게 보여주었던 2005년 발표된 세 논문 중 하나에 요약되어 있다). 볼로틴의 논문에서 더 놀라운 점은, 이 스페이서가 많은 스트렙토코커스 써모필러스 균주는 박테리오파지 감염에 저항성이 더 크다는 것이었다. 이것이 무엇을 뜻하는지 명확히 알 수는 없었지만, 세균은 바이러스와 더 효율적으로 맞서 싸우기 위해 특정 박테리오파지 게놈을 흉내 내도록 크리스퍼 DNA를 변형해서 자신의 면역 체계 기능을 개선했으며, 바로 이것이 크리스퍼의 기능이라고 추측했다.

볼로틴의 발견을 바탕으로 로돌프와 필리프는 이 가설을 검증할 실험을 설계했다. 스트렙토코커스 써모필러스 균주는 실제로 특정 박테리오파지에서 발견되는 DNA 서열을 자신의 크리스퍼 영역에 새롭게 집어넣어서 그 박테리오파지에 대한 자신의 저항성을 높일 수 있을까?

이 실험에서 다니스코 사 과학자들은 유제품업계에서 널리 사용하는 스트렙토코커스 써모필러스 균주와 유제품업계 요구르트 표본에서 분리한 악성 박테리오파지 두 종을 사용했다. 20세기 초에 정립된 간단한 유전학 실험부터 시작했는데, 세균주와 박테리오파지 두 종을 각각 다른 시험관에서 섞어서 24시간 배양한 뒤, 페트리 접시에 배양액을 펼쳐 심고 하룻밤 동안 배양해서 살아 있는 세균이 있는지 확인했다. 결과는 박테리오파지가 세균의 99.9%를 죽이기는 했지만 이 박테리오파지에 저항성을 갖춘 스트렙토코커스 써모필러스의 새로운 돌연변이 균주 아홉 개가 생겼다.

다른 과학자도 비슷한 방법으로 박테리오파지에 저항성 있는 스트렙토코커스 써모필러스 균주를 분리했기 때문에, 여기까지는 다니스코 실험이 특별히 새로운 사실을 알아낸 것은 아니었다. 하지만 로돌프와 필리프는 여기서 한 발 더 나아갔다. 두 사람은 이 명백한 면역력의 유전적 원인을 찾아내고자 했다.

로돌프와 필리프는 세균의 어느 부분이 돌연변이 스트렙토코커스 써모필러스 균의 바이러스 면역력을 만들었는지 대충 짐작할 수 있었다. 두 사람은 크리스퍼가 원인이며, 9종의 새 돌연변이 균주의 크

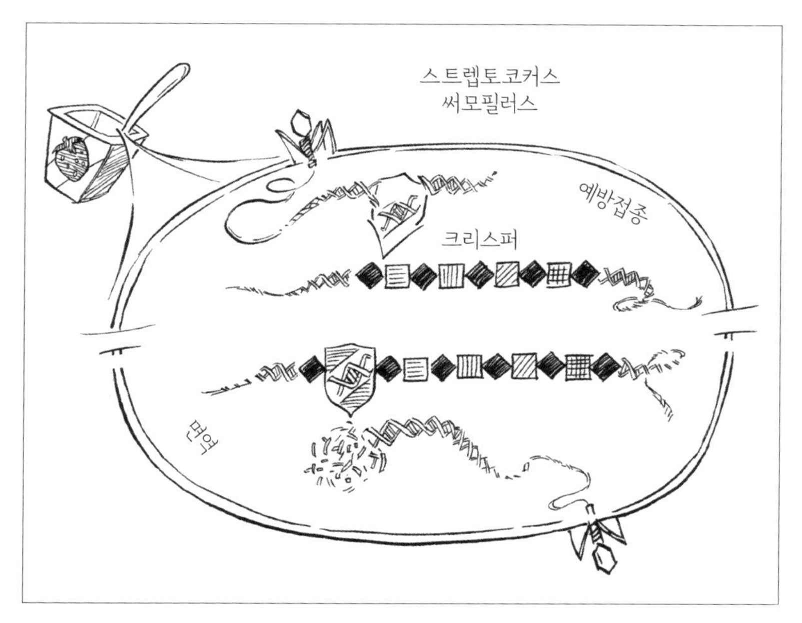

크리스퍼: 분자 백신 접종증명서

리스퍼 영역이 원래 균주의 크리스퍼 영역과 다르리라고 추측했다. 아니나 다를까, 돌연변이 균주 아홉 개의 게놈 DNA를 분리해 분석해보니, 모두 크리스퍼 영역의 반복 서열 사이에 새로운 DNA 조각이 삽입되어 확장되어 있었다. 게다가 새로운 스페이서는 돌연변이 균주가 면역력을 갖게 된 박테리오파지의 DNA와 서열이 완벽하게 일치했다. 이 명백한 면역력이 더 놀라웠던 점은 이 변화가 세균의 크리스퍼 DNA에 물리적으로 고정되어, 후세대의 모든 세균에 새로운 면역력이 유전되리라는 것이었다.

다니스코 사 과학자들은 세균이 바이러스에 저항하는 또 다른 방법, 제5의 무기 체계를 찾아냈다. 이미 발견된 방어 체계 외에도, 이제 우리는 감염된 세균 게놈이 박테리오파지 DNA 조각을 훔쳐서 미래의 면역 반응을 높이는 데 사용하는, 효율성 높은 적응성 면역력인 크리스퍼를 가지고 있음을 알게 되었다. 블레이크의 말대로, 크리스퍼는 분자 백신 접종증명서와 같다. 과거의 박테리오파지 감염 기억을 반복 서열과 스페이서 DNA 서열에 저장했다가, 세균이 나중에 같은 박테리오파지에 감염되면 이 정보를 이용해서 침입한 파지를 인식하고 파괴한다.

다니스코 사 연구팀의 논문은 크리스퍼의 애매한 생물학적 기능에 과학자들의 관심을 집중시켰고, 캘리포니아대학교 버클리캠퍼스에서 질리언 밴필드와 로돌프 바랑구가 주최한 최초의 크리스퍼 학회가 2008년 열렸다. 그러나 과학자들은 하나의 문을 열고 들어서자마자 또 다른 문을 마주하는, 과학계에서는 비교적 흔한 일을 겪어야 했다. 크리스퍼 면역 반응은 세균 게놈 DNA와 박테리오파지 게놈이 완벽하게 일치해야 일어나므로, 이 면역 체계가 박테리오파지의 유전물질 파괴를 목표로 한다는 점은 명확했다. 하지만 어떻게, 세포의 어떤 부분이 이 일을 수행하는 걸까?

이 새 질문에 대한 답을 찾기까지는 오래 걸리지 않았다. 네덜란드 바헤닝언대학교 존 판데르 오스트 연구실의 박사후과정 연구원인 스탠 브라운스Stan Brouns는 크리스퍼의 항바이러스 방어 체계에 RNA 분자가 관여한다는 명확한 증거를 찾았다.[17] 스탠은 블레이크가 연구했던 화산에 사는 술폴로부스 균을 포함한 다양한 고세균 세포에서, 크리스퍼 DNA 서열과 정확히 일치하는 RNA 분자를 검출했다는 앞선 연구 결과를 토대로 삼았다.[18] 이는 세균의 항바이러스 반응 과정에서 RNA가 바이러스 인식과 파괴 단계를 매개하리라는 추측으로 이어졌다. 스탠은 대장균을 대상으로 한 실험을 통해 다양한 미생물의 크리스퍼 방어 체계에서 RNA의 역할을 못 박음으로써 이 같은 관찰 결과를 진전시켰다. RNA가 보편적으로 크리스퍼 관련 면역 체계에 연관된다는 훌륭한 증거였다.

스탠은 크리스퍼 RNA 분자가 세포 안에서 생산되는 과정도 증명했다. 먼저 세균 세포는 크리스퍼 DNA 서열 전체를 정확하게 서열이 일치하는 긴 RNA 가닥으로 전환한다(RNA가 DNA와 사촌 분자라는 점을 기억하자. DNA의 T가 RNA에서 U로 대체되는 점만 빼면 염기도 똑같다). 일단 세포가 기다란 크리스퍼 RNA 가닥을 만들면, 효소가 더 짧은 RNA 가닥으로 다듬는다. 이 RNA 가닥은 스페이서 영역 서열만이 다를 뿐이다. 이 과정은 긴 반복 서열이 있는 DNA를 짧은 RNA 분자 무리로 바꾸며, 각각의 RNA는 특정 박테리오파지에서 유래한 DNA 서열을 갖게 된다.

이 발견은 세균 면역 체계에서 크리스퍼 RNA가 중요한 역할을 한다는 단서를 주었다. RNA 자체의 기본 기능 덕분에 가능한 역할이었다. RNA는 DNA와 화학적으로 매우 유사하므로, DNA가 이중나선을 만드는 것처럼 RNA도 염기 짝짓기 작용을 통해 이중나선을 만들 수 있다. 염기쌍이 맞는 RNA 가닥은 각각 짝지어 RNA-RNA 이중나선을 만들지만, 외가닥 RNA는 외가닥 DNA와 함께 짝지어서 RNA-DNA 이중나선도 만들 수 있다. 이런 융통성과 크리스퍼 RNA에 나타나는 염기 서열의 다양성을 보면서 과학자들은 흥미로운 생각을 떠올렸다. 크리스퍼 RNA 분자가 침입한 박테리오파지의 DNA

분자나 RNA 분자 모두를 식별해 결합하면서 세포의 면역 반응을 끌어내리라고 생각한 것이다.

RNA가 이런 방식으로 바이러스 유전물질을 선별한다면, 크리스퍼는 정말로 내가 연구하는 RNA 간섭 경로와 비슷하게 작동하는 셈이다. 처음 나를 크리스퍼 연구로 유혹했던 논문의 주장과 똑같다! RNA 간섭에서 동물과 식물 세포는 RNA-RNA 이중나선을 형성해서 침입하는 바이러스를 파괴한다. 이와 비슷한 방식으로 크리스퍼 RNA 분자는 면역 반응이 일어나는 동안 박테리오파지 RNA와 결합해서 RNA-RNA 이중나선을 형성할 수 있다. 나는 RNA 간섭과 달리, 크리스퍼 RNA는 일치하는 DNA도 인식할 수 있다는 덧붙여진 가능성에 매혹되었다. 크리스퍼라는 이 무기 체계는 바이러스 게놈을 양면에서 공격할 힘을 갖춘 것이다.

스탠의 발견 이후 얼마 지나지 않아, 예일대학교 학생일 때부터 알았던 노스웨스턴대학교의 루치아노 마라피니Luciano Marraffini와 그의 스승인 에릭 손테이머Erik Sontheimer가 크리스퍼 RNA가 DNA를 직접 파괴할 수 있다는 사실을 발견했다. 또 다른 미생물인 표피포도상구균Staphylococcus epidermidis은 상대적으로 덜 해로운 사람 피부에 사는 세균으로(하지만 가까운 친척인 황색포도상구균Staphylococcus aureus은 매우 치명적인 약물 내성균이다), 루치아노는 이 세균을 이용해서 크리스퍼 RNA가 침입한 기생물의 유전물질인 DNA를 표적으로 삼는다는 점을 증명하는 여러 실험을 했다.[19] 그 외에도 루치아노는 RNA의 표적화가 염기쌍 형성 작용을 통해 이루어진다고 추측했다. 염기쌍 형성 작용은 크리스퍼가 희생양을 찾을 때의 특이성을 설명할 수 있는 유일한 과정이다.

이 분야의 연구 속도와 정확성은 숨 막힐 정도였다. 내가 크리스퍼를 알게 된 지 불과 몇 년 안에 이 분야는 흥미롭지만 결론은 없는 느슨한 논문들의 집합체에서 미생물의 적응성 면역 체계의 내적 작업에 관한 개괄적이며 통합된 이론으로 발전했다. 이 이론은 양적으로 충실히 축적되는 실험 논문을 토대로 했지만, 많은 선구적 논문이 2000년대 후반에 발표되면서 세균의 복잡한 방어 체계를 정확하게 파악하려면 더 많은 연구가 필요하다는 점이 명확해졌다.

이제야 탐색이 시작된 크리스퍼는, 우리가 단순한 단세포 생물에 기대하고 상상했던 것보다 훨씬 복잡하다. 어떤 측면에서는 세균 면역 체계 중 크리스퍼가 발견되면서 세균도 사람과 마찬가지로 감염에 대해 놀라울 정도로 복잡한 세포 작용을 일으킨다는 점이 증명되었고, 이로써 세균과 인간이 대등해졌다고도 볼 수 있다. 하지만 이 세균 방어 체계가 인간에게 어떤 영향을 미칠지는 아무도 몰랐다.

3장

암호를 해독하다

과학 연구실에 들어서던 첫 순간을 나는 기억한다. 그곳은 자연의 비밀이 서서히 벗겨지는 소리와 냄새, 가능성으로 가득했다. 1982년, 나는 대학교 1학년을 마치고 부모님과 하와이로 돌아왔다. 아버지는 하와이대학교 영문과 교수였는데, 내가 동료 교수인 생물학과 돈 헴스Don Hemmes 교수의 실험실에 몇 주 나갈 수 있게 도와주셨다. 다른 학생 두 명과 함께 나는 균류인 파이토프토라 팔미보라Phytophthora palmivora가 파파야를 감염시키는 과정을 탐색했다. 과수재배 농가의 골칫거리인 이 곰팡이를 연구하는 것은 재미있었다. 실험실에서 빨리 자라고 쉽게 키울 수 있으며, 여러 발아 단계에서 성장을 멈출 수 있어서 각 발달 단계에서 일어나는 화학적 변화를 탐색할 수 있었다. 그해 여름 나는 곰팡이 표본을 레진으로 굳히는 방법과 전자현미경 분석을 위해 표본을 박편으로 자르는 방법을 배웠다. 내게 주어진 연구 과제는 단순했지만 곰팡이에서 일어나는 중요한 과정을 밝혀낼 수 있었다. 영양분에 반응해서 자라도록 곰팡이 세포에 신호를 전달하는 칼슘 이온은 곰팡이의 성장에서 중요한 역할을 했다. 책으로만 수없이 접했던 과학적 발견이라는 전율을 처음 맛본 경험이었고, 그러고도 내게는 공복감이 남았다.

평화롭고 고요한 집중력은 나를 사로잡은 돈 헴스 교수의 작은 연구팀이 지닌 특징이었지만, 몇 년이 지나자 나는 각자 자신의 방법으로 자연의 진실을 추구하는 더 큰 과학 공동체가 있다는 사실을 알게 되었다. 작은 진전을 이룰 때마다 거대한 퍼즐의 또 한 조각을 찾은 것 같은 느낌이었고, 각자의 연구가 다른 과학자의 연구를 토대로 쌓아 올려져 큰 그림을 채워가는 듯 했다.

크리스퍼 연구는 과학의 이런 측면을 잘 보여준다. 소수의 과학자가 모여 점차 방대한 태피스트리가 될 크리스퍼라는 천을 모든 응용력과 영향력을 동원해서 짠다. 크리스퍼에 관해 자세히 알고자 하는 탐색전을 거치면서 우리 연구팀과 다른 연구팀은 동지애라는 하나의 감정 아래 뭉치고 열정과 호기심을 함께 나눈다. 처음 나를 과학의 세계로 이끈 것은 이런 감정이다.

크리스퍼 연구를 막 시작했던 초기에, 블레이크와 나는 다니스코사, 노스웨스턴대학교, 바헤닝언대학교 동료들의 논문에 힘을 얻는 동시에 크리스퍼에 관련된 많은 근원적인 질문에 대한 답을 아직 얻지 못했다는 사실에 흥미를 느꼈다. 생물학자는 이제 크리스퍼가 세균과 고세균에게 박테리오파지에 대항하는 적응성 면역력을 부여하며, 크리스퍼 RNA 서열과 일치하는 박테리오파지 DNA 서열이 어떤 과정을 거치든 표적화되어서 파괴된다고 인정하지만, 사실 이 일이 '어떻게' 일어나는지는 아무도 모른다. 우리는 얼마나 다양한 분자가 모여 이 체계를 완성하고 함께 움직여서 바이러스 DNA를 파괴하는지, 면역 반응의 표적화 단계와 파괴 단계를 거치면서 정확히 어떤 일이 일어나는지 궁금해했다.

질문이 뚜렷해지자 도전해야 할 목표도 뚜렷해졌다. 감염이 일어나는 동안 세균이 박테리오파지 게놈에서 짧은 DNA 조각을 조금씩 빼돌리는 방법을 알아야 했고, 어떻게 이 조각들을 정확하게 크리스퍼 영역에 집어넣어서 방어 체계가 바이러스 유전물질을 표적화할 수 있는지도 알아야 했다. 세포 속에서 크리스퍼 RNA 분자가 생성되고, 긴 가닥이 각각 하나의 바이러스와 일치하는 서열을 포함한 짧은 가닥으로 전환되는 과정도 밝혀야 했다. 이 중에서도 가장 중요한 것은 RNA 조각이 상보적인 서열을 가진 박테리오파지 DNA와 염기쌍을 이루는 과정과 박테리오파지 DNA를 파괴하는 방법을 밝히는 일이었다. 이것은 이 새로운 무기 체계의 가장 중요한 부분이었고, 이 과정을 이해하지 못하면 크리스퍼를 완전히 이해할 수 없을 터였다.

이 부분을 설명하려면 유전학을 벗어나 생화학 연구로 접근해야 했다. 즉 크리스퍼 체계를 구성하는 분자를 분리해서 분자 특성을 연구하는 단계로 넘어간다. 또한 크리스퍼 자체를 넘어서, 세균 게놈의 크리스퍼 영역 끝에 붙어 있는 크리스퍼 연관 유전자이자 효소라는 특별한 종류의 단백질을 암호화하는 것으로 보이는 '캐스' 유전자로 시야를 더 넓혀야 했다. 보통 이런 단백질은 세포 속에서 일어나는 온갖 종류의 분자 반응에 촉매제로 작용한다. 캐스 단백질 효소의 기능을 알아내면 크리스퍼의 기능에 대해 더 많이 알게 될 공산이 컸다.

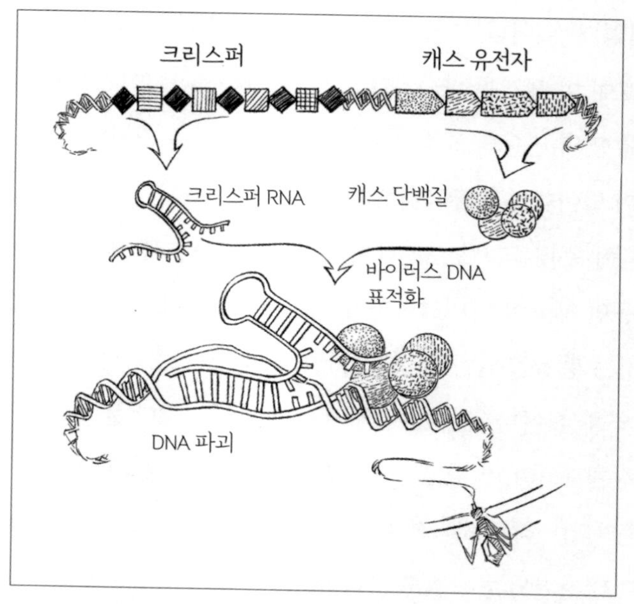

크리스퍼 RNA와 캐스 단백질이 DNA를 표적화하는 과정

과학자들은 유전자의 화학적 구성만 알아도 유전자 기능에 관해 많은 것을 추측할 수 있다. 각각의 유전자를 구성하는 DNA 영역은 세포가 아미노산으로 단백질을 조립할 때 필요한 모든 정보를 담고 있다. 네 개의 염기로 이루어진 DNA가 아미노산 20개로 이루어진 단백질로 번역되는 유전자 암호를 알고 있으므로, 생물학자는 유전자가 생산할 단백질의 아미노산 서열도 그저 원래의 DNA 서열만 보고 알 수 있다. 아미노산 서열을 다른 단백질, 이미 잘 알려진 비슷한 단백질과 비교해보면 과학자들은 여러 다양한 유전자의 기능을 상당

히 상세하게 예측할 수 있다.

이렇게 섬세한 과정을 통해 추측하는 생물정보학자들은 크리스퍼 영역에 항상 공존하는 수백 가지 다양한 캐스 유전자의 화학적 조성을 이미 밝혀냈다. 어떤 생물체를 들여다보든 게놈에 크리스퍼 DNA가 있다면 반드시 캐스 유전자도 가까운 곳에 존재한다. 크리스퍼가 캐스 유전자와 함께 공진화한 것처럼 보일 지경으로, 서로가 없으면 안 될 것처럼 보인다.

캐스 유전자가 암호화하는 단백질은 아마 크리스퍼 DNA와 긴밀하게 작용하리라고 우리는 추측했다. 아니면 크리스퍼 RNA 분자, 그것도 아니라면 최소한 박테리오파지 DNA와 함께할 것이라고 봤다. 한 가지만은 분명했다. 크리스퍼 면역 체계 전체를 이해하려면, 이 유전자의 기능과 이 유전자가 생산하는 단백질의 생화학적 기능을 알아야 했다.

연구를 시작하면서 블레이크는 서로 다른 크리스퍼 체계를 가진 대장균과 녹농균 두 종을 선택했다. 특히 대장균은 생화학자의 가장 오랜 친구다. 미생물, 식물, 개구리, 인간 등 대상과 관계없이 유전자 연구를 하는 생화학자라면 누구든, 유전자를 인공적인 작은 DNA인 플라스미드에 클로닝해서 특화된 대장균주에 플라스미드를 집어넣는 작업부터 시작한다. 원하는 목표 유전자를 다른 합성 DNA와 이어붙인 후, 생화학자는 대장균을 속여서 이 플라스미드를 대량생산하게 만들 뿐만 아니라 대장균이 가진 모든 것을 동원해서 목표 유전자가 암호화하는 단백질을 대량으로 생산하게 만든다. 이렇게 생화학자는 대장균을 현미경 규모의 산업적 생물반응기(생물체 내에서 일어나는 물질의 분해, 합성, 화학적 변환 등의 반응 과정을 인공적으로 재현하는 체제 — 옮긴이)로 전환해, 특정 단백질을 대량으로 생산하도록 조종한다.

블레이크는 재빨리 대장균과 녹농균 게놈에서 복제한 크리스퍼 관련 유전자 플라스미드를 만들었다. 플라스미드를 넣은 대장균주 수십 개를 모은 뒤, 블레이크는 플라스미드를 가진 대장균주를 대량으로 배양해서 실험에 쓸 캐스 단백질을 충분히 만들었다. 대장균을 하룻밤 동안 키운 뒤, 블레이크는 배양액을 큰 병에 넣고 빠르게 회전하는 원심분리기에 돌려 우리가 지구에서 느끼는 중력보다 4,000배나 큰 힘으로 세포와 배양액을 분리했다. 그다음, 각각의 균주를 소량의 염용액에 부유시킨 뒤, 고에너지 음파기계로 세균을 터뜨려 세포 내용물을 얻었다. 이 세포 내용물에는 대장균이 생산한 캐스 단백질이 들어 있다.

깨진 세포막, 끈적거리는 DNA, 그 외 다양한 세포 찌꺼기는 버리고, 블레이크는 몇천 종류의 단백질만 남겼다. 여기서 필요한 것은 단 하나, 캐스 단백질이다. 플라스미드 설계 단계에서 캐스 단백질에는 수천 개의 다른 단백질과 구별할 수 있는 특별한 화학 표지를 달아놓았다. 정제 과정을 통해 이 분자 꼬리표만 골라내고 몇 차례 정제 과정을 더 거치면, 블레이크는 연구 대상인 순수한 캐스 단백질을 각각 고농도로 얻을 수 있었다.

캐스 단백질을 얻은 블레이크는 마침내 이 효소의 기능을 조사하기 위해 다양한 실험을 계획했다. 우리가 크리스퍼 분야에 처음으로 한 공헌은 캐스1 단백질 효소가 DNA를 자르는 능력이 있음을 발표한 것이다.[1] 면역 체계가 기억을 저장하는 단계에서 새로운 박테리오파지 DNA 조각을 크리스퍼 영역에 집어넣는 단계를 돕는 것으로 추측되었다. 이는 크리스퍼가 공격해오는 박테리오파지의 DNA 조각을 어떻게 훔치는지, 그 유전정보를 어떻게 자신의 것으로 만들어 면역 반응의 표적화와 파괴 단계에 필요한 토대를 만드는지를 이해하는 데 한 발짝 더 가까이 다가서게 해주었다.

그때쯤 블레이크는 새 대학원생인 레이철 하울위츠Rachel Haurwitz를 크리스퍼 연구에 고용해서 함께 또 다른 발견을 했다. 두 번째 단백질 효소인 캐스6에서 레이철과 블레이크는 이 효소가 캐스1처럼 화학 칼로 작용한다는 점을 알아냈다.[2] 캐스6는 긴 크리스퍼 RNA 분자를 더 짧은 조각으로 특이적이며 체계적으로 잘라 박테리오파지 DNA를 표적화하는 데 관여했다.

우리와 다른 과학자들이 크리스퍼 퍼즐 조각을 모으자 서서히, 하지만 확실하게 그림이 형태를 갖추어나갔다. 이 그림에서 이미 우리는 연구를 시작할 때 목표로 했던 답을 몇 가지 찾을 수 있었다. 또 알아내야 할 캐스 단백질 기능도 충분히 조사했다. 연구 과정에서 우리는 더 많은 캐스 단백질이 DNA나 RNA를 자르는 효소임을 발견했고, 따라서 크리스퍼 면역 반응에서 캐스1이나 캐스6와 유사한 기능을 하리라고 예측했다.

2010년, 크리스퍼 연구는 내 연구팀에서 여러 명이 참여하는 형태로 확대되었다. 여기에는 이 책의 공동저자인 샘 스턴버그Sam Sternberg도 있었다. 연구실 분위기는 흥분으로 가득했다. 크리스퍼에 관한 지식은 매주 또는 두 주마다 늘어났고, 우리가 탐색하는 효소들은 흥미롭고 독특한 특성을 보여주었으며, 이런 효소의 특성은 실제로 응용할 수 있었다. 예를 들어, 우리는 이 새로운 RNA 절단 효소를 뎅기열 바이러스나 황열 바이러스 같은 인간 바이러스의 특징적인 RNA 분자를 검출하는 진단 도구로 만들자는 생각을 떠올렸다. 우리는 게이츠 재단에서 연구자금을 받아 이 아이디어를 실행했다. 곧 우리는 버클리캠퍼스의 생명공학 실험실과 연계해서 소량의 혈액이나 타액에서 바이러스를 검출하는 혁신적인 시스템에 이 기술을 결합했다.

2011년, 레이철과 나는 캐스 단백질을 상용화해서 판매하는 회사인 카리부 바이오사이언스를 설립했다. 당시 우리는 과학자나 의사가 체액에서 바이러스 RNA나 세균 RNA를 검출할 수 있는 간단한 키트를 만드는 일을 상상했다. 이 사건은 레이철과 나를 학계에서부터 놀랍고 새로운 세상으로 데려갔다. 레이철은 이듬해 봄에 박사학위를 마치고 신생 회사인 카리부 바이오사이언스의 회장이자 CEO가 되었고, 나는 과학 고문이 되었다. 대학 연구실에서 나의 책임을 다하면서 카리부 바이오사이언스 사에도 열정을 나눌 수 있는 위치였다. 점차 카리부 바이오사이언스 사는 또 다른 더 강력한 크리스퍼 관련 기술로 유명해졌다.

그동안 블레이크와 나는 세균의 크리스퍼 DNA나 RNA 분자를 자르는 캐스 단백질 효소에서 바이러스 DNA를 자르는 단백질로 관심을 옮겼다. 즉 크리스퍼의 검색 및 파괴 과정에서 파괴 단계에 공헌하는 단백질을 찾기 시작했다. 일단 크리스퍼 RNA가 목표를 찾아 바이러스 DNA와 쌍을 이루면, 특별한 효소가 이 외부 유전물질을 공격해서 조각내 망가뜨릴 것이라고 우리는 상상했다.

이 가설을 뒷받침하는 흥미로운 증거는 동료 과학자인 캐나다 라발대학교의 실뱅 무아노Sylvain Moineau와 리투아니아 빌뉴스대학교의 비르기니유스 식스니스Virginijus Siksnys가 발견했다. 실뱅의 연구는 크리스퍼가 표적화하는 박테리오파지 DNA는 크리스퍼 RNA와 서열이 일치하는 부분이 잘린다는 점을 증명했고,[3] 비르기니유스는 세균이 박테리오파지를 박멸하려면 특정 캐스 유전자가 있어야 한다는 사실을 발견했다.[4] 면역 반응으로 박테리오파지 유전물질이 완전히 파괴되는 과정을 알아내는 일은 전체 크리스퍼 경로의 심장 부위에 이르는 길이나 다름없었다.

블레이크와 존 판데르 오스트 연구실의 협력 연구에서 바이러스를 죽이는 이 과정이 얼마나 복잡한지 드러나기 시작했다. 우리가 연구 대상으로 삼은 대장균과 녹농균 세포는 바이러스 DNA를 표적화해서 제거하는 데 여러 종류의 캐스 단백질을 사용했다. 게다가 박테리오파지 유전물질을 공격하는 과정은 서로 다른 두 단계로 진행되었다. 첫 번째 단계는 판데르 오스트 연구실에서 증명했듯이, 크리스퍼 RNA 분자가 10~11종의 다양한 캐스 단백질이 포함된 더 큰 집합체에 합류한다. 이 분자 기계는 GPS 기능이 있어서 바이러스 DNA를 파괴할 정확한 위치를 결정하는데, 존의 연구실에서는 여기에 캐스케이드('CRISPR-associated complex for antiviral defense, 항바이러스 방어 체계와 관련된 크리스퍼-연관 복합체'의 두문자어다)라고 이름 붙였다. 두 번째 단계는 캐스케이드가 파괴해야 할 서열이 일치하는 DNA를 찾아 표지하면, 또 다른 핵산 가수분해 효소로 실제로 공격을 실행하는 무기인 캐스3 단백질 효소가 표적 DNA를 급습해 자른다.

2011년과 2012년 연속으로 발표한 논문의 실험을 하면서, 이 과정의 역학은 더 명료해졌다. 강력한 전자현미경을 이용하고, 버클리캠퍼스의 에바 노갤러스Eva Nogales 교수와 박사후과정 연구원인 게이브 랜더Gabe Lander와 긴밀하게 협력해서, 우리는 최초로 캐스케이드의 고해상도 사진을 찍었다.[5] 이 사진은 캐스 단백질과 크리스퍼 RNA 분자가 나선 구조를 이루는 형상과 이 미세한 분자 기계가 가젤을 옥죄는 비단구렁이처럼 바이러스 DNA를 감싸는 모습을 보여주었다. 이 분자 기계가 DNA 표적화 기능에 필요한 기하학적 구조를 갖추며 우아하게 진화한 3차원 형태를 보며 우리는 감탄했다. 또한 크리스퍼 RNA의 염기가 자신과 일치하는 바이러스 DNA를 인식할 수 있는 염기쌍 형성 작용이 중요하며, 캐스케이드가 크리스퍼 RNA와 완벽하거나 또는 거의 완벽하게 일치하는 바이러스 DNA 표적에만 결합하는 데 놀라울 정도로 능숙하다는 사실도 발견했다. 이 놀라운 특이성은 캐스케이드가 우연히 세균 자신의 DNA를 표적으로 삼아 파괴하는, 재앙에 가까운 자가면역을 일으켜 빠르게 세포를 죽음으로 몰아넣는 상황을 피하게 해주었다.

리투아니아의 비르기니유스 식스니스 실험실에서 발표한 상호보완적인 연구는 캐스3 효소가 캐스케이드의 표적이 된 바이러스 DNA를 파괴하는 과정을 보여준다.[6] 단순한 핵산 가수분해 효소와 달리 캐스3는 DNA를 한 번만 자르지 않고 수백 조각으로 완전히 분해해버린다. 일단 캐스케이드가 캐스3를 크리스퍼 RNA-바이러스 DNA 결합체로 불러들이면, 캐스3는 박테리오파지 게놈 염기를 초당 300개씩 읽어 내려가면서 DNA를 잘게 썰어버린다. 길었던 박테리오파지 게놈은 찌꺼기가 뒤죽박죽으로 섞인 채 흔적만 남는다. 단순한 핵산 가수분해 효소가 전지가위라면, 캐스3는 모터 달린 전지가위나 다름없다. 캐스3의 속도와 효율성은 놀라울 정도다.

동료 과학자들이 이처럼 매혹적인 사실을 발견하고, 내 연구실에서도 생화학 정보와 구조 정보가 발표되면서, 이전의 모호했던 크리스퍼의 내적 작업은 별도의 작업을 수행하는 개별 분자 집합체로 선명해졌다. 그러나 이와 동시에 우리는 크리스퍼 면역 체계가 움직이는 표적이라는 점을 발견했다. 크리스퍼 면역 체계는 하나가 아니라 다양한 변형체가 존재했다. 유진 쿠닌과 키라 마카로바를 포함한 과학자들이 크리스퍼 영역 끝에 붙어 있는 캐스 유전자의 다양한 조합을 비교한 뒤 예측한 대로였다. 더 나은 염기 서열 분석 도구를 사용해서 세균과 고세균 게놈 서열을 분석하는 과학자들이 내놓은 어마어마한 양의 데이터 덕분에 이 사실을 알 수 있었다. 크리스퍼 면역 체계는 다양성이 매우 높으며, 캐스 유전자와 캐스 단백질이 독특하게 보완하는 여러 다양한 범주로 나눌 수 있음이 밝혀졌다.

크리스퍼의 다양성에 우리는 놀랄 수밖에 없었다. 2005년에는 각각 다른 아홉 종류의 크리스퍼 면역 체계가 발견되었다.[7] 2011년이 되자 이 숫자는 셋으로 줄어들었지만, 이 기본 유형에는 하위 유형이 열 가지나 될 것으로 추측되었다.[8] 그리고 2015년, 분류법은 또다시 여섯 개의 유형과 열아홉 개 하위 유형으로 구성되는 두 그룹으로 바뀔 예정이다.[9]

이 발견은 우리의 연구를 더 멀리 내다보도록 해주었고, 지금까지 해온 연구의 한계도 보여주었다. 대장균과 녹농균을 대상으로 얻은 결과는 크리스퍼 체계 하위유형 중 두 종류에만 해당하는 진실이었고, 이들은 다시 유형 I 크리스퍼-캐스 면역 체계에 속했다. 우리 연구 결과에서 나온 결론 대다수가 다른 크리스퍼 하위 유형에도 적용되지만, 처음 크리스퍼 면역 체계를 발견했던 요구르트를 생산하는 유산균인 스트렙토코커스 써모필러스처럼 유형 II 체계를 갖춘 세균에는 적용하기가 점점 어려워졌다.

다양한 크리스퍼-캐스 체계는 박테리오파지 DNA를 파괴하는 방식도 상당히 다르다. 대장균과 녹농균 같은 유형 I 체계에서는 모터 달린 전지가위인 캐스3 효소가 DNA를 조각낸다. 이 작은 분자 기계는 너무나 빠르게 DNA를 먹어치워서 파괴하는 장면을 포착하기도 어려웠다. 시험관에서 DNA 절단 장면을 포착하려 해도 우리가 볼 수 있는 것은 박테리오파지 게놈이 있던 자리를 따라 DNA 흔적만 길게 남은 분자적 혼돈뿐이었다. 스트렙토코커스 써모필러스에서 발견한 유형 II 체계는 이와 대조적으로 더 제한적이며 정확도가 높다. 다니스코 사 연구팀과 협력 연구를 하는 캐나다 과학자 실뱅 무아노와 조지안 가르노Josiane Garneau는 감염된 세균에서 크리스퍼 면역 체계가 박테리오파지 게놈을 절단하는 장면을 포착하는 데 성공했다. 스트렙토코커스 써모필러스 균에서 박테리오파지 DNA를 자르는 크리스퍼는 더 단순한 핵산 가수분해 효소의 전형적인 과정을 보여주며, 한 쌍의 가위처럼 움직이면서 크리스퍼 RNA와 일치하는 바이러스 게놈 서열 부위를 정확하게 잘라냈다.

스트렙토코커스 써모필러스 균에서 캐스 효소의 정확성은 매우 인상적이었지만, 유형 I 체계 효소에 비하면 유형 II 체계에 속한 단백질에 관해서는 아는 것이 거의 없었다. 이 캐스케이드 기계에 속한 단백질 중 어느 것에 대해서도 블레이크나 내가 연구한 바가 없었는데, 대장균의 유형 I 크리스퍼 체계가 DNA를 표적화하는 부분은 스트렙토코커스 써모필러스 균의 유형 II 체계에도 똑같이 존재했다. 더구나 우리는 어떻게 유형 II 체계의 효소가 크리스퍼 RNA와 함께 움직여서 바이러스 DNA의 어느 부위를 자를지 특정하는지도 확신할 수 없었다.

캐스3가 아니라면 유형 II 체계가 휘두르는 창날은 어떤 효소인 걸까? 크리스퍼 RNA와 함께 유형 II 체계의 DNA 표적화를 실행하는 배우는 누구일까? 이 질문의 답은 자연이 바이러스 DNA 절단이라는 비슷한 분자 문제를 전혀 다른 방식으로 해결한 방법을 알려줄 수 있다. 더불어 이 새롭고 강력한 세균 방어 체계를 이해하도록, 어쩌면 길들이도록 도울 수도 있다.

자연이 창조한 이 신비한 방어 체계는 희한하게도 인공 핵산 가수분해 효소, 그중에서도 세포에 정확한 DNA 변화를 유도하는 유전자 편집에 사용하며, 프로그램이 가능한 DNA 절단 효소를 떠올리게 하는 특성을 보였다. 스트렙토코커스 써모필러스 균의 유형 II 크리스퍼 면역 체계는 박테리오파지 DNA를 편집한다기보다는 파괴하는 듯 보이지만, 특정 DNA 서열을 찾아내서 자르는 능력만큼은 최소한 원칙상으로는 이미 존재하는 유전자 편집 도구인 징크 핑거 뉴클레이즈나 탈렌의 기능과 다르지 않았다. 하지만 엄연히 다른 점이 있었고, 특히나 두 가지 문제점이 크리스퍼 연구자의 주의를 끌었다. 유형 II 체계에서 DNA를 절단하는 효소는 무엇이며, 어떻게 작동하는가?

지구 반대편에서 연구하는 동료를 운 좋게 만나지 않았더라면, 나는 아직 유형 I 체계에 몰두하던 때라 논문만 겨우 읽어본 이 새 분야에 관심을 쏟을 수 없었을 것이다. 우리의 우연한 만남은 크리스퍼 연구를 새로운 방향으로 전환하도록 내게 영감을 주었으며, 누구도 상상할 수 없었던 놀라운 크리스퍼의 일면을 드러낸, 내 삶을 전환한 공동 연구로 이어졌다.

~

2011년 봄에 나는 미국 미생물학회에 참석하러 버클리에서 푸에르토리코로 갔다. 이런 학회는 과학자들이 새로운 동료를 만나고 특정 연구 분야의 발전상을 확인하며, 실험실의 일상에서 잠시 벗어날 좋은 기회다. 미생물학회에 꼬박꼬박 참석하는 편은 아니었지만, 크리스퍼에 관한 강연을 요청받았고, 지금은 친구이자 공동 연구를 종종 진행하는 존 판데르 오스트를 만날 수 있어서 가기로 했다. 나는 오스트와 직접 만나고 푸에르토리코를 탐험할 생각으로 들떴다. 대학원생이었을 때 이 섬에 온 적이 있었는데, 이곳의 열대우림은 아름답고 바다는 고향인 하와이를 떠올리게 했다.

학회 둘째 날 저녁, 존과 나는 학회 강연에 들어가기에 앞서 카페에서 커피를 마셨다. 그런데 카페 구석에 커피를 마시는 멋진 젊은 여성이 있었다. 존은 나를 데려가서 소개해 주었는데, 그녀는 바로 에마뉘엘 샤르팡티에Emmanuelle Charpentier였다. 그 이름을 듣는 순간 내 머릿속에서 전구가 깜빡거렸다.

연구실의 한 학생이 에마뉘엘이 지난해 바헤닝언에서 소규모 크리스퍼 학회를 열었다는 재미있는 이야기를 했었다. 나는 참석하지 못했지만, 학회에 갔던 연구원들이 에마뉘엘의 화농연쇄상구균S. pyogenes의 유형 II 크리스퍼 면역 체계에 관한 강연에 관해 말해주었다. 나는 생각을 이어가면서 같은 주제로 쓴 에마뉘엘의 논문[10]이 최근 〈네이처〉에 실렸으며, 이 논문이 내 연구실을 질풍처럼 흔들어 놓았다는 사실을 기억해냈다. 에마뉘엘의 논문이 발표되기 전까지, 세상은 크리스퍼 경로에 관련된 RNA 분자가 오직 한 종류만 있다고 생각했다. 그러나 소형 세균 RNA를 연구해오던 에마뉘엘과 외르크 포겔Jörg Vogel은 크리스퍼 RNA를 생성할 때 가끔 필요한 두 번째 RNA 분자를 발견하는 행운을 누렸다. 이 발견은 크리스퍼 연구자들을 흥분으로 몰아넣었는데, 진화를 통해 세균이 바이러스에 대항할 수 있는 스위스 군용칼을 획득했다는, 세균 면역력의 매혹적인 다양성을 증명했기 때문이다.

잠시 이야기를 나누어보니 에마뉘엘은 부드러운 말투에 내성적인 인상이었지만 익살맞은 농담을 즐기고 시원시원하며 낙천적인 사람이었다. 나는 금방 에마뉘엘이 마음에 들었다. 다음 날 오전 일정이 끝나자 오후에는 학회 일정이 없었다. 원래는 정원에서 컴퓨터 작업을 하려 했지만, 에마뉘엘이 내게 구도심 지역인 올드 산후안에 가자고 권하자, 그 유혹을 뿌리칠 수 없었다. 에마뉘엘이 어릴 적 파리의 집을 연상시킨다고 말한 자갈이 깔린 길을 걸으며, 우리는 최근 여행한 곳과 버클리와 에마뉘엘이 최근 연구실을 이전한 스웨덴 대학 시스템을 비교하면서 잡담을 나누고, 지금까지 들었던 학회 강연에 관해 의견을 나누기도 했다. 점차 우리의 대화는 현재 연구하는 주제로 옮겨갔고, 에마뉘엘은 내게 공동 연구를 제안하려고 전화할 때를 가늠하고 있었다고 말했다.

에마뉘엘은 자신이 연구하는 감염된 화농연쇄상구균의 유형 II 크리스퍼 체계가 어떻게 바이러스 DNA를 조각내는지 알고 싶어 했다. 실뱅 무아노, 비르기니유스 식스니스를 비롯한 동료들과 에마뉘엘의 연구는 최소한 csn1 유전자가 연관되어 있음을 시사했다. 에마뉘엘과 힘을 합쳐 내 연구실의 생화학과 구조생물학 전문가들을 동원해서 csn1 유전자가 암호화하는 단백질 기능을 밝혀야 할까? 푸른빛의 바다로 이어지는 좁은 길을 걸어가면서 에마뉘엘은 "우리가 함께 연구하면 이 수수께끼의 Csn1의 기능을 밝힐 수 있으리라고 믿어요"라고 말했다. 나는 이 연구에 숨겨진 가능성을 헤아리면서 온몸이 흥분으로 떨려오는 것을 느꼈다.

나는 캐스3 단백질과 캐스케이드가 없는 유형 II 크리스퍼 체계를 연구할 기회를 잡으면서 흥미를 느꼈다. 만약 신비에 싸인 Csn1 단백질이 정말로 유형 II 체계에서 DNA를 절단하는 데 관련되어 있다면, 에마뉘엘과의 공동 연구로 이쪽 크리스퍼 분야에 공헌할 기회를 얻을 수 있었다.

이 새로운 세균도 나를 괴롭혔다. 실험 대상으로서 화농연쇄상구균은 크리스퍼 연구에서 선호하는 연구대상이 된 유산균인 스트렙토코커스 써모필러스 균과 유사점과 차이점을 모두 가지고 있었다. 유사점으로는 두 세균이 모두 같은 스트렙토코커스 속屬에 속하며, 크리스퍼 면역 체계도 매우 비슷하다는 것이었다. 두 세균은 각자 독특한 박테리오파지를 표적으로 삼았지만, 같은 핵심 구성요소와 같은 유전자를 갖추고 있어서 연구 대상을 바꾸는 데 어려움이 적었다.

그런데 인간의 삶에서 화농연쇄상구균과 유산균인 스트렙토코커스 써모필러스 균의 역할은 전혀 다르다. 스트렙토코커스 써모필러스 균 연구는 이 세균이 치즈와 요구르트를 만드는 유제품업계에서 널리 사용되므로 경제 가치가 있었다. 특히 스트렙토코커스 써모필러스 균은 스트렙토코커스 속 가운데 인간과 다른 포유류에 해를 미치지 않는 유일한 세균이다. 반면 화농연쇄상구균과 다른 스트렙토코커스 속 균은 모두 인간을 포함한 포유류를 숙주로 삼는 병원성 세균이다. 이 특정 세균 속과 관련된 인간의 질병은 놀랄 정도로 많다. 화농연쇄상구균은 사람에게 치명적인 감염 질병 원인균 10위 안에 드는 균이며, 매년 발생하는 50만여 건의 사망사고 원인이기도 하다.[11] 화농연쇄상구균을 원인으로 꼽을 수 있는 질병만 해도 독성쇼크 증후군, 성홍열, 패혈증, 인두염이 있고, 특히 치명적인 병이자 화농연쇄상구균에 '살을 먹어치우는 세균'이라는 불쾌한 별명을 붙여준 괴사성 근막염도 있다.

따라서 화농연쇄상구균 연구는 의학적 가치가 매우 커서 과학자에게는 유혹적인 주제였다. 사실 에마뉘엘도 처음에는 화농연쇄상구균의 병원성을 연구하다가 크리스퍼 연구로 넘어왔다. 에마뉘엘은 크리스퍼 체계가 스트렙토코커스 속의 감염을 예방하는 새로운 방법을 제시해서 수많은 인명을 살려내기를 바랐다.

과학자에게는 다행스럽게도, 이 난폭한 세균은 위험도를 최소화해서 연구할 방법이 있었다. 에마뉘엘이 내게 공동 연구를 제안했을 때,

내 연구실에서는 화농연쇄상구균을 대상으로 생체 내in vivo(라틴어로 '생물체 안에서'라는 뜻) 실험이 아니라 생체 외in vitro(라틴어로 '유리 안에서'라는 뜻) 실험을 맡게 되리라고 확신했다. 정제한 단백질과 RNA, DNA 분자를 살아 있는 세포나 박테리오파지 속이 아니라 시험관에서 반응시킬 것이다. 우리는 화농연쇄상구균을 면양 혈액이 섞인 페트리 접시에서 배양할 필요가 없을 테고, 이 치명적인 병원균에 오염되지 않도록 격리된 실험실에서 일하지도 않을 것이다. 우리는 실험실에서 많이 사용하는 대장균을 이용해서, 화농연쇄상구균에서 분리한 유전자와 단백질을, 다루는 사람이 감염될 위험 없이 대량생산할 수 있었다.

푸에르토리코 학회가 끝나고 캘리포니아로 돌아오는 비행기 안에서, 나는 제안을 받은 공동 연구와 이 연구에 적합한 연구원이 누구일지 궁리했다. 2011년, 내 연구실에서 크리스퍼 연구는 초기보다 훨씬 덩치를 키운 상황이었고, 박사후과정 연구원, 대학원 학생, 연구전문가 등 여러 명이 다양한 크리스퍼 생물 기전과 크리스퍼 도구 개발을 연구했다. 하지만 모두 자신의 프로젝트로 바빠서 그중 누구에게도 또 다른 과제를 떠맡길 수 없었다.

그러다 갑자기 완벽한 후보자가 떠올랐다. 체코에서 온 다재다능하고 부지런한 박사후과정 연구원으로 내 연구실에서 연구를 마무리하는 과학자였다. 대학교수 자리에 면접을 보러 다녔지만, 최근에는 버클리에서 마지막 해를 보내면서 새로운 연구 주제를 찾겠다고 했다. 마틴 이넥(Martin Jinek, 'yeeh-neck'이라고 발음한다)은 많은 면에서 블레이크와 대조적인 인물이었다. 블레이크가 외향적이고 사교적이라면 마틴은 내성적이고 조용했다. 연구 중에 장애물을 만나거나 낯선 기술에 부딪히면 블레이크는 즉시 도와줄 사람을 찾지만, 마틴은 책을 파고들어 스스로 해결했다. 자신이 아예 답을 모르는 경우라면 말이다. 마틴의 생화학과 생물학 지식은 백과사전 급이었고, 이는 그가 발표한 논문의 저널 수준과 논문 수뿐만 아니라 발표한 논문의 분야와 범위가 다양하다는 사실을 봐도 알 수 있다. 가장 중요한 점은 마틴이 크리스퍼 분야를 잘 파악하고 있다는 것이었다. 인간 RNA 간섭을 연구하러 내 연구실에 들어온 마틴은 블레이크와 레이철과도 긴밀하게 협력연구를 진행해서 꽤 많은 크리스퍼 관련 연구를 완성했다.

마틴은 내가 제안한 에마뉘엘과의 공동 연구에 열정적으로 반응했다. 마틴은 이 연구에 독일에서 온 석사 학생이며 여름에 내 연구실에 오기로 한 미하엘(미치) 하우어Michael(Michi) Hauer도 참여시키자고 제안했다. 나는 동의했다. 일할 사람은 많을수록 좋았다. 에마뉘엘의 신비한 단백질에 대해 알면 알수록, 여기에 뭔가 특별한 것, 크리스퍼의 가장 은밀한 비밀을 풀어줄 사실이 숨어 있다는 점을 확신할 수 있었다.

Csn1 효소는 2011년 여름, 캐스9이라는 이름이 확정되기 전까지 오랫동안 여러 이름으로 불려왔다. 캐스9에 관한 논문을 조사하면서 계속 변하는 이름을 추적하기 힘들었던 만큼, 나는 이 단백질이 의심의 여지없이 중요한 단백질임을 알 수 있었다. 로돌프와 필리프의 2007년 논문은 캐스9 단백질을 암호화하는 유전자를 억제하면 스트렙토코커스 써모필러스 균의 항바이러스 능력에 손상이 간다는 점을 증명해 보였다. 게다가 조지안과 실뱅은 박테리오파지 게놈이 크리스퍼 면역 반응이 일어나는 동안 절단된다는 사실과 함께, 캐스9을 암호화하는 유전자를 억제하면 크리스퍼가 바이러스 DNA를 파괴하지 못한다는 점도 발견했다. 마찬가지로 화농연쇄상구균을 이용한 에마뉘엘의 실험에서도 캐스9을 암호화하는 유전자에 돌연변이가 일어나면 크리스퍼 RNA 분자 생성에 결함이 생기면서 전체 면역 체계에 손상이 일어났다. 마지막으로 2011년 가을, 비르기니유스 식스니스 연구팀이 다니스코 사의 로돌프와 필리프 연구팀과 함께 발표한 논문에서는, 스트렙토코커스 써모필러스 균의 항바이러스 반응에 절대적인 요소인 크리스퍼 체계에서는 캐스9 유전자가 단백질을 생산하는 유일한 캐스 유전자라는 점을 밝혔다.

읽으면 읽을수록, 캐스9 단백질이 유형 II 체계 크리스퍼 면역 반응의 DNA 파괴 단계에서 중요한 역할을 하리라는 점이 더 확실해졌다. 최소한 스트렙토코커스 속의 세균에서는 필수 요소로 보였지만 유형 II 체계에서 중요한 구성 요소라면 다른 체계에서도 중요하리라는 것은 당연한 이치다. 그러나 캐스9이 정확하게 어떤 역할을 하는지는 알 수 없었다.

마틴과 나는 스카이프로 에마뉘엘과 캐스9 실험 전략을 의논했다. 우리 공동 연구의 어려움을 강조하는 듯, 스카이프 통화를 위해 연구원들을 소집하는 것도 일이었다. 에마뉘엘은 스웨덴 북부의 우메오 대학교에 있어서 태평양 표준시로 미국보다 시간대가 열 시간이나 빨랐고, 에마뉘엘의 연구실에서 크리스퍼 연구를 주도하는 박사학위생인 크시슈토프 칠린스키Krzysztof Chylinski는 이전에 에마뉘엘의 연구실이 있었던 빈대학교에 있었다. 스웨덴에 있는 프랑스인 교수, 오스트리아에 있는 폴란드인 학생, 독일인 학생, 체코인 박사후과정 연구원, 버클리에 있는 미국인 교수 등 전체적으로 볼 때 우리는 상당히 국제적인 연구 집단이었다.

일단 모두가 맞출 수 있는 시간을 찾아내자 연구 프로젝트 개요를 대략 짜기 시작했다. 우리 연구실에서 예상하는 첫 번째 목표는 단순했다. 에마뉘엘 연구팀이 할 수 없었던 일, 즉 캐스9 단백질을 분리해서 정제할 방법을 찾아야 했다. 일단 캐스9 단백질을 손에 쥐면 생화학 실험을 시작할 수 있으며, 우리가 예측한 대로 크리스퍼 RNA와 캐스9 단백질이 상호작용하는지, 항바이러스 면역 반응이 일어나는 동안 어떻게 기능할지 연구할 수 있게 된다.

에마뉘엘의 대학원생인 크시슈토프는 우리에게 화농연쇄상구균에서 분리한 캐스9 유전자가 든 플라스미드를 보내주었고, 미치는 마틴의 지도로 단백질 정제에 착수했다. 먼저 미치는 플라스미드를 다양한 대장균주에 집어넣은 후, 배양 조건과 배양액 종류를 다양하게 바꿔가면서 체계적으로 수십 가지의 여러 변수를 조절해서 캐스9 단백질이 고농도로 생산되는 단 하나의 실험계획안을 완성했다. 이 작업은 정원사가 다양한 토양과 비료를 조합해서 새로운 꽃이 자라는 최적의 성장 조건을 찾는 작업과 비슷하다. 그다음에는 크로마토그래피(혼합물을 정지상과 이동상에서의 이동 속도 차이를 이용해서 분리하는 방법 —옮긴이)라는 화학 기술을 이용해서 세포를 파괴해서 얻은 캐스9 단백질을 다른 세포 내 단백질과 분리했다. 마지막으로 미치는 정제한 캐스9 단백질의 안정성을 시험했다. 까다로운 단백질 중에는 단 한 번만 사용해도 미세한 눈송이처럼 단백질끼리 뭉치거나 침전해버리는 등

'상해버리는' 것이 있어서, 투명했던 단백질 용액이 순식간에 우윳빛으로 변해버리기도 한다. 그 외에는 반복해서 얼리고 녹여도 뛰어난 안정성을 갖춘 단백질도 많다. 이 점에서 우리는 운이 좋았다. 캐스9 단백질은 안정성을 갖춘 단백질에 속했다.

드디어 첫 번째 생화학 실험을 하는 순간이 다가왔다. 미치와 마틴은 캐스9 단백질을 분리하고 정제했고, 우리는 캐스9 단백질의 DNA 절단 작용이 크리스퍼 RNA의 존재에 좌우되리라고 생각했다. 우리가 연구하던 유형 I 크리스퍼 체계는 여러 캐스 단백질과 크리스퍼 RNA가 결합해서 DNA 결합 및 절단 기계를 형성했다. 우리는 캐스9이 비슷한 방식으로 크리스퍼 RNA와 결합하리라고 추측했다. 캐스9의 아미노산 서열을 컴퓨터로 분석한 결과도 하나가 아닌 두 개의 분리된 핵산 절단 영역, 즉 핵산 가수분해 효소 모듈이 캐스9 효소 안에 있음을 보여주어 우리의 추측을 뒷받침했다. 어쩌면 하나 또는 두 개의 모듈 모두가 박테리오파지 DNA를 자를 수도 있었다.

독일 실험실에서는 미치가 이미 학위를 받고 돌아오는 비행기를 예약했으리라고 생각하고 있었기에, 미치에게 시간이 별로 없었다. 미치는 마틴과 함께 정제한 캐스9 효소가 DNA를 자를 수 있는지 실험했다. 에마뉘엘의 논문에서 화농연쇄상구균을 대상으로 확인했던 제대로 기능할 수 있는 크리스퍼 RNA를 합성한 뒤, 여기에 크리스퍼 RNA, 캐스9 단백질, DNA 표본을 섞었다. 실험에 사용한 DNA 표본에는 크리스퍼 RNA의 한쪽 끝에 있는 서열과 일치하는 염기 서열이 들어 있다.

과학실험에서 종종 일어나는 사례이긴 하지만, 이 실험은 예상을 빗나갔다. DNA에서 그 어떤 변화도 관찰할 수 없었던 것이다. 캐스9 단백질과 서열이 일치하는 크리스퍼 RNA에 노출되기 전과 후의 DNA는 차이가 없었다. 미치가 실험을 제대로 설계하지 못한 것도 아니었고, 캐스9 단백질의 DNA를 자르는 능력에 문제가 있는 것도 아니었다. 미치는 실험 결과를 발표한 뒤, 여름 동안 힘들게 캐스9을 분리하고 정제해서 연구한 결과가 헛된 것이었음에 낙심하면서 독일로 돌아갔다.

∽

크시슈토프와 에마뉘엘과의 공동 연구가 진행되면서 마틴은 미치와 함께 연구하고 미치를 이끌어주었지만, 그 자신도 대학에서 직장을 찾는 데 신경 써야 했다. 마틴은 전 세계를 돌아다니며 면접을 봤고, 마침내 스위스 취리히대학교에서 조교수 자리를 받았다. 하지만 우리에게는 다행스럽게도 마틴의 여행 계획은 미치가 독일로 돌아갈 때까지 늦춰졌기 때문에 마틴은 미치가 남기고 간 연구 과제를 집어 들었고, 캐스9의 기능이 정확히 무엇일지를 밝히는 데 온 관심을 집중했다.

미치와 마틴의 연구를 보면 캐스9은 DNA를 자르지 못하는 듯 보였다. 하지만 실험에 뭔가 숨겨진 요인이 있지는 않았을까? 단백질이 시험관에서 분해되었을 일상적인 가능성부터, 반응에 필요한 구성 요소가 없었을지도 모른다는 흥미로운 가정까지, 반응이 일어나지 않는 원인은 수없이 많다. 반응에 필요한 구성 요소가 없었다는 가정을 확인하기 위해, 마틴과 크시슈토프는 DNA 절단 실험의 조건을 다양하게 변화시켜 실험했다. 이야기는 여러 우연한 전개를 거치면서 마침내 두 사람이 국경 하나를 사이에 두고 자랐다는 사실을 발견하는 데 이르렀다. 폴란드에서 자란 크시슈토프와 체코슬로바키아에서 자란 마틴은 둘 다 폴란드어를 할 줄 알았다. 공통 언어는 스카이프로 실험에 관한 토론을 자주 하는 두 사람에게 큰 이점이 되었다.

결국 크시슈토프와 마틴은 크리스퍼 RNA뿐만 아니라 두 번째 유형의 RNA인 트레이서 RNA도 넣고 실험했다. 트레이서 RNA는 에마뉘엘 실험실에서 화농연쇄상구균의 크리스퍼 RNA를 생성하는 데 필수 구성요소라는 점을 밝혀낸 바로 그 RNA다. 두 사람의 실험 결과는 단순하면서도 충격적이었다. 크리스퍼 RNA 분자에 있는 염기 20개와 정확히 일치하는 DNA 부분이 깨끗하게 잘렸다. 동시에 처리했던 대조군 실험에 비추어 해석했을 때, 크리스퍼 RNA와 DNA 서열이 일치해야 하고, 캐스9 단백질과 트레이서 RNA가 필수 요소였다.

본질적으로 이 결과는 크리스퍼 면역 반응이 일어날 때 세포에서 무슨 일이 일어나는지를 최소한의 구성 요소로 보여주었다. 캐스9과 크리스퍼 RNA, 트레이서 RNA 외에는 세포 내 그 어떤 분자도 필요 없었다. 파지 게놈을 복제한 DNA 분자를 가진 화농연쇄상구균 세포 속에서 일어난 현상을 관찰했을 때와 비슷했다. 가장 중요한 사실은 DNA 염기 20개가 크리스퍼 RNA의 염기 서열과 일치한다는 점으로, 이는 크리스퍼 RNA와 DNA의 두 가닥 사슬 중 한 사슬이 서로 상보적으로 이중나선 구조를 이룰 수 있다는 점을 시사한다. 이 같은

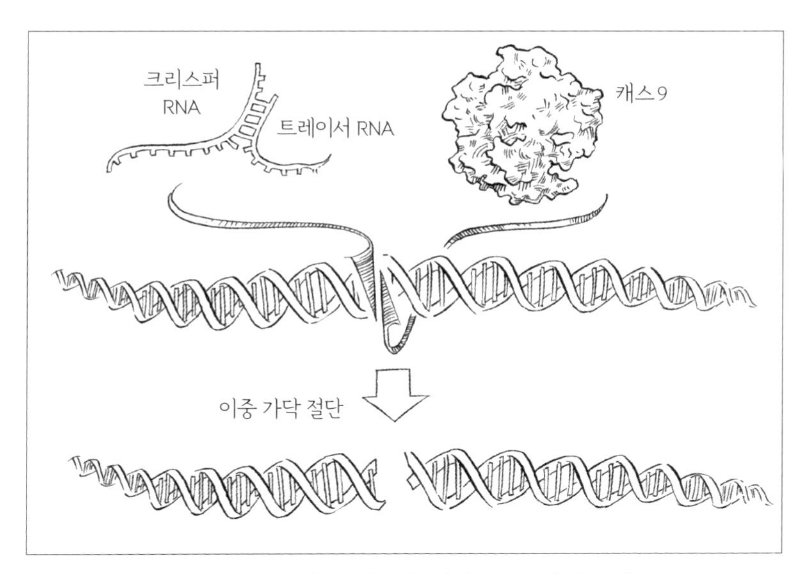

캐스9이 RNA 분자 두 개를 이용해서 DNA를 자르는 모습

RNA-DNA 이중나선 구조는 캐스9의 DNA 절단 활성의 특이성을 설명하는 열쇠가 될 수 있다.

DNA가 잘리는 상황을 직접 시각화할 방법은 없었으므로, 시험관에서 일어나는 DNA 절단 반응을 관찰하려면 민감도가 높은 검출방법이 필요했다. 염기 50개로 이루어진 DNA 이중나선 길이는 17나노미터에 지나지 않으며, 이는 대략 사람 머리카락 두께의 천분의 일에 해당한다. 가장 강력한 현미경으로도 이렇게 작은 물질은 볼 수 없으며, 따라서 마틴과 크시슈토프는 핵산 생화학자가 애용하는 두 가지 실험방법을 선택했다. 바로 방사성동위원소인 인 32(^{32}P)와 겔 전기영동법이다. 이 실험에서는 DNA 분자 끝에 방사성동위원소 ^{32}P를 화학적으로 표지해서 X선 필름에 노출했을 때 DNA가 나타나도록 했다. 그런 뒤 강한 전압을 걸어서 모든 DNA 분자가 분자를 거르는 체 역할을 하는 젤리 같은 겔을 통과하게 해서 DNA 분자들을 크기에 따라 분리했다. 이 겔을 X선 필름에 노출하면 여러 개의 띠가 나타난다. 잘리지 않은 커다란 DNA 띠가 하나, 그리고 캐스9에 의해 두 조각으로 잘려 작아진 DNA 띠 두 개가 보이는 것이다.

여기서 더 나아가 마틴은 크리스퍼 RNA 서열과 비교해볼 때 캐스9 단백질이 DNA의 두 사슬을 모두 같은 위치에서 자른다는 사실을 증명했다. 여기서 중요한 점은, 크리스퍼 RNA와 트레이서 RNA 분자의 크기가 실험이 끝난 뒤에도 변화가 없었으며, 따라서 캐스9 단백질이 DNA 서열을 자를 때 이 두 분자를 재사용할 수 있다는 것이다.

이 결과를 보면서, 우리는 DNA 절단 기계의 필수 구성 요소를 모두 찾아냈다는 사실을 깨달았다. 이 기전은 화농연쇄상구균이나 스트렙토코커스 써모필러스와 비슷한 크리스퍼 체계를 가진 다른 세균에서도 작동하며, 특정 파지 DNA 서열을 찾아낼 뿐만 아니라 파괴하기도 한다. DNA를 자르기 위한 필수 구성 요소는 캐스9 효소와 크리스퍼 RNA, 트레이서 RNA였다.

나는 이 결과에 고무되었지만 연이어 따라붙은 당장 답해야 할 질문들에 사로잡혔다. 캐스9 효소가 어떻게 RNA의 유도에 따라 DNA를 절단하는지 정확히 이해하기 위해서는 DNA를 자르는 캐스9 단백질의 정확한 부위를 짚어내야 했다. DNA 절단 작용이 특이적으로 일어나며 크리스퍼 RNA와 DNA 서열이 일치해야 한다는 점을 증명하기 위해, 우리는 DNA 염기 서열을 하나하나 바꾸어가며 RNA와 DNA 서열이 완전히 일치하지 않으면 절단 작용이 일어나지 않는다는 점을 입증했다. 또 크리스퍼 RNA와 트레이서 RNA 분자가 작동하는 방식을 규명하기 위해, 우리는 체계적으로 두 RNA를 억제해서 RNA의 어느 부분이 필수 요소인지도 밝혔다.

마틴과 크시슈토프는 이 질문의 답을 얻기 위해 쉬지 않고 일했고, 곧바로 놀라운 그림이 보이기 시작했다. 마틴과 크시슈토프는 캐스9이 DNA 이중나선에 결합해 크리스퍼 RNA와 DNA 한쪽 가닥이 새로운 나선을 구성하도록 비틀어 연 뒤, 핵산 가수분해 효소 모듈 두 개를 이용해서 DNA 양쪽 가닥을 잘라 두 가닥 절단을 일으킨다는 사실을 발견했다. 캐스9은 연관된 RNA 분자의 염기 서열과 일치하는 DNA 서열이라면 어느 곳이든 찾아가 자를 수 있다. 크리스퍼 RNA 분자는 GPS 역할을 하며, 길고 거대한 DNA 분자 안에서 크리스퍼 RNA와 DNA 서열이 일치하는 정확한 지점으로 캐스9을 데려간다. 바로 여기에 A와 T, C와 G가 짝을 이루는 염기쌍 형성규칙에 따라 어떤 임의의 DNA 서열이라도 표적으로 삼을 수 있는, 정말로 프로그래밍이 가능한 핵산 가수분해 효소가 있었다. 가이드 RNA에 있는 20개의 염기 서열을 참고해서 캐스9은 DNA에서 이에 대응하는 염기 서열을 인식해서 자른다.

세균과 바이러스의 전쟁에서 캐스9의 기능은 완벽하게 타당성을 갖는다. 박테리오파지 DNA 조각이 저장된 크리스퍼에서 가져온 기억장치인 RNA 분자로 무장한 캐스9은 바이러스 게놈 속 일치하는 서열을 잘라내도록 즉시 프로그래밍할 수 있다. 빠르게 발사할 수 있고 놀라운 정확성을 갖춘 바이러스를 탐색하는 이 미사일은 세균의 완벽한 무기였다.

∽

마틴과 크시슈토프의 결과를 받아들고, 우리는 다음 질문을 향해 돌진했다. 만약 세균이 특정 바이러스 DNA 서열을 자르도록 캐스9을 프로그래밍할 수 있다면, 우리 과학자들도 바이러스든 아니든, 우리 바람대로 다른 DNA 서열을 자르도록 캐스9을 프로그래밍할 수 있을까? 마틴과 나는 유전자 편집 분야의 발전 가능성을 알고 있었지만 징크 핑거 뉴클레이즈나 탈렌을 기반으로 한 프로그래밍 핵산 가수분해 효소의 장점과 더불어 심각한 한계점도 알 수 있었다. 경외감을 느낄 새도 없이, 우리는 지금까지 발견하거나 개발한 것보다 더 직접적인 유전자 편집 도구로 바꿀 수 있는 체계를 찾았다는 사실을 깨달았다.

이 작은 분자 기계를 강력한 유전자 편집 도구로 바꾸려면 한 단계가 더 필요했다. 지금까지 우리는 복잡한 면역 반응을 다양한 방식으로 분리하고 변형하고 결합할 수 있는 단순한 가동부품의 집합체로 바꾸어왔다. 또 세심한 생화학 실험을 통해 각각의 부품이 움직이는 방식을 지배하는 분자 규칙을 추론해냈다. 이제 우리가 하고 싶은 일은 캐스9과 RNA 분자를 조작해서 우리가 선택한 DNA 서열을 찾아가 자를 수 있다는 점을 확인하는 일이다. 이를 증명하면 크리스퍼가 지닌 모든 잠재력이 드러날 것이다.

크리스퍼-캐스9 기계를 프로그래밍하는 이 한 단계는 실제로는 아이디어를 발전시키고, 실험을 실행하는 작은 두 단계로 나뉜다.

먼저 아이디어가 떠오르는 단계다. 마틴은 아주 꼼꼼하고 체계적으로 표적을 인식하는 크리스퍼 RNA 분자와 캐스9과 크리스퍼 RNA를 하나로 잡아주는 트레이서 RNA 분자를 변형시켜서 각 RNA 분자의 모든 염기가 어떤 기능을 하는지 알아냈다. 이 지식을 바탕으로 마틴과 나는 두 RNA 분자를 하나로 만들 방법을 찾기 위해 난상토론을 벌였다. 만약 한 RNA의 꼬리를 다른 RNA의 머리에 연결한 키메라 RNA가 제대로 기능을 발휘한다면, 프로그래밍할 수 있는 DNA 절단 기계가 탄생할 수 있었다. 캐스9을 가이드(크리스퍼 RNA)와 도우미(트레이서 RNA) 두 RNA 분자와 결합하는 대신, 우리는 캐스9 효소를 두 RNA의 역할을 할 수 있는 하나의 가이드 RNA와 결합하려 했다. 크리스퍼를 유전자 편집 도구로 만들려면 복잡성을 줄여야 유용성이 높아져서 오래 갈 수 있었다.

이 아이디어를 바탕으로 우리는 실험을 설계했다. 융합된 한 가닥 RNA 분자가 캐스9을 DNA 서열이 일치하는 자리로 안내해서 자르게 할 수 있을지 시험해야 했다. 더불어 이 실험으로 캐스9이 세균이 진화하고 자연선택을 거치면서 크리스퍼가 자르도록 한 박테리오파지 DNA 서열뿐만 아니라, 우리가 목표로 삼은 DNA 서열도 자르도록 프로그래밍할 수 있을지도 증명할 수 있었다.

거대한 돌파구가 열렸으므로 실험실 냉동고에 없는 유전자를 찾느라 실험을 지체하고 싶지 않았다. 이 시점에는 선호성보다는 편의성에 더 중점을 두고 해파리 유전자인 녹색형광단백질, GFP를 표적으로 삼았다(녹색형광단백질은 세포와 세포를 구성하는 단백질을 눈에 띄게 만들 때 널리 이용하는 중요한 생명공학 기술이 되었다. 녹색형광단백질을 발견한 마틴 챌피Martin Chalfie, 오사무 시모무라Osamu Shimomura, 로저 첸Roger Tsien은 2008년 노벨화학상을 받았다).

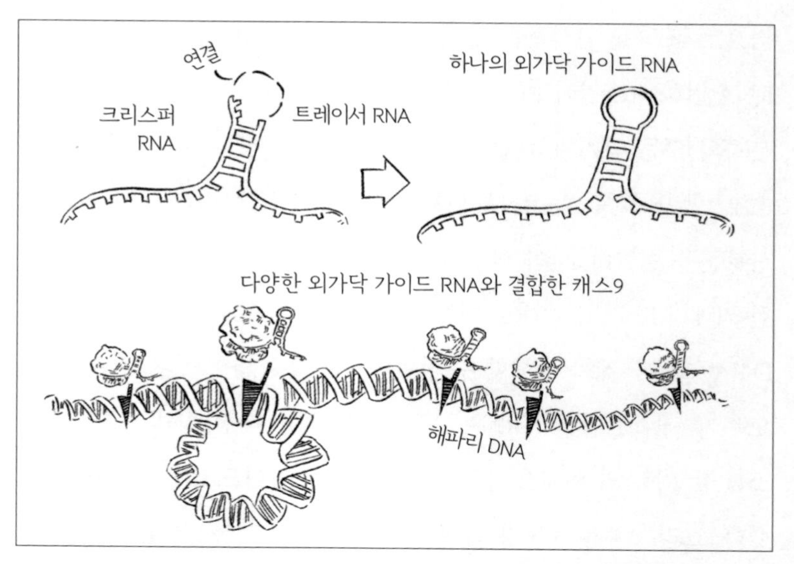

크리스퍼-캐스9으로 프로그래밍할 수 있는 DNA 절단

마틴 이넥은 녹색형광단백질 유전자에서 서로 다른 20개 염기 서열을 다섯 부분 골라서 표적으로 삼았다. 그 뒤 각각의 서열과 정확히 일치하는 다섯 종류의 키메라 RNA 분자를 만들었다. 일단 새로운 외가닥 가이드 RNA 분자가 준비되자, 우리는 이 가이드 RNA를 캐스9과 해파리 DNA와 함께 이제는 보편적인 실험법이 된 DNA 절단 분석법에 따라 배양한 뒤 결과를 확인했다.

마틴과 함께 실험실 컴퓨터 앞에 서서 녹색형광단백질 실험 결과인 아름다운 겔 스캔 자료를 들여다보았다. 모든 녹색형광단백질 DNA는 의도한 위치에서 잘렸다. 각각의 외가닥 가이드 RNA 분자는 우리 의도대로 작동했으며, 우리가 지정한 해파리 DNA의 정확한 위치를 찾아서 캐스9을 데려가 정확한 위치를 잘랐다.

우리가 해냈다. 짧은 시간에 우리는 세균 바이러스 게놈뿐만 아니라 어떤 게놈이든 편집할 수 있는 새로운 기술을 정립해서 성능을 입증했다. 징크 핑거 뉴클레이즈와 탈렌 단백질을 대상으로 한 연구에 기초한 결과다. 세균의 다섯 번째 무기 체계로 우리는 생명의 암호를 교정할 수 있는 도구를 만들어냈다.

그날 밤, 부엌에서 저녁을 요리하면서 이 작은 기계의 전망을 머릿속에서 그려보았다. 캐스9과 가이드 RNA가 일치하는 DNA 서열을 찾아서 세균 세포를 윙윙거리며 맴돌았다. 문득, 나는 소리 내어 웃었다. 바이러스 DNA를 찾아 파괴하도록 전사戰士 단백질을 프로그래밍할 방법을 만든 세균은 얼마나 놀라운 생명체인가! 다른 목적으로 만들어진 자산을 전혀 다른 목적으로 사용하도록 개조하다니, 이 얼마나 큰 행운이 따라준 기적 같은 일인가. 그 옛날 헴스 교수의 실험실에서 느꼈던 순수한 발견의 기쁨을 누릴 수 있는 귀중한 시간이었다.

∽

2012년 6월, 드디어 에마뉘엘과 크시슈토프는 학회에 참석하러 버클리에 와서 마틴과 나를 만났다. 그동안 우리 네 명이 움직인 거리를 생각해보니, 놀랍게도 그때까지 우리의 의사 교환은 거의 간접적인 방법으로만 이루어졌다. 무수한 전화 통화와 스카이프 토론, 이메일 교환 끝에 우리는 모두 버클리의 내 사무실에 모여 짧지만 열정적인 공동 연구의 결과를 보며 감탄했다.

에마뉘엘과 크시슈토프는 2012년 세균 방어 체계를 연구하는

20～30여 개 연구팀이 한자리에 모이는 제5회 크리스퍼 연례학회에 참석하러 왔다. 이 분야 과학자는 대부분 식품과학자와 미생물학자다. 크리스퍼는 여전히 더 큰 과학공동체의 관심은 받지 못하는 상황이었다. 지난 10여 년 동안 불과 200여 편의 과학 논문이 크리스퍼 체계를 언급했을 뿐이다. 이런 상황이 이제 바뀌려는 참이었다.

학회가 열리는 시기는 참으로 시의적절했다. 어쩌면 최악일 수도 있었다. 한편으로는 우리의 연구 결과를 다른 동료의 결과와 비교해 볼 수 있었다. 다른 한편으로는 지난 몇 주가 완전히, 철저하게 정신없었던 시기라 우리 모두에게 휴식이 되기도 했다.

녹색형광단백질 실험 결과를 확인한 우리는 연구 프로젝트를 최대한 빨리 마무리하고 논문을 쓰기로 했다. 마틴과 크시슈토프가 모든 실험을 마치기도 전에, 과학계 동료들이 버클리 학회에 참석하려고 짐을 싸기도 전에, 에마뉘엘과 나는 논문을 쓰기 시작했다.

논문은 먼저 크리스퍼가 화농연쇄상구균의 항바이러스 방어 체계에서 어떤 기능을 하는지에 초점을 맞췄지만, 우리는 실험 결과가 보여주는 심오한 영향력도 지적하고 싶었다. 논문 초록에 유전자 편집 분야에서 프로그래밍할 수 있는 DNA 절단 효소가 가진 유용성에 대해 언급했다. 덧붙여서, 논문의 결론은 크리스퍼를 세균 외 다른 세포에서 사용할 수 있는지에 대해 간략하지만 유의미한 긍정으로 마무리했다. 징크 핑거 뉴클레이즈와 탈렌을 언급한 뒤, 논문의 결론을 다음 문장에 담았다. "우리는 유전자 표적화와 유전자 편집에 큰 잠재력을 가진, RNA로 프로그래밍한 캐스9이라는 대안을 제시한다."[12]

2012년 6월 8일 맑은 금요일 오후, 나는 '확인' 버튼을 눌러서 〈사이언스〉에 정식으로 논문을 제출했다. 20일 후인 6월 28일에 이 논문은 발표될 테고, 그러면 나도 과학계 동료들도 생물학계도 돌이킬 수 없을 것이다. 하지만 그 순간에는 이 엄청난 결과에 의기양양한 기분을 느낄 수 없었다. 그저 살아온 순간 중 가장 지쳤다는 생각뿐이었다.

몇 주 동안 책상 앞에만 앉아 있었던 듯한 기분이 들었다. 나는 약간 어지럽다고 생각하면서 자리에서 일어나 스탠리 홀과 버클리캠퍼스의 잔디밭을 서성였다. 건물 앞의 둥근 연못을 둘러싼 잔디밭은 유난히 텅 비어 보였다. 봄학기가 거의 한 달 정도 빨리 끝나서 부산스럽던 캠퍼스는 기괴할 정도로 고요했다.

지금 생각해보니, 그것은 바로 폭풍전야였다.

4장

명령과 통제

크리스퍼 논문이 〈사이언스〉에 발표된 지 약 1년 뒤, 나는 케임브리지, 매사추세츠를 시작으로 우리의 발명품을 논의하기 위해 매달 나라를 가로지르는 여행을 하게 됐다.

2013년 6월 초에, 하버드대학교에서 줄기세포와 재생생물학에서 이름을 알리기 시작한 과학자를 만났다. 키란 무수누루Kiran Musunuru 교수 사무실은 셔먼 페어차일드 빌딩에 있었는데, 나는 대학원생이었던 1980년대에 그곳에서 생화학 강의를 들었다. 30년 뒤 다시 본 건물은 겉보기에 예전과 똑같았다. 하지만 안쪽은 완전히 달라졌다. 구식 강의실과 생화학 실험실은 사라지고 그 자리에 흰색의 쾌적하고 밝은 최신 시설이 들어섰다. 내가 방문한 날, 이 현대식 공간은 수십 명의 과학자가 깊이 숨겨진 세포와 조직 성장의 신비를 함께 연구하느라 활기가 넘쳤다.

특히 기초생화학에서 응용생물학으로 변했다는 점에서 페어차일드 빌딩의 변신은 나 자신의 마음가짐과 경력의 개념적 변형을 반영하기도 했다. 지난해는 회오리바람처럼 정신없이 지나갔다. 전 세계 수많은 과학자는 우리가 발표한 크리스퍼-캐스9의 생화학적 특성을 빠르게 탐색했다. 이미 그들은 이 신지식을 이용해서 인간뿐만 아니라 헤아릴 수 없을 만큼 많은 생물의 DNA를 조작하는 중이었다. 학계와 의사들은 크리스퍼를 빠르고 간편하며 정확하게 유전자 암호의 결함을 교정하는 유전자 변형 분야의 성배로 묘사했다. 눈 깜짝할 새에 나는 세균과 크리스퍼-캐스 생물학 분야에서 인간생물학과 의학의 세계로 건너갔다. 나처럼 세분화된 전문 분야 학자에게는 상당한 도약이었고, 그야말로 버클리에서 잠들었다가 화성에서 깨어난 격이었다.

키란과의 만남은 이 신기술을 둘러싼 열기를 완벽하게 보여주는 전형적인 예였다. 나는 크리스퍼를 치료 도구로 응용하는 방법을 토론하려고 하버드에 왔지만, 키란은 이미 한 발 앞서가 있었다. 키란의 사무실에 앉기도 전에, 그는 나를 자신의 실험실로 데려갔다. 걸어가면서 키란은 자기 연구팀이 크리스퍼를 사용해서 개발하는 수많은 유전 질병 치료법을 열정적으로 설명했다.

연구팀의 표적 중 하나는 겸상적혈구병이라고 키란은 설명했다. 겸상적혈구병은 단 하나의 DNA 돌연변이가 적혈구의 산소 운반능력을 손상하는 병이다. 키란 연구팀은 크리스퍼를 이용해서 베타글로빈 유전자 돌연변이를 표적으로 삼아 잘라내, 17번째 염기 자리에 일어난 돌연변이 A를 정상인 T로 되돌리는 반응을 촉진하려 했다. 실험실에서 인간 세포에 실제로 이 기술을 적용하는 데 성공한다면,

같은 방법이 언젠가 환자에게도 시도되어 유전 질병을 근본적으로 제거하는 치료법의 기반을 형성하게 된다.

나는 키란을 따라 컴퓨터가 놓인 곳으로 가서 DNA 서열 두 개가 왼쪽에서 오른쪽까지 꽉 채워진 화면을 보았다. 키란은 위쪽의 염기 서열 두 개를 가리키면서 환자 두 명의 적혈구에서 얻은 베타글로빈 DNA 서열이라고 설명했다. 한 명은 건강한 사람이고, 다른 한 명은 겸상적혈구병 환자였다. 아니나 다를까, 정상인의 서열은 17번째 염기가 T였지만 겸상적혈구병 환자는 그 자리를 A가 대신 차지하고 있었다.

그런 뒤 키란은 내게 가장 아래쪽 패널을 보여주었다. 아래에 있는 DNA 서열도 겸상적혈구병 환자의 세포에서 추출한 것이었지만, 크리스퍼와 연관된 구성 요소들을 함께 배양한 후에 추출한 서열이었다. 맨 위는 화농연쇄상구균에서 캐스9 단백질을 생산하는 플라스미드였다. 두 번째는 베타글로빈 유전자 돌연변이가 일어난 정확한 위치에 결합하도록 설계된 크리스퍼 유래 가이드 RNA가 있었다. 세 번째는 합성 DNA 대체물이 있었는데, 캐스9이 들어가서 잘라낸 유전자를 복구할 때 이용할 정상 베타글로빈 서열 조각이었다. 키란은 게놈의 올바른 위치를 찾아내 절단해서, 세포가 복구하도록 표지하는데 크리스퍼-캐스9 체계, 즉 크리스퍼를 이용했다. 그러면 세포는 결함 있는 서열을 정확한 대체 서열로 바꾸게 된다.

컴퓨터 화면 아래를 보니 정확히 어떤 일이 일어났는지 볼 수 있어 기뻤다. 겸상적혈구병 환자의 DNA 서열은 이제 건강한 환자의 서열과 다르지 않았다. 크리스퍼를 사용해서 키란 연구팀은 다른 게놈 영역을 흐트러뜨리는 일 없이 완벽하게 질병을 유발하는 염기 A를 정상 서열인 T로 바꾸었다. 환자의 혈액세포를 이용한 간단한 실험으로, 연구팀은 크리스퍼-캐스9 체계가 전 세계 수백만 명을 괴롭히는 질병을 치료할 수 있다는 점을 증명했다.

그날 밤, 나는 찰스강을 따라 조깅했다. 대학원생일 때 이 길을 따라 수도 없이 뛰어서, 친숙한 찰스강이 옆에서 흐르자 학생 시절로 되돌아간 기분이었다. 뛰면서 내 마음은 대학원 시절 조언자였던 잭 쇼스택과 대학원생인 테리 오어위버가 발표한 DNA 복구 체계 논문에 관해 토론하던 때로 되돌아갔다. 당시 많은 과학자는 세포가 DNA 이중나선 손상을 복구하는 모델을 두고 혼란에 빠졌고, 메모리얼 슬론 케터링 암연구소의 마리아 제이신과 여러 사람이 발전시킨 특정 DNA 서열을 변형하기 위해 이런 방식의 복구 체계를 조작한다는 발상에 더더욱 당황했다. 하지만 이 전략은 이전 기술인 징크 핑거 뉴클레이즈와 탈렌 효소에서 제대로 작동했고, 이제 같은 전략이 크리스퍼에도 들어맞는 현상을 볼 수 있었다. 놀랍게도 크리스퍼를 이용한 유전자 편집 방법은 사용하기 더 쉽다. 카세트테이프가 레코드판을, CD가 카세트테이프를 밀어냈듯이, 크리스퍼는 낡은 기술을 대체할 수 있을까? 하버드 광장에서 롱펠로 다리까지 달렸다가 되돌아오는 내내 생각은 꼬리에 꼬리를 물었다. 크리스퍼에 정신이 팔려서인지 도시의 풍경은 거의 기억나지 않았다.

내가 흥분한 진짜 이유는 키란 연구팀의 접근방식이 다른 유전 질병을 앓는 환자에게도 적용될 수 있겠다는 생각 때문이었다. 만약 과학자들이 안전하고 효율적으로 크리스퍼를 인간 몸속에 집어넣어 실험실에서 배양하는 세포처럼 환자에서도 유전자를 편집할 수 있다면, 의학을 변화시킬 가능성은 무한하다. 그러나 이 전망을 실현하는 일은 학계 실험실에서 동원할 수 있는 자원과 인력 규모를 넘어선다. 이런 이유로 몇몇 동료와 나는 크리스퍼에 기반을 둔 치료법을 개발하는 회사를 설립하려 했으며, 사실상 바로 이것이 내가 케임브리지에 간 목적이었다. 우리의 꿈은 크리스퍼를 지렛대로 삼아 이전에는 성공 가능성이 없었던 방식으로 유전 질병을 치료하는 일이다.

2013년 여름과 가을까지 회의가 마라톤처럼 이어졌다. 나와 조지 처치George Church, 키스 정Keith Joung, 데이비드 류David Liu, 장펑Feng Zhang은 함께 가상의 회사를 위한 팀을 꾸렸다. 2013년 11월, 우리는 벤처투자회사 세 군데에서 자본금 490억 원을 받아 에디타스 메디신 사를 설립했다. 반년 뒤, 에마뉘엘은 자본금 285억 원으로 크리스퍼 테라퓨틱스라는 다른 회사의 공동창립자가 되었고, 2014년 11월에는 세 번째 회사인 인텔리아 테라퓨틱스 사에 자본금 171억 원을 가지고 시리즈 A 투자(벤처 창업 때 시드머니 이후 본격적인 대규모 투자를 유치하는 단계를 시리즈 A, B, C로 칭한다—옮긴이)에 참여했다. 2015년 말에 이 세 회사는 낭포성섬유증, 겸상적혈구병, 뒤셴 근이영양증, 선천적 시각장애 치료법 연구 및 개발 자금으로 족히 5,700억 원을 넘어서는 비용을 조달했으며, 이들의 치료법은 모두 에마뉘엘과 내가 처음 개발하고 설명한 크리스퍼 기술을 이용했다.

의학적 잠재력에 열기는 더해갔지만 크리스퍼가 인간 임상 치료를 시도하기까지는 시간이 필요했다. 동시에 기술이 전 세계 과학 공동체에 빠르게 전파되면서, 단시일 내에 살아 있는 세포 안에서 유전자 편집이 쉽게 이루어지리라는 식으로 말이 퍼졌다. 많은 전문가는 크리스퍼가 이전에는 상상만 할 수 있었던 실험을 가능하게 해주는, 생물학자의 꿈을 실현해주는 연구가 되리라고 예측했다. 나는 이 일이 소수의 특권이었던 기술의 민주화를 이루리라고 상상했다. 크리스퍼 이전의 유전자 편집은 섬세한 실험 기술과 뛰어난 과학 전문가, 대규모 연구자금이 필요했고, 극히 제한된 수의 생물에만 적용할 수 있었다. 하지만 내가 하버드를 방문한 이후로는 이전에 유전자 편집 실험을 해본 적이 없던 실험실에서도 이 기술을 사용하고 있다.

학회나 세미나에서 크리스퍼에 관해 이야기하면 멍하니 바라보던 청중은 사라진 지 오래였다. 이제는 모든 사람이 크리스퍼에 관해 이야기했고, 크리스퍼는 모든 대화의 화제였다. 그런데도 아직 드러난 것은 빙산의 일각일 뿐이었다.

처음 케임브리지에 갔다가 샌프란시스코로 돌아오는 비행기에서, 나는 이미 유전자를 지배하고 조절하는 새로운 시대, 크리스퍼가 생물학자에게 사실상 원하는 대로 게놈을 수정하는 막강한 힘을 부여하는 공유된 도구로 바뀌는 시대가 열렸다고 직감했다. 통제하기 힘들고 이해할 수 없는 문서로 남아 있는 대신, 게놈은 편집자의 빨간 펜에 자비를 구하는 문학 작품처럼 다루기 쉬워질 것이다. 방대한 가능성을 숙고하다가, 마틴과 크시슈토프가 크리스퍼를 프로그래밍해서 시험관에서 DNA를 자른 최초의 실험 이후, 너무나 빠른 속도로 기술이 진화하는 현실에 나는 깜짝 놀랐다. 이제 과학 공동체는 빠르게 확장하는 빛의 한가운데 서 있었다. 이 빛은 점점 커지면서 크리스퍼가 작동하는 원리와 언젠가 인간의 건강을 개선하는 데 이용될 방향에 관해 놀랍고도 새로운 통찰을 보여주었다.

∽

2012년 〈사이언스〉에 발표한 논문에 실린 실험에서 마틴과 크시슈토프는 획기적인 사실, 즉 살을 파먹는 세균에서 분리한 크리스퍼 연관 단백질인 캐스9이 표적인 20개 염기 DNA를 찾아내서 자르려면 두 종류의 RNA 분자가 필요하다는 사실을 증명했다. RNA는 안내인 역할을 하면서 공격할 GPS 좌표를 지시하고, 캐스9은 표적을 제거하는 무기 역할을 한다. 바이러스에 감염된 세균에서 크리스퍼 기계는 적응성 면역력의 일부로서 특정 바이러스 DNA를 자르고 파괴하기 위해 움직인다.

비르기니유스 식스니스 연구팀도 우리와 유사한 내용의 논문을 2012년 가을에 발표했다.[1] 요구르트를 만드는 연쇄구균 속屬 세균에서 캐스9 단백질의 기능을 밝힌 논문이었다. 우리처럼, 식스니스 연구팀도 캐스9이 크리스퍼 RNA 서열과 일치하는 DNA 서열을 자른다는 사실을 발견했다. 그러나 이 논문은 우리가 DNA 표적화와 절단 반응에서 매우 중요한 요소임을 증명한 두 번째 RNA인 트레이서 RNA의 중요한 역할을 밝히는 데는 실패했다.

우리 논문은 크리스퍼 방어 체계를 구성하는 분자를 세부사항까지 철저하게 규명했으며, 선택한 DNA 서열을 자르도록 새로운 크리스퍼를 설계하는 쉽고 간단한 방법을 제시했다. 여기서 한 단계 더 나아가 세균에서는 독립적으로 존재하는 크리스퍼 RNA와 트레이서

RNA를 하나의 가이드 RNA 분자로 개량하고, 그럼에도 캐스9이 특정 DNA 서열을 찾아 자를 수 있는 능력을 유지하게 했다. 또한 크리스퍼 방어 체계가 세포 속에서 바이러스 DNA를 파괴하는 일 말고도 다른 역할, 즉 정확하게 세포 DNA를 편집할 수 있다고도 제안했다. 만약 우리가 염기 20개짜리 RNA 암호를 특정 인간 유전자 서열과 일치하도록 바꾸고 이 새로운 가이드 RNA와 캐스9을 사람 세포에 이식하면, 크리스퍼는 표적 유전자를 정확하게 잘라서 세포가 그 자리를 복구하도록 흔적을 남길 것이다. DNA를 자르는 크리스퍼는 세포에게 손상을 복구하라는 경고등으로 작동하지만, 손상을 복구하는 방향은 우리가 통제하는 방향으로 이루어진다.

우리의 제안대로 크리스퍼를 인간 세포에 적용하면 이 새로운 유전자 편집 방식의 잠재력을 확인할 수 있다. 성공을 기대할 만한 근거도 충분하다. 우리의 연구 결과에 따르면 캐스9 단백질과 가이드 RNA는 자신의 짝에 대해 상당히 까다롭고 강하게 결합하는데, 이는 인간 세포 속에서 서로를 쉽게 찾아낼 수 있다는 사실을 보여준다. 이들을 DNA가 있는 세포핵으로 보내려면, 그저 세포가 알아서 일하도록 화학적 우편번호와 주소를 제공하면 충분하다. 우리 이전의 많은 실험실에서 인간 세포에 세균 단백질과 RNA 분자를 이식하는 데 성공했고, 크리스퍼가 자신에게 적합한 환경이 아닌 곳에서도 효율적으로 작동하도록 우리가 이용할 수 있는 분자 도구도 많다.

우리는 그저 크리스퍼가 기대한 대로 작동한다는 점만 보여주면 되었다.

마틴은 세균의 캐스9 유전자와 크리스퍼 유래 RNA를 두 개의 플라스미드에 각각 이식하는 일부터 시작했다. 플라스미드는 작은 고리 형태의 DNA로 인공 미니 염색체와 같다. 첫 번째 플라스미드에는 가이드 RNA를 만드는 유전자 명령과 인간 세포가 그 유전자를 대량 생산하도록 지시하는 명령이 분리되어 들어 있다. 두 번째 플라스미드에는 캐스9 유전자가 들어 있는데, 이 유전자는 인간 세포의 단백질 합성 공장에서 해석할 수 있도록 '인간화'된 유전자다. 또 마틴은 캐스9 유전자에 생물학자가 일상적으로 사용하는 다른 단백질을 암호화하는 유전자 두 개를 융합시켰다. 하나는 아주 작은 단백질인 핵국재화신호nuclear localization signal로 단백질을 세포핵으로 데려가고, 다른 하나는 녹색형광단백질로 캐스9 단백질을 생산하는 인간 세포를 자외선에 노출하면 녹색으로 빛나게 한다.

이 모든 분자 모듈을 조립한 뒤, 마틴과 나는 인간 세포를 자기도 모르는 사이 자신의 게놈을 표적화해서 자르도록 프로그램된 분자들을 대량생산하는 크리스퍼 생산 공장으로 바꾸었다. 하지만 우리는 크리스퍼가 세균에서 바이러스 DNA를 절단해서 파괴하는 것과 달리, 인간 DNA를 절단해서 인간 세포를 파괴하지 않으리란 점을 알고 있었다. 인간과 모든 진핵생물은 발암 물질이나 자외선, X선 등에 노출되어 일어나는 DNA 손상으로 끊임없이 고통받는다. 그리고 손상된 이중나선 DNA를 복구하기 위해 세포는 복잡한 DNA 복구 체계를 진화시켰다. 따라서 만약 크리스퍼가 유전자를 자르는 데 성공하면, 세포는 금속 파이프 두 조각을 용접하듯이 단순하게 DNA를 다시 붙여놓는 것이 기본 시나리오다. 이 과정을 '비상동 말단부착'이라고 부르는데, 상동 재조합과 달리 이 과정은 주형과 일치하는 염기를 넣어 복구하지 않기 때문이다('상동'homologous이라는 단어는 그리스어인 'homologos'에서 나왔으며 '일치하는'이라는 뜻이다).

비상동 말단부착 복구 과정의 중요한 특징은 엉성하다는 점이다. 용접하기 전에 용접공이 두 파이프의 양 끝이 깔끔하게 절단되어 있는지 확인하듯이, 세포도 절단된 DNA를 잇기 전에 양 끝을 확인해야 한다. 깔끔하게 수직으로 절단된 평활 말단 부위는 때로 DNA 염기 몇 개가 결실되거나 삽입되기도 하며, 이는 복구 과정이 끝난 뒤 유전자의 영구 변화라는 결과로 이어진다. 즉 크리스퍼가 표적 유전자를 찾아내서 자르고 세포가 이를 복구하면 대부분 유전자 변형이 일어난다는 뜻이다. 엉망이고 오류가 일어나기 쉬운 복구 과정 덕분에 마틴과 나는 유전자 편집이 성공했는지 간단하게 탐색할 수 있었다. 특정 유전자를 표적으로 삼아 크리스퍼를 처리하기 전과 후에 DNA 서열을 염기 하나하나마다 분석해서 오류가 일어난 징후를 찾아내, 크리스퍼가 표적을 제대로 찾아가서 올바른 표적을 잘랐다는 사실을 증명했다.

마틴과 나는 인간 유전자 중에서 크라스린(선택적으로 세포 내로 물질을 흡수하는 포식 작용에서 피복소포를 형성하는 주요 단백질로 3개의 중쇄와 3개의 경쇄로 이루어지며, 5~6각형의 그물눈이 있는 바구니 모양 구조를 만들어 소포를 잡아 가둔다—옮긴이)의 L사슬 A를 암호화하는 CLTA 유전자를 크리스퍼 표적으로 삼기로 했다. CLTA 유전자는 세포가 영양분과 호르몬을 세포 내로 흡수하는 과정인 포식 작용에서 중요한 역할을 한다. 우리는 포식 작용을 연구하지 않지만, CLTA 유전자는 버클리캠퍼스의 데이비드 드루빈 David Drubin 교수 연구팀이 징크 핑거 뉴클레이즈로 이미 예전에 편집한 사례가 있었다. 따라서 우리는 이 유전자를 편집하는 일이 가능하다는 사실을 알고 있으며, 결과가 나오면 크리스퍼와 징크 핑거 뉴클레이즈를 나란히 비교하고 대조할 수 있었다. 다만 CLTA 유전자를 편집한 징크 핑거 뉴클레이즈는 설계하는 데 여러 달이 걸렸고, 데이비드 교수팀에 징크 핑거 뉴클레이즈를 제공해준 회사가 공짜로 협력해준 덕분에 실험이 가능했다(당시 비용은 징크 핑거 뉴클레이즈 하나당 2,800만 원 정도로 엄청나게 비쌌다). 이와는 대조적으로, 마틴은 그저 컴퓨터 앞에 앉아 몇 분 동안 크리스퍼 유사 서열을 설계했고, 제조하는 데도 몇 만 원만 있으면 충분했다. 결국 이것이 크리스퍼의 가장 큰 특징으로, 특정 유전자를 표적으로 삼는 방법이 아주 간단했다. 그저 편집하려는 DNA 서열 20개를 골라 RNA 20개 서열로 바꾸기만 하면 됐다. 일단 세포로 들어가면 RNA는 서열이 일치하는 DNA와 염기쌍 형성 작용을 통해 짝을 이루며, 캐스9이 DNA를 자르게 된다.

우리의 첫 번째 유전자 편집 실험을 실제로 증명할 대상으로 인간 배아 신장 세포인 HEK 293 세포주를 골랐다. 1973년 유산된 태아에서 얻은 신장 세포에서 세포주로 확립된 HEK 293 세포는 실험실에서 배양하기 쉽고 외부 DNA를 쉽게 받아들이기 때문에 세포생물학자가 가장 많이 사용하는 세포주다. 우리는 캐스9을 만드는 플라스미드와 가이드 RNA를 만드는 플라스미드 2개를 지방 분자가 든 비눗물 같은 용액에 넣고 섞었다. 그러면 미니 염색체인 플라스미드는 자연스럽게 닭 수프 표면에 떠다니는 기름방울처럼 아주 작은 기름방울 속에 갇힌다. 이 혼합물을 HEK 293 세포에 뿌리면 기름방울은 세포막과 합쳐지면서 세포 속에 플라스미드를 집어넣는다. 일단 세포

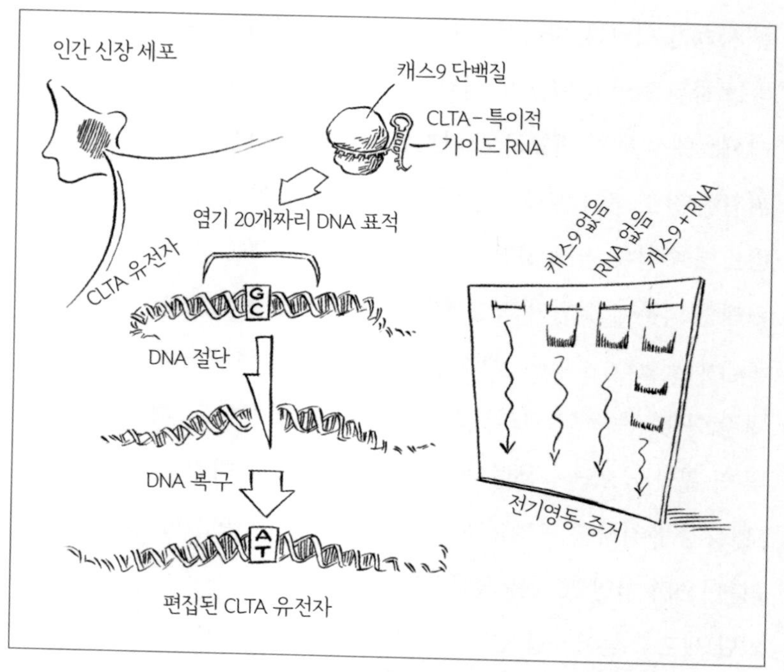

크리스퍼로 인간 세포 DNA를 편집하다

에 들어가면 플라스미드는 복제되고 전사된 뒤 번역되어 캐스9 단백질과 CLTA 유전자를 표적화하는 가이드 RNA를 생산한다. 그런 뒤 DNA 절단 기계는 표적 DNA가 있는 핵 안으로 들어간다. 정확하게 일치하는 DNA 서열 20개를 찾아 잘라야 한다. 그러면 세포는 우리가 검출할 수 있는 방식으로 손상된 DNA를 복구하게 된다.

미니 염색체가 실제로 인간 신장 세포에서 크리스퍼 구성 요소를 생산했다는 사실은 곧바로 증명됐다. 마틴이 현미경으로 세포를 검사했을 때, 대부분 세포가 캐스9 단백질과 융합되어 함께 생산된 녹색형광단백질이 내는 녹색으로 빛났다. 세포를 일부분만 걷어서 세포 안에 있는 각각 다른 RNA 분자를 분석한 마틴은 신장 세포가 엄청난 양의 가이드 RNA도 대량생산했다는 사실을 확인했다.

세균에서 인간 세포로 크리스퍼를 이식한 실험은 기대한 대로 잘 되었지만 한 가지 의문을 남겼다. 크리스퍼가 정말로 인간 DNA를 편집했을까?

마틴과 최근 연구에 합류한 젊은 학생인 알렉산드라 이스트셀레츠키Alexandra East-Seletsky는 세포를 더 걷어 DNA를 추출한 뒤 CLTA 유전자를 분석했다. 한 치의 오차도 없이, 유전자는 크리스퍼 RNA 서열과 정확하게 일치하는 자리가 편집되었다. 잘 모르는 사람이 보기에는 그저 검은색 띠가 얇은 젤리판 같은 물질에 뭉쳐 있는 것처럼 보여서 차이점을 구별하기 어렵지만, 이 결과가 의미하는 바는 엄청났다.

단순하고 일상적인 몇 단계를 거쳐서 마틴과 나는 32억 개 염기쌍을 가진 인간 게놈에서 임의의 DNA 서열을 골라내 그 부분을 편집할 크리스퍼를 설계한 뒤, 작은 분자 기계가 새로운 프로그램을 따라 움직이는지 관찰했다. 이 모든 과정은 살아 있는 인간 세포 속에서 일어났다. 이 과정의 성공으로, 우리는 이 신기술이 정교한 정밀성과 믿기 힘든 간편성으로 과학자에게 생명의 암호를 수정하는 놀라운 능력을 제공한다는 점을 입증했다. 너무나 쉽게, 크리스퍼는 다른 유전자 편집 기술이 거의 20년간 쌓아온 연구 성과와 발달상을 이미 따라잡은 셈이었다.

크시슈토프와 에마뉘엘과 함께 논문을 발표하기 반년 전에 급하게 실험을 반복하면서, 우리는 가장 최근의 결과를 설명하는 원고를 썼다. 2012년의 첫 번째 논문이 크리스퍼를 새로운 유전자 편집 체계로 세포에 적용하기 위한 명확한 지시사항을 담았다면, 두 번째 논문은 새로운 체계의 잠재력을 명확하게 입증하고 확인하는 내용이었다.

2012년이 끝나가면서 나는 심각한 모순을 발견했다. 우리가 6개월 전 첫 번째 크리스퍼 논문을 발표했던 〈사이언스〉는 유전자 편집을 올해의 위대한 돌파구의 하나로 선정하면서(1위는 힉스 입자에 돌아갔다) 우리가 크리스퍼를 발견하기 바로 전에 발견한 낡은 기술인 탈렌을 강조했다. 나는 과학 공동체가 크리스퍼에 이 이상 무엇을 더 바라는지 알 수 없었다.

∽

기쁘게도 2013년의 첫 몇 주 동안 크리스퍼에 관한 논문이 우리 논문을 제외하고도 다섯 편이나 발표되었다.[2] 모두 우리가 2012년에 발표했던 것처럼, 세포에서 유전자를 편집하는 데 크리스퍼를 사용하는 실험이었다. MIT의 장펑 교수와 하버드대학교의 조지 처치 교수는 모두 내게 자신들이 논문을 발표한다는 사실을 미리 알려주었다. 장 교수와 처치 교수의 논문은 1월 초 〈사이언스〉 온라인에 발표되었고, 그 뒤를 이어 마틴과 내 논문이, 그리고 서울대학교 김진수 교수의 논문과 록펠러대학교 루치아노 마라피니 교수의 논문, 하버드의과대학교 키스 정 교수의 논문이 모두 1월에 발표되었다.

황홀한 시기였다. 나와 에마뉘엘이 지난여름 함께 발표한 논문이 다른 과학자에게 영감을 주어 우리와 비슷한 실험을 하게 만들었다는 사실에 의기양양했다. 나중에는 이 논문들의 내용과 발표 날짜가 크리스퍼 특허권에 관한 논쟁을 해결하기 위해 샅샅이 파헤쳐졌는데, 연구 초기에 대학끼리의 상호작용과 순수한 마음으로 연구 결과를 공유한 열정이 낳은 암울한 모순이었다.

이 여섯 편의 논문을 비교해보니, 10여 개의 다양한 유전자가 편집되었다. 그러나 편집한 DNA 서열의 다양성보다 더 놀라운 점은 유전자를 편집한 세포 종류가 다양하다는 점이었다. 배아 신장 세포에서 유전자를 편집한 실험 외에도, 크리스퍼는 인간 백혈병 세포, 인간 줄기세포, 쥐 신경모세포종 세포, 세균 세포, 심지어 유전학 연구에서 인기 있는 연구 대상인 제브라피시의 단세포 단계 배아까지 온갖 종류의 세포에 사용되었다. 크리스퍼는 단순한 성공 조짐을 넘어서 놀라운 융통성을 보여주었다. 캐스9 단백질이 존재하고 가이드 RNA의 염기 20개가 DNA 암호 20개와 일치하는 한, 실제로 어떤 세포의 어느 유전자든지 표적이 되어 자르고 편집할 수 있을 듯했다.

크리스퍼를 둘러싼 열기는 5월에 MIT의 루돌프 예니쉬Rudolf Jaenisch 연구팀이 크리스퍼를 이용해서 유전자 편집 쥐를 만들었다는 논문을 발표하면서[3] 더욱 고조되었다. 6년 전만 해도 노벨생리학상이나 노벨의학상은 포유류 유전학 연구에서 가장 많이 사용하는 실험동물인 쥐에 유전자 변형을 일으키는 방법을 개발한 몇몇 과학자에게 수여되었다. 20년이 넘는 세월 동안 효과적이지만 품이 많이 드는 이 실험법은 인간의 질병이나 암을 유발하는 돌연변이를 쥐에 복제하는 최상의, 그리고 유일한 방법이었다. 1974년에 예니쉬는 최초로 외부 유전물질을 가진 형질전환 쥐를 만들었고, 15년 뒤에는 노벨

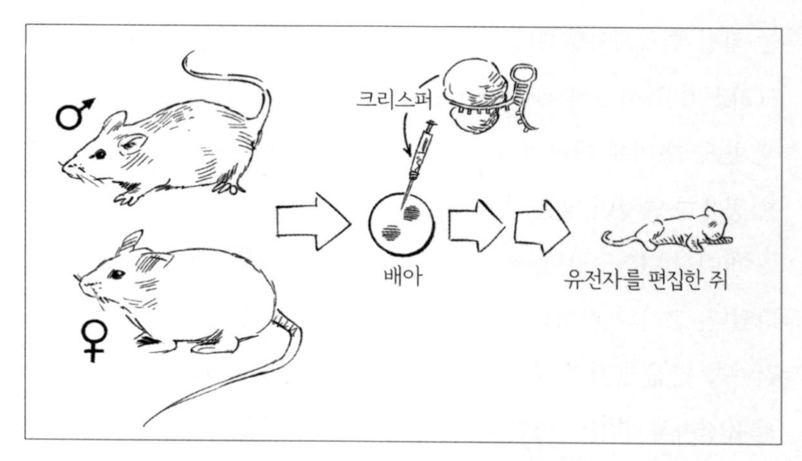

크리스퍼로 유전자 편집을 한 쥐를 만드는 과정

상을 받은 기술을 최초로 적용한 인물로 다시 한 번 화제가 되었다. 하지만 지금, 크리스퍼를 이용한 예니쉬의 성공은 낡은 기술을 대신할 뿐만 아니라 다른 동물의 게놈도 완벽하게 편집하는 길을 제시한 신기술을 집중 조명했다.

이전의 유전자 표적화 방법은 배아줄기세포가 있어야만 했고, 광범위한 여교잡(교잡에서 생긴 잡종 1세대를 부모 중 한쪽과 다시 교배하는 것 — 옮긴이)이나 이종교배 과정을 거친 뒤, 쥐의 여러 세대를 내려가며 기다려야 했다. 박사학위 논문 전체가 단 하나의 유전자 변형을 가진 쥐를 만들고 특성을 분석하는 것으로 완성되는 사례는 흔했다. 예니쉬 연구팀은 크리스퍼와 단순하고 능률적인 실험방법으로 똑같은 성과를 단 한 달 만에 이루어냈다. 크리스퍼 구성 요소를 단세포 배아에 직접 미세주입법으로 집어넣고, 유전자 편집을 한 배아를 암컷 쥐의 자궁에 착상했다. 심지어 연구팀은 가이드 RNA를 하나가 아니라 여러 개 사용해서 캐스9이 쥐 배아세포의 DNA 서열 여러 군데를 동시에 자르고 편집하도록 크리스퍼를 프로그래밍할 수 있다는 점을 증명했다. 이렇게 한 번에 여러 유전자를 편집하는 방법을 쥐에서 시도한 적은 이전에는 한 번도 없었다.

최소한 쥐가 아닌 다른 실험동물을 다루는 유전학자라면 예니쉬의 논문에서 가장 흥미로울 부분은 어떤 생물이든 쉽게 유전자를 편집할 수 있다는 사실일 것이다. 배아줄기세포를 사용하는 원래의 기술은 오직 쥐에서만 가능했지만, 크리스퍼는 어떤 종의 정자나 난자나 배아든 상관없이 주입할 수 있어 보였고, 크리스퍼가 변형한 유전자는 정확하게 모든 세포로 복제되어 후손에게 영구히 유전되는 듯 보였다. 당시에는 크리스퍼가 인간 배아까지 확장되어 활용되는 상황이 크리스퍼를 둘러싼 거대한 논란의 불씨가 되리라는 점을 상상도 못 했지만, 이 거대 담론에 나는 금방 휩쓸리게 되었다.

2013년 여름, 크리스퍼의 전파 속도에 놀라면서 나는 크리스퍼로 게놈을 편집한 생물과 세포 목록을 만들기 시작했다. 처음에는 목록이 길지 않아서 1월과 2월에는 제브라피시, 배양 세균주, 생쥐, 인간 세포 정도였고 곧 효모, 초파리, 현미경으로나 보이는 기생충이 뒤를 따랐다. 그해가 끝날 무렵 목록에는 쥐, 개구리, 누에가 추가되었다. 2014년 말이 되자 토끼, 돼지, 염소, 멍게, 원숭이가 추가되었고, 내가 목록을 공개하던 세미나에서 인정했듯이 이후에는 더는 목록을 관리할 수 없었다. 세균의 항바이러스 방어 체계처럼 단백질과 RNA 분자가 자연스럽게 DNA 서열을 정확하게 자르고 편집하는 일이 동물 왕국 전체에서 일어나는데, 혼자 감시하기는 벅찼다.

게다가 동물뿐만이 아니었다. 식물 생물학자는 처음 진입 속도는 느렸지만 작물과 다른 식물의 유전자를 편집하는 크리스퍼의 놀라운 잠재력을 유감없이 보여주었다. 2013년 가을 쌀, 수수, 밀 등 주요 작물의 유전자 편집에서 크리스퍼의 성공적인 활용을 보고하는 논문들이 한바탕 폭주한 뒤, 1년 뒤에는 식물 목록도 콩, 토마토, 오렌지, 옥수수로 확대되었다.

크리스퍼로 변형할 수 있는 식물과 동물 목록은 계속 길어지고 있다. 2016년에는 과학자들이 양배추, 오이, 감자, 버섯부터 개, 흰담비, 딱정벌레, 나비까지 많은 생물의 DNA를 편집했다. 심지어 스스로 복제할 능력은 없지만 유전물질을 갖고 있어서 생물과 무생물의 경계에 걸쳐 있는 생물학적 독립체인 바이러스도 자신을 파괴하기 위해 진화한 세균 방어 체계인 바로 그 크리스퍼로 게놈을 수정 당했다.

한편 성인 '호모 사피엔스'에는 크리스퍼를 주입할 수 없지만, 대신 인간 세포는 다른 어떤 생물보다 더 많이 크리스퍼 유전자 편집 실험의 대상이 되었다. 과학자들은 낭포성섬유증을 일으키는 유전자 돌연변이를 수정하기 위해 폐세포를, 겸상적혈구병과 베타 지중해성 빈혈을 일으키는 돌연변이 교정을 위해 혈액세포를, 뒤셴 근이영양증의 원인인 돌연변이를 고치기 위해 근육세포를 대상으로 크리스퍼를 실험했다. 과학자들은 크리스퍼를 이용해서 줄기세포의 돌연변이를 교정하고 복구했으며, 줄기세포는 유전자 편집을 마치면 사실상 몸속 어떤 세포나 조직으로도 바뀔 수 있다. 과학자들은 신약의 표적이 될 유전자와 새로운 치료법을 찾기 위해 크리스퍼로 인간 암세포에서 수천 종류의 유전자를 편집했다.

상상할 수 있는 모든 생물에 크리스퍼가 적용되는 현상보다 나를 더 흥분시키는 것이 있다면, 바로 유전자 편집의 한계선이 늘어나고 확장되는 현장을 지켜보는 일이었다. 1980년대 과학자들은 효율성이 극히 낮더라도 개별 유전자를 편집할 수 있다는 데 만족했다. 2000년대 초에는 효율성이 점차 한 자릿수 퍼센트에 도달했고, 유전자를 변형하는 새로운 방법도 두세 개 정도로 늘어났다. 하지만 크리스퍼가 등장하면서 유전자 편집은 이제 강력하고 다양해졌고, 가끔 살아 있는 세포 속 유전물질을 다루는 뛰어난 숙련도를 반영하는 단어인 게놈 '공학'으로 언급되기도 한다.

다양한 생물체에 크리스퍼를 적용하는 과정에서 과학자들은 DNA를 편집하는 다양한 전략을 개발하고 개선했다. 그저 DNA를 자르고 표적 게놈에 새로운 염기를 삽입하는 데 그치지 않고 유전자 활성을 억제하고, 유전자 암호 서열을 재배열하고, 키란 무수누루의 연구실에서 본 것처럼 단 하나의 잘못된 염기를 수정했다. 이런 발전을 통해 결국 과학자들은 인간을 포함한 식물과 동물 왕국에서 새로운 형태의 실험을 할 수 있었다. 따라서 유전자 편집을 적용하는 일을 더 밀고 나가기 전에, 이 놀랍고 다재다능한 도구가 지닌 수많은 가능성을 이해해야 한다.

∽

2014년 봄, 아들 앤드루의 과학 교사가 학교에 와서 학생들에게 크리스퍼에 관해 강연해달라고 부탁했다. 상당히 기쁜 제안이었지만 한편으로는 신경 쓰이기도 했다. DNA에 관한 기초 지식만을 갖춘 어린이들에게 유전자 편집을 어떻게 설명해야 할까?

나는 캐스9 단백질과 가이드 RNA가 DNA에 결합한 입체 모형을 가져가기로 했다. 내 사무실에 놓여 있던, 형광주황색 RNA와 밝은 파란색 DNA가 눈처럼 하얀 단백질과 자석으로 얽혀 있는 축구공 크기의 모형이다. 분자의 세부 묘사는 어린이들에게 좀 어려울 것이라고 생각했기 때문에, 이 축구공 같은 모형을 아이들에게 가까이에서 보여주려 했다.

나는 어린이들의 호기심을 과소평가했다. 모형을 건네주자마자 아이들은 캐스9이 자르는 DNA 부위를 찾아내고는 DNA를 크리스퍼 전체 모형에서 빼냈다. 복잡한 개념을 어떻게 설명할지 걱정했건만, 쓸데없는 걱정이었다!

나는 어린이들에게 20개 염기를 가진 특정 DNA 서열을 찾아가서 이중나선의 두 가닥을 모두 자르는 크리스퍼의 핵심 기능을 설명하기 위해 크리스퍼를 맞춤형 분자 가위라고 설명했다. 하지만 과학자가 이 기술을 사용해서 받아드는 유전자 편집 결과는 놀라울 정도로 다양하다. 따라서 크리스퍼를 가위가 아니라 하나의 분자 기계에 여러 기능이 있는 스위스 군용칼로 설명하는 편이 더 나을 수도 있다.

제일 단순한 크리스퍼 활용법은 특정 유전자를 자르고 세포가 유전자를 다시 이어서 손상을 복구하는, 가장 널리 이용되는 기능이다. 엉성해서 오류가 나기 쉬운 이 과정은 크리스퍼가 자른 부위 옆에 짧은 DNA 삽입-결실in-dels이라는 숨기려야 숨길 수 없는 단서를 남긴다. 과학자들은 크리스퍼가 유도하는 DNA 복구 방식을 엄격하게 통제할 수 없기는 하지만, 이런 유형의 유전자 편집이 얼마나 유용한지도 깨달았다.

결국 유전자는 정보 전달자이며 집의 청사진이다. 유전자 편집의 목적은 청사진을 바꾸는 게 아니라 지어질 집의 구조를 변화시키는 일이다. 이는 대개 유전자가 암호화하고 유전자 발현을 통해 세포가 생산하는 단백질을 변경하는 것을 뜻한다.

유전자 발현은 분자생물학의 중심 원리에 따라 DNA 암호가 일정한 기능을 가진 단백질로 번역되는 과정이다. 먼저 DNA의 일시적 복제품인 메신저 RNA(mRNA)가 세포핵 안에서 만들어진다. DNA 가닥처럼 메신저 RNA는 염기 사슬 형태이며, 서열은 복제한 DNA 주형의 서열과 짝을 이룬다(예외는 T 대신 U가 있다는 점뿐이다). 메신저 RNA는 핵 밖으로 나와 단백질 합성 공장인 리보솜으로 이동하며, 여기서 RNA의 염기 언어 넷(A, G, C, U)을 단백질의 20글자 언어(아미노산 20종)로 번역한다. 번역 과정은 유전암호를 따라 진행되며, RNA 염기 세 개로 이루어진 암호인 코돈에 따라 리보솜이 약속된 아미노산을 덧붙인다(코돈은 64개가 존재할 수 있지만 아미노산은 20개뿐이며, 하나의 아미노산을 여러 개의 코돈이 지정한다. 또, 단백질 합성을 멈추는 종결암호가 3개 있다). 리보솜은 메신저 RNA 한쪽 끝에서 시작해서 연이어지는 코돈을 하나하나 읽어가며 코돈에 맞는 아미노산을 더해 메신저 RNA 끝에 다다를 때까지 단백질 사슬을 합성한다. 이 과정은 자동차 공장 생산설비에서 차를 조립하는 과정과 비슷하다. 이 체계의 중요한 특징은 리보솜이 세 염기로 이루어지는 코돈을 읽을 때 반드시 정확한 틀에 맞춰 읽어야 한다는 점이다. 아주 작은 틀어짐으로도 전체 번역 과정에 급격하고도 불행한 결과를 불러올 수 있다.

이 사실을 제대로 이해하려면 '개가 집배원 아저씨 다리를 물었다'라는 문장에서 첫 글자를 빼놓고 글자 수를 원 문장과 똑같이 맞춰 읽는 상황을 상상해보면 된다. 그러면 '가집 배원아 저씨다 리를물었다'라는 의미 없는 문장만 남는다. 만약 리보솜이 유전암호를 읽을 때 이런 실수를 하면 암호가 왜곡되면서 전체 아미노산 서열이 뒤죽박죽인 단백질을 만든다. 게다가 왜곡된 암호에 종결암호 세 개 중 하나가 섞여 있다면 번역 과정은 단백질이 채 만들어지기도 전에 멈춘다. 유전자 발현은 붕괴될 것이다.

여기에서 크리스퍼의 가장 기본적인 능력이 드러난다. 크리스퍼는 기능적인 단백질을 생산하는 유전자의 능력을 파괴할 수 있다. 만약 크리스퍼로 편집한 유전자에 작은 삽입이나 결실이 생기면, 이 유전자에서 만들어진 메신저 RNA도 엉클어지게 된다. 대부분 이런 가외의, 또는 사라진 염기는 엄격한 세 염기 단위의 유전자 암호를 붕괴시켜서 단백질이 크게 돌연변이를 일으키거나 더 흔한 경우로는 단백질이 아예 생산되지 않을 수도 있다. 어느 쪽이든 단백질은 정상적인 역할을 할 수 없다. 유전학자는 이 상황을 일러 '유전자 결실' 또는 권투경기에서처럼 KO(녹아웃)라고 부르는데, 이는 유전자 기능이 효율적으로 차단되기 때문이다.

동물 유전학자는 크리스퍼를 사용하기 시작하면서 확실하게 구별할 수 있는 녹아웃 동물을 만들려고 노력했다. 유전학자가 즐겨 사용한 표적의 하나는 TYR 유전자다. 5억 년 전쯤 나타난 TYR 유전자는 동물, 식물, 균류 등에 골고루 퍼졌다. 티로시나아제라는 단백질을 생

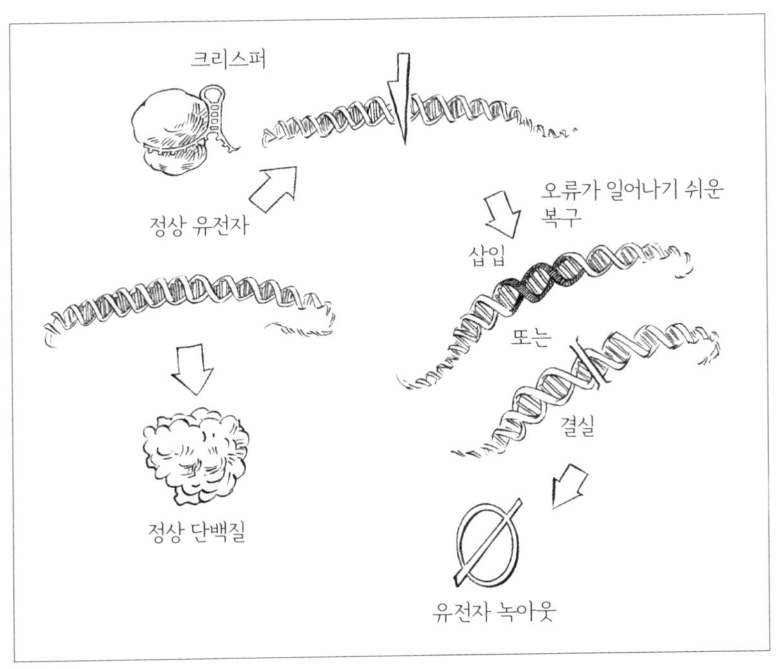

크리스퍼로 유전자 녹아웃을 만드는 과정

산하며, 이 단백질은 멜라닌이라는 중요한 색소를 합성하는 과정에 관여한다. TYR 유전자 돌연변이가 일어나면 사람은 티로시나아제가 결핍되면서 시력에 장애가 생기며 색소가 없어서 피부색이 창백하고 붉은 눈동자를 갖는 유전 질병인 I형 알비니즘을 앓게 된다. 만약 쥐의 TYR 유전자를 편집하도록 크리스퍼를 프로그래밍하면, 이 쥐는 알비니즘을 앓게 될까? 2014년 텍사스대학교 연구팀은 크리스퍼로 TYR 유전자 20개 염기를 표적화해서 쥐의 수정란에 집어넣었다.[4] 정상적인 어두운 털빛을 지닌 부모에게서 태어난 새끼 쥐는 놀랍게도 대부분 완벽하게 하얀 털과 붉은 눈을 갖고 있었다. 이 결과는 오직

TYR 유전자 암호해독이 엉클어지면서 DNA 돌연변이가 일어났다는 가정에서만 설명할 수 있다. 쥐의 피부색, 털빛, 눈 색을 바꾸는 일은 우리가 원하는 대로 명확하고도 근본적인 변화를 일으켰다.

DNA 염기 서열 분석 자료로 유전자가 편집됐는지 확인하는 동안, 과학자들은 TYR 유전자를 표적화한 우아한 결과를 눈으로 확인할 수 있었다. 그저 검은 털을 가진 새끼(유전자 편집이 되지 않은 쥐)가 몇 마리이고 하얀 털을 가진 새끼(유전자 편집이 된 쥐)는 몇 마리인지 세기만 하면 되었고, 이를 통해 크리스퍼의 효율성을 정확하게 예측할 수 있었다. 또한 여러 실험실에서 크리스퍼의 제작과 설계를 모두 최적화했으므로 크리스퍼의 효율성이 시간이 지나면서 어떻게 변하는지도 추적할 수 있었다. 텍사스대학교 논문을 보면 오직 11%만이 완벽한 알비니즘이었고, 나머지 새끼 쥐는 검은색과 흰색이 얼룩덜룩 섞여 있으면서 검은색이 조금 더 우세했다. 1년이 채 지나지 않아 일본 연구팀이 같은 실험을 몇 가지 소소하게 수정해서 재현했는데,[5] 이때는 효율이 97%에 이르렀으며, 새끼 쥐 40마리 중 39마리가 눈부시게 하얀 완벽한 알비니즘 외모를 나타냈다. 몇 주 만에 연구팀은 영구히, 그리고 정확하게 동물 한 세대와 그 후손의 유전자 구성을 자연의 의도와는 다르게 변화시켰다.

녹아웃은 과학자들이 크리스퍼를 이용해서 완성한 수많은 유전자 편집 전략의 하나일 뿐이다. 유전공학자는 무작위 DNA 삽입이나 결실로 인해 마구잡이로 일어나는 유전자 돌연변이보다 더 나은 결과를 보여줘야 한다. 결국 유전자 편집의 주요 목표는, 최소한 의학적 측면에서는 대다수가 유전되며 중요한 유전자 활성을 억제하는 돌연변이 질병을 치료하는 일이다. 이런 환자는 이미 기능이 억제된 유전자로 고통받으므로, 유전자 결실 방법은 소용없다. 과학자에게 필요한 것은 단 하나의 잘못된 염기가 있는 DNA를 표적화해서, 편집하고 교정하는 방법이다.

다행스럽게도 세포에는 단순히 부서진 DNA를 다시 이어 붙이기만 하는 것보다 훨씬 정교하고 통제된 두 번째 유형의 복구 기계가 있다. 초기 유전자 편집 연구자들이 유용하게 사용했던 것처럼 DNA 조각을 서열과 관계없이 붙이는 대신, 이 두 번째 체계는 서열이 유사한 조각만 골라 붙인다. 이런 까탈스러움은 이 과정을 일컫는 두 개의 동의어, 상동 재조합과 상동 유도 복구homology-directed repair에서 충분히 엿볼 수 있다.

상동 재조합은 사진가가 겹치게 찍은 풍경 사진 세 장으로 파노라마를 만드는 과정과 비슷하다. 제대로 정렬하려면 사진가는 가운데에 놓이는 사진의 양 끝을 바깥쪽에 놓일 풍경 사진들과 일치하도록 정확하게 겹쳐놓아야 한다. 파노라마의 가운데 부분이 잘리거나 손상되면, 사진가는 가운데 풍경 사진을 복제해서 같은 그림 맞추기 원리를 이용해서 파노라마를 재구성할 수 있다. 현실의 풍경이 변하면, 예를 들어 새로운 건물이 들어서거나 거대한 나무가 죽어 없어지면 똑같은 방식으로 새로운 사진을 끼워 넣어 완벽하게 파노라마를 최신판으로 바꿀 수 있다.

이미 밝혀졌듯이, 세포 속 효소는 파노라마에 사진을 자르고 붙이는 것과 비슷한 일을 DNA에 한다. 이미 알려진 오류가 많은 '말단부착'이라는 복구 선택사항은 염색체가 파손되는 상황에 직면했을 때

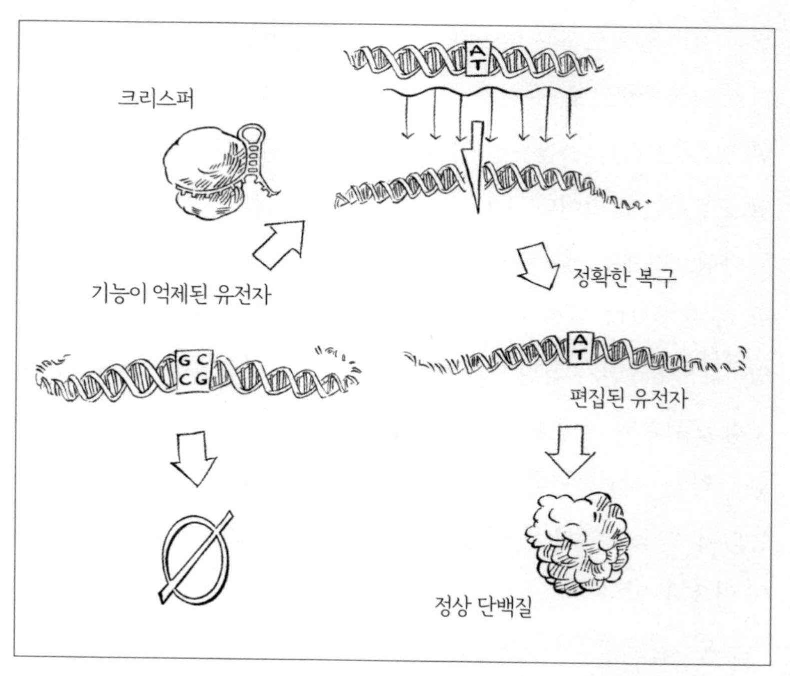

크리스퍼에 의한 상동 재조합

세포가 잘린 끝을 급하게 붙이면서 일어난다. 마치 사진가가 풍경 사진 중 한 장이 사라진 파노라마를 재구성하는 것과 같다. 하지만 세포의 염색체가 파손됐을 때 파손된 DNA의 두 말단과 서열이 일치하는 두 번째 DNA 조각, 즉 사진가가 가진 복제된 사진처럼 복구 주형이 있는 상황이라면, 세포는 더 나은 복구 사항을 선택한다. 즉 세포는 두 번째 DNA 조각을 파손된 염색체와 일치하는 부분에 완벽하게 겹쳐 붙인다. 이 전략은 해로운 유전자 돌연변이나 크리스퍼가 표적화한 영역 근처는 건강한 새 DNA 서열로 영구히 대체할 수 있다는 사실을 뜻한다. 과학자들이 크리스퍼에 의해 잘린 유전자 영역과 일치하는 복구 주형을 크리스퍼와 결합해서 넣어주면, 세포는 기꺼이 받아들여 손상 부위에 복구 주형을 붙여 넣을 것이다.

오류가 많은(비상동) 복구나 정확한(상동) 복구를 통해 미묘한 방식으로 유전자를 비트는 일 외에도, 과학자들은 크리스퍼를 이용해서 광범위한 DNA를 잘라내거나 뒤집어서 게놈의 더 넓은 영역을 변형시켰다. 염색체의 무결성을 유지하기 위해서라면 세포가 무엇이든 한다는 사실을 이용한 방법이다. 캐스9에 두 개의 서로 다른 가이드 RNA를 장착하면 크리스퍼가 염색체에서 서로 인접한 두 유전자를 자르도록 프로그래밍할 수 있다. 세포는 세 가지 방법에서 하나를 선택해서 염색체를 재조립해 이 공격에서 살아남는다.

처리해야 할 파손된 DNA 말단이 두 배로 많아지면서 세포가 선택할 수 있는 선택사항 1번은 말단부착 복구 체계를 최대로 가동해서 모든 것을 풀로 붙여버리도록 기세를 올려 손상된 양쪽 부위를 동시에 수리하는 것이다. 하지만 종종 세포 속 분자가 계속 허둥지둥 움직이게 되면서 이 복구 방식을 선택할 기회는 아주 적다. 만약 절단된 두 부분 사이에 있던 DNA 조각이 사라져버리면, 세포는 선택사항 2번을 고르는 것으로 만족해야 한다. 절단 부분 사이에 있던 잃어버린 DNA 조각은 버리고 절단된 양 끝을 붙여버리는 것이다. 이 복구 방식은 구식 영화 편집자가 필름에서 장면을 잘라버리는 방식에 비유할 수 있다. 필름에서 장면의 시작 부분과 끝부분 두 군데를 자르고, 잘라낸 조각은 던져버리고 새로 생긴 양 끝을 붙여버린다.

선택사항 3번은 잘린 가운데 DNA 조각이 역위를 일으키는 상황이다. 이 경우는 잘라낸 DNA 조각이 거칠게 밀쳐지면서 제자리에

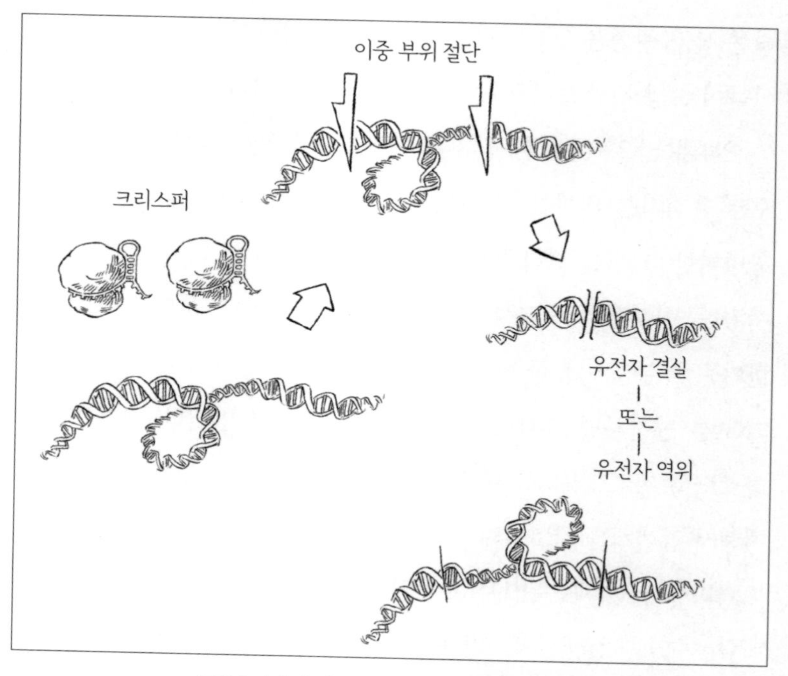

크리스퍼에서 일어나는 유전자 결실 또는 역위

머물기는 하지만 거꾸로 반 바퀴 돌게 된다. DNA 조각의 앞부분은 뒤로 가고 뒷부분은 앞으로 배열되며, 말단부착 복구를 촉진하는 효소는 아무것도 모른 채 DNA 조각의 방향에 상관없이 잘린 조각을 이어 붙인다.

유전자 편집과는 아무 상관없이 크리스퍼를 적용할 수 있는 또 다른 방법이 있다. 크리스퍼의 DNA 절단 능력을 이용하는 대신, 과학자들은 문자 그대로 도구를 일부러 망가뜨린다. 의도적으로 망가진 분자 가위는 DNA를 영구히 편집하지 않으면서도 DNA가 해석되고 번역되고 발현되는 방식을 바꾼다. 눈에 보이지 않는 실로 마리오네

트의 행동과 움직임을 거의 완벽하게 통제하듯이, 자를 수 없는 크리스퍼는 과학자에게 세포의 행동과 결과를 지배하는 힘을 준다.

이 같은 인형 조종사 기능의 배경은 사실 내 연구실의 크리스퍼-캐스9 초기 연구에서 나왔다. 단백질은 보통 수백에서 수천 개의 아미노산으로 구성된다. 아미노산은 대부분 단백질의 전체적인 입체 구조를 지탱하는 역할을 하며, 효소가 특정 반응에서 촉매제 역할을 할 때 사용하는 중요한 화학기를 구성하는 아미노산은 극소수다. 마틴 이넥이 처음으로 캐스9의 생화학적 기능을 규명했을 때, 그는 효소의 어떤 아미노산이 화학적으로 DNA 이중나선을 자르는지도 명확하게 증명했다. 이 아미노산을 변형시켜서 마틴은 DNA를 절단하는 능력이 전혀 없지만 가이드 RNA와 상호작용할 수 있고 일치하는 DNA 서열과 강하게 결합할 수 있는 캐스9을 만들었다. 촉매 작용을 하는 핵심 영역을 파괴해도 비활성화된 캐스9은 일부 기능을 여전히 유지했다. 게놈의 특정 DNA 서열을 찾아낼 수 있었지만 자를 수는 없었다. 비슷한 연구를 비르기니유스 식스니스 연구팀에서 발표하기도 했다.[6]

버클리캠퍼스 박사 출신인 스탠리 치Stanley Qi가 가까운 캘리포니아대학교 샌프란시스코캠퍼스에 새로 연구실을 열었다. 이곳 교수인 조너선 와이즈먼Jonathan Weissman과 웬들 림Wendell Lim과 함께 스탠리는 비활성화된 캐스9도 게놈을 조작하는 데 유용하다는 점을 증명했다.[7] DNA를 편집해서 지속적인 유전자 변화를 끌어내지 않고, 비활성화된 크리스퍼로 일시적으로 변화시켜 세포의 근본적인 유전정보는 바꾸지 않은 채 유전정보가 발현되는 현상에만 변화를 일으켰다. 특히 스탠리는 크리스퍼를 유전자 발현 조절자로 변신시켜서 조광기로 불빛을 조절하듯이 접속을 연결했다 끊었다가 하면서 유전자를 활성화하거나 억제했다.

비활성화된 크리스퍼 체계는 분자 세계에서 짐을 나르는 말 같은 존재다. DNA를 절단하는 목표를 가지고 특정 유전자를 찾아내는 대신, 과학자들은 캐스9나 가이드 RNA를 단백질 수화물과 결합한 뒤, 크리스퍼가 단백질 수화물을 세포 속 특정 유전자로 운송하도록 프로그래밍한다. 단백질 수화물은 유전자 기능을 '활성화'하거나 '억제'하는 식으로 유전자 발현에 영향을 미치는 분자로 구성된다.

복잡하고 중복된 유전자 발현은 DNA 형태의 유전정보가 언제, 얼마 동안 단백질로 변환되는지를 지배한다. 이를 통제하는 일이 생물학에서 근본적인 유전정보만큼이나 중요하다는 점은 두말할 필요도 없다. 대략 50조 개의 세포로 이루어진 인간의 몸은 똑같은 게놈을 갖고 있지만, 독특한 형태와 크기를 갖춘 다양한 종류의 세포는 서로 다른 특성과 기능을 가진 복잡한 장기에 배치된다. 어떤 세포는 혈액 속에 있는 병원체를 공격하고, 어떤 세포는 팽창과 수축을 반복하면서 혈액을 온몸으로 펌프질하며, 또 어떤 세포는 중추 신경계에 기억을 저장한다. 면역세포, 심장세포, 뇌세포를 분화시키는 유일한 요인은 정확한 패턴으로 발현되는 유전자다. 게다가 암과 질병을 유발하는 유전적 돌연변이는 가끔 끔찍한 결과를 가져오는데, 이는 유전자가 비활성화됐기 때문이 아니라 유전자가 잘못된 방향으로 발현되기 때문이다.

유전자 발현을 활성화하거나 억제하는 능력은 거의 유전자 자체를 편집할 수 있는 능력만큼이나 강력하다. 세포를 2만여 종의 다양한 악기로 구성된, 세계에서 가장 큰 규모의 오케스트라라고 생각해보자. 건강하고 정상적으로 기능하는 세포에서 다양한 악기 소리는 완벽하게 균형을 이룬다. 악성종양 세포나 감염된 세포에서는 소리의 균형이 무너지며, 특정 악기 소리가 너무 크거나 약하게 들린다. 때로 DNA 편집은 오케스트라를 정상 상태로 되돌리기에는 조악한 선택이 될 수도 있는데, 몇몇 악기를 노골적으로 없애거나 대체하는 일과 다름없기 때문이다. 비활성화된 크리스퍼 체계는 오케스트라의 어떤 악기든지, 즉 게놈 속 어떤 유전자든지 높은 감도로 미세 조정할 수 있다.

완벽한 크리스퍼 도구로 무장한 과학자는 이제 게놈의 구성 요소와 그 결과물을 거의 완벽하게 통제할 수 있다. 엉성한 말단부착이든 정확한 상동 재조합이든, 절단 부위가 한 곳이든 여러 곳이든 아니면 절단 부위가 아예 없든, 가능성은 무궁무진하다. 게다가 편집 도구의 개발 속도는 늦춰질 기미가 없다. 유전공학자는 형광 버전의 크리스퍼를 만들어서 세포 속 유전자의 입체 구조를 시각화했다. DNA 대신 메신저 RNA를 표적으로 해서 독특한 유전자 통제가 가능한 버전, 게놈에 바코드를 삽입해서 과학자가 세포의 역사를 DNA 언어로 직접 기록할 수 있는 버전 등도 있다. 크리스퍼를 응용하는 게놈공학의 한계는 인간의 집단 상상력에 달린 게 아닐까 싶다. 이 놀라운 다재다능함을 보면서 나는 앞으로 크리스퍼가 모든 분야의 생물학자가 선택할 수 있는 도구가 되리라고 기대한다.

∽

처음에는 과학자 수십 명의 노력으로, 다음에는 수백 명, 수천 명, 그리고 점점 더 많은 과학자가 크리스퍼를 사용해서, 이 놀라운 기술의 잠재력이 성과를 내는 상황을 지켜보는 일은 신나는 경험이었다. 발명가나 혁신가가 그렇듯이, 자신의 발명품을 다른 사람이 수용할 때의 만족감이란 이루 말할 수 없다. 기술이 널리 전파되는 일은 기술을 개선하고 재해석하는 가장 빠른 방법이기도 하다.

갑작스럽게 크리스퍼 연구가 폭발적으로 늘어난 것은 일부는 크리스퍼의 광범위한 잠재력 덕분이기도 하지만, 어느 정도는 믿기 힘든 다양성 덕분이다. 크리스퍼라는 도구가 확장되면서 게놈 속 어떤 DNA도, 어떤 유전자나 유전자 조합도 과학자의 힘이 닿지 않는 곳이 없게 되었다. 앞장에서 설명했듯이 이 힘을 인간에게 활용하면 암과 유전 질병 치료를 완전히 바꿀 수 있고, 식물과 동물에 적용하면 식량 생산을 개선하고 특정 병원균을 뿌리 뽑으며 멸종한 동물도 부활시킬 수 있다. 크리스퍼로 유전자를 편집했다는 최초의 논문이 출판된지 몇 달 뒤, 〈포브스〉가 이 기술이 생명공학 기술을 영원히 바꾸리라고 예측한 것[8]은 당연한 일이다.

하지만 크리스퍼가 생명공학 기술 무대에서 그토록 강력한 힘과 활력을 가지고 폭발한 진짜 이유는 저렴한 비용과 쉬운 사용법 덕분이다. 모든 과학자가 크리스퍼를 이용해서 유전자 편집을 할 수 있게 되었다. 이전의 징크 핑거 뉴클레이즈나 탈렌 같은 기술은 설계하기도 어렵고 엄청나게 비쌌다. 이런 이유로 내 연구실을 포함한 많은 연구실에서는 유전자 편집 연구에 도전할 엄두를 내지 못했다. 하지만 크리스퍼를 이용하면 과학자는 손쉽게 자신이 연구하는 유전자를 표적화하도록 설계하고, 필요한 캐스9과 가이드 RNA를 준비하여, 표준 실험 기술로 직접 실험할 수 있다. 이 모든 작업은 시간이 오래 걸리지 않으며, 외부 전문가의 도움도 필요 없다. 실험을 시작할 때 필요한 것은 그저 기본 크리스퍼를 포함한 인공 염색체, 즉 플라스미드뿐이다. 이 플라스미드는 애드진에서 쉽게 대량으로 구할 수 있다. 애드진은 끊임없이 늘어나는 플라스미드의 보고이자 플라스미드 분배 서비스를 제공하는 성공한 비영리단체다.

애드진은 넷플릭스처럼 플라스미드만 취급한다. 일전에 마틴과 내가 크리스퍼 논문을 발표하면서 마틴이 만든 플라스미드를 안전하게 보관하려고 애드진에 보냈다. 영화 스튜디오가 넷플릭스에 자신들이 촬영한 영화를 방송하도록 허가하는 일과 비슷하다. 크리스퍼를 제작한 다른 많은 연구실도 똑같이 한다. 애드진은 이렇게 받은 플라스미드를 모두 세심하게 보관했다가 홈페이지에 각 플라스미드의 정확한 특징을 공개하고, 원하는 고객에게 보낼 수 있도록 수천 카피의 플라스미드를 생산한다. 2016년 각 대학 연구실이 애드진에 지불한 플라스미드 가격은 개당 7만 원에 불과했다. 플라스미드 생산의 번거로움을 덜고 구매 고객의 수요를 충족시키면서, 애드진은 전 세계 대학과 비영리 연구실에 연구 재료를 공급하고 크리스퍼 기술을 사용하기 위한 특정 수요를 충족시키는 데도 공헌했다. 2015년 한 해에만 애드진은 크리스퍼 관련 플라스미드 6만 개를 80여 개국 과학자에게 판매했다.[9]

컴퓨터도 이전보다 간편하게 유전자를 편집하는 데 큰 공을 세웠다. 디자인 관련 원칙을 모두 기록한 향상된 알고리즘에는 특별히 잘 적용되는 표적 서열의 종류처럼 과학 문헌에서 얻은 실험 자료도 들어 있으며, 다양한 소프트웨어가 자동으로 움직이면서 한 단계만 거쳐도 원하는 유전자를 편집할 최적의 크리스퍼를 설계해준다. 이 알고리즘이 가장 복잡하고 정교한 유전자 편집 실험을 가능하게 만들었으며, 과학자들은 더 넓은 게놈을 무대로 크리스퍼를 설계하고 게놈의 모든 유전자를 하나하나 편집하느라 게을러질 틈이 없다.

크리스퍼의 이런 특징 덕분에 오늘날에는 기본적인 훈련을 받은 야망 있는 과학자라면 누구나, 불과 몇 년 전만 해도 상상할 수 없었던 위업을 이룰 수 있게 되었다. 생화학 실험실에서 정교하게 몇 년에 걸쳐서 해야 했던 일들은 이제 성장하는 이 분야에서는 옛말이 되었고, 지금은 단 며칠 만에 고등학생도 해낼 수 있는 일이 되었다. 현대의 기술 수준으로는 누구나 크리스퍼 실험실을 단돈 230만 원 정도로 충분히 차릴 수 있으리라고 말하는 전문가도 있다.[10] 열정적인 기술공학 애호가 중에는 집에서 크리스퍼를 이용해서 유전자 편집을 직접 하려는 DIY 바이오 해커가 나타나리라고 예측하는 사람도 있다. 한 크라우드펀딩 벤처회사는 크리스퍼를 내세워, 크라우드펀딩으로 5,700만 원의 자금을 모아 DIY 유전자 편집 키트를 생산해서 판매했다. 15만 원 정도면 '집에서 세균의 게놈을 정교하게 편집할 수 있는 모든 것'을 살 수 있다.[11]

크리스퍼는 대중에게 유전자 편집을 전파했고, 한때는 소수 전문가의 기술이었던 것을 집에서 만드는 수제 맥주처럼 취미나 공예로 바꿔놓았다(사실, 효모 게놈을 편집해서 새로운 풍미의 맥주를 만드는 일[12]은 내가 우연히 발견한 흥미롭고 예상치 못했던 수많은 크리스퍼 활용법의 하나다). 여러 측면에서 아주 흥미로운 일이지만 한편으로는 이 강력한 기술이 빠르게 파급되는 현상이 불안하기도 하다.

크리스퍼의 민주화는 이 장에서 언급했던 연구와 개발 과정을 가속하겠지만, 동시에 아직 준비되지 않은 사람들이 이 기술을 사용하면 그 영향력은 실험실 안에만 머무르지 않을 것이다. 전 세계 과학자는 이미 여러 종에 상상하기도 힘든 방법으로 크리스퍼를 활용하기 시작했다. 인간 게놈도 머지않아 비슷한 과정을 거치게 될 것이다.

우리 자신의 유전암호를 변형하는 데 바칠 대가와 혜택을 저울질할 수 있을까? 크리스퍼를 올바른 용도로 사용하는 데 모두가 동의하고, 남용되지 않도록 할 수 있을까?

생명의 암호를 지배하는 데는 상당한 수준의 책임이 뒤따르지만 개인으로서만이 아니라 인간이라는 종으로서도, 슬프지만 우리는 충분히 준비되어 있지 않다. 다음 장에서 나는 크리스퍼 혁명으로 생겨난 몇 가지 딜레마와 여기서 파생된, 돌이킬 수 없지만 놀라운 기회에 관해 살펴보려 한다. 크리스퍼 기술에 내재한 위험과 크리스퍼의 강력한 힘을 인류와 지구 전체의 이익을 위해 사용한다는 책임감을 가늠하는 일은 다른 어느 곳에서도 볼 수 없는 시험대가 될 것이다. 하지만 우리는 이 시험을 통과해야 한다. 주어질 혜택을 감안해보면 우리에게 다른 길은 없다.

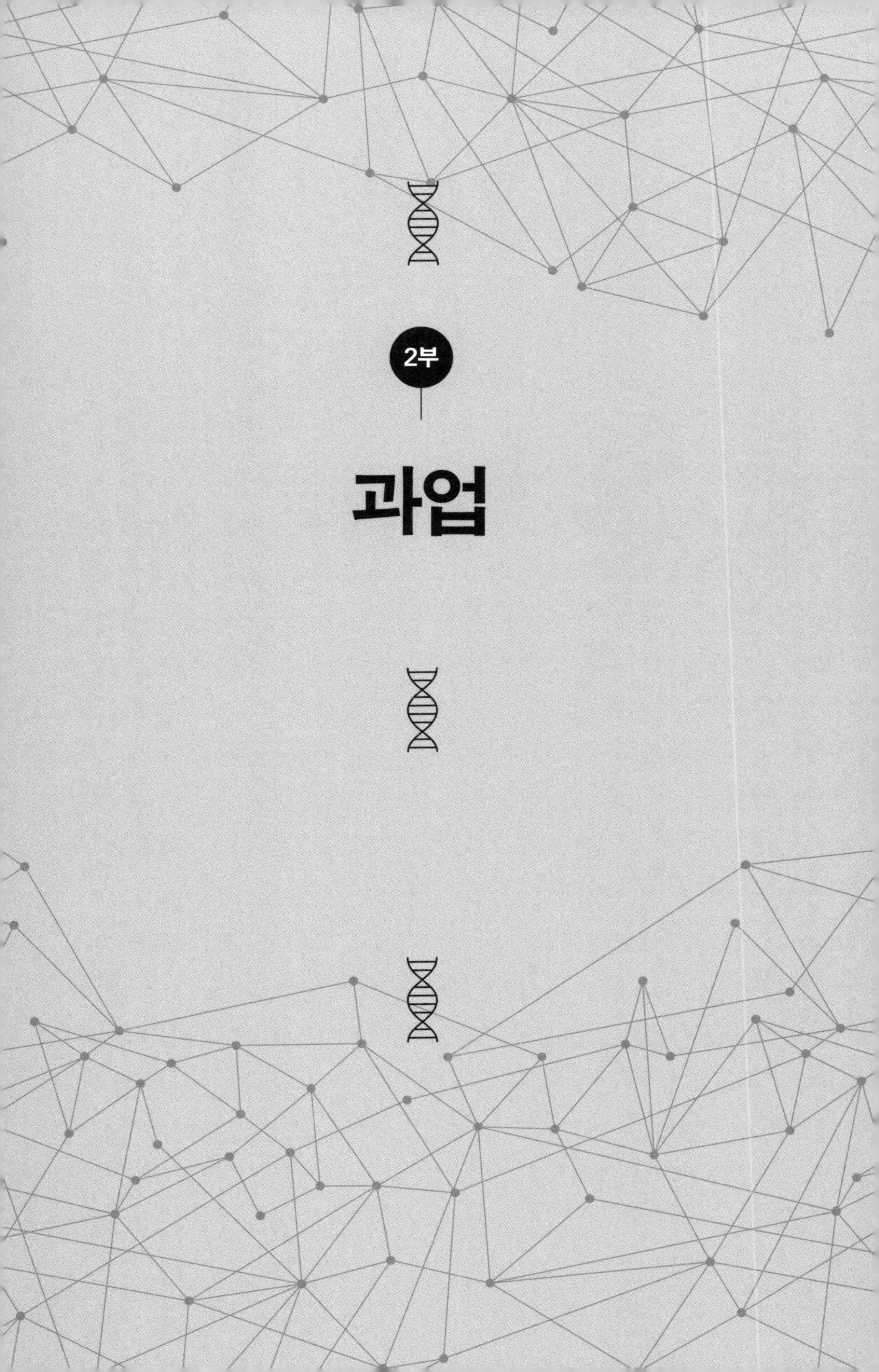

2부

과업

5장

크리스퍼 동물원

썩지 않고 몇 달에 걸쳐 천천히 성숙해서 식료품 창고에 저장할 수 있는 토마토. 기후 변화에 더 잘 견디는 식물. 말라리아를 옮기지 않는 모기. 경찰과 군인을 도울 무시무시한 근육질 개. 뿔이 자라지 않는 소.

믿기 어렵겠지만 사실 이런 생물은 유전자 편집 덕분에 이미 존재한다. 그리고 시작에 불과하다. 이 글을 쓰는 순간에도 우리를 둘러싼 세계는 우리가 준비됐든 아니든 크리스퍼에 의한 혁명을 맞이하고 있다. 앞으로 몇 년 안에 이 새로운 생명공학 기술은 수확량이 더 높은 곡물, 더 건강한 가축, 더 영양가 많은 식품을 우리에게 안겨줄 것이다. 앞으로 몇십 년 안에 우리는 인간의 장기 이식용으로 유전자가 변형된 돼지를 만들 테지만, 동시에 털이 복슬복슬한 매머드도, 날개 달린 도마뱀도, 유니콘도 만들 수 있다. 이건 농담이 아니다.

지구 생명체 역사에서 새로운 시대의 시작점에 우리가 서 있다는 사실은 나를 놀라게 한다. 지구에 함께 거주하는 모든 생물 종의 유전자 조성을 통제하는, 전례 없는 인간의 실험이 이루어지는 시대가 시작됐다. 인간이 유사 이래 꿈꿔왔던 대로, 크리스퍼가 인간의 의지 아래 자연을 무릎 꿇릴 날도 머지않았다. 인간의 의지가 건설적인 방향으로 움직인다면 결과는 환상적이겠지만, 그조차도 의도치 않은 재앙을 초래할지도 모른다.

과학계에서는 이미 유전자 편집된 식물과 동물의 영향력을 실감한다. 예를 들어 과학자들은 크리스퍼를 이용해서 이전보다 더 정확하고 융통성 있는 인간 질병 모델을 실험동물에 확립한다. 생쥐뿐만 아니라 어떤 동물이든 연구하는 질병 증상을 나타내면 상관없다. 원숭이로 자폐증 모델을, 돼지로 파킨슨병 모델을, 흰담비로 인플루엔자 모델을 만든다. 크리스퍼로 특정 생물의 독특한 특징을 연구할 수 있다는 사실은 크리스퍼 기술의 가장 중요한 특징으로, 멕시코 도롱뇽의 다리 재생 실험이나 킬리피시를 이용한 노화 연구, 갑각류의 골격계 발달 연구 등을 예로 들 수 있다. 아름다운 나비 날개 문양의 유전자를 찾은 결과라든지, 인간 조직에 침입할 수 있는 감염성 있는 효모의 능력을 유전자 수준까지 파헤친 결과 등, 나는 동료 과학자들이 보내주는 크리스퍼 실험에서 얻은 결과와 사진을 보는 것이 좋다. 이런 실험은 자연계의 새로운 진실과 모든 생물을 하나로 엮어주는 유전적 유사성을 드러낸다. 정말 신나는 일이다.

유전자 편집 활용의 또 다른 끝에는 과학 논문이라기보다는 SF 같은 이야기도 있다. 예를 들어 몇몇 연구팀에서 환자의 목숨을 위협하는 이식용 장기의 수요 문제를 이종이식을 통해 해결할 수 있으리란 희망을 품고, 크리스퍼를 이용해서 다양한 돼지 유전자를 '인간화'한다는 이야기를 듣고 놀란 적도 있다. 이종이식은 돼지나 다른 동물에서 키운 장기를 인간 환자에게 이식하는 시술이다. 이제 동물의 외양을 바꾸는 일도 쉬우므로, 기업은 유전자 편집 기술을 이용해서 작은 개보다 몸집이 자라지 않는 마이크로 돼지 같은 새로운 애완동물을 만들었다. 유명한 SF를 스크린화한 영화에서처럼, 몇몇 연구소는 멸종 동물을 복원하려는 모험을 감행한다. 이런 시도는 복제 기술이나 유전공학 기술로 멸종된 동물을 부활시키는 일과 다를 것이 없다. 내 친구이자 캘리포니아대학교 산타크루스캠퍼스 교수인 베스 셔피로 Beth Shapiro는 멸종한 새를 복원해서 현대 새와의 연관성을 연구하려는 계획을 세우고 흥분했다. 비슷한 맥락에서, 크리스퍼로 코끼리 게놈을 털이 많은 매머드 게놈으로 하나씩 바꾸겠다는 비슷한 연구도 이미 진행되고 있다.

아이러니하게도 크리스퍼는 해로운 동물이나 병원체의 강제적인 멸종이라는, 정반대의 경우도 실현할 수 있다. 그렇다. 언젠가는 크리스퍼가 전체 생물 종을 파괴하는 데 이용될 수도 있다. 내가 십 년 전 이제 막 시작된 새로운 분야인 세균의 적응성 면역력 체계에 처음으로 발을 디뎠을 때는 전혀 상상하지 못했던 일이다.

여러 연구 중 몇몇은 인간 건강과 행복을 개선할 엄청난 잠재력이 있다. 그 외의 연구는 경솔하고 괴상하며 너무 위험하다. 그래서 나는 크리스퍼의 활용 속도가 점점 빨라지는 현실을 고려할 때, 유전자 편집의 위험성을 설명해야 한다고 생각했다.

크리스퍼는 우리가 원하는 대로 생명의 분자 자체를 수정하는 방법을 제공해서 근본적이며 되돌릴 수 없는 방식으로 우리가 거주하는 생물권을 변형할 힘을 우리에게 주었다. 현재 나는 좋은 점과 나쁜 점 어느 쪽이든 크리스퍼의 잠재력에 관한 논의가 불충분하다고 생각한다. 생명과학에서는 전율이 이는 순간이지만, 그저 휩쓸려 갈 수만은 없다. 크리스퍼에는 우리 세계를 개선할 엄청나고 부정할 수 없는 잠재력이 있긴 하지만, 생태계의 근본인 유전자에 손대는 일은 의도하지 않은 결과를 불러올 수도 있다는 점을 반드시 유념해야 한다. 미리 그 영향력에 대해 고민하고, 더 늦기 전에 세상과 대중을 끌어들여 자연계에서 유전자 편집이라는 기술을 어떻게 다룰지 포괄적인 논의를 해야 할 책임이 있다.

∽

2004년 유럽 과학자들은 오랜 세월 보리 경작 농부들을 괴롭혔던 문제를 해결했다. 과학자들은 흰가루병이라는 질병의 원인인 치명적인 곰팡이류에 보리가 내성을 갖게 하는 유전자 돌연변이를 발견했다.[1] 흰가루병은 유럽 전역에서 경작하는 보리 품종에 생기는 병충해의 하나로 오랫동안 농부들의 고민거리였다. 유전자가 변형되어 곰팡이류에 저항성을 갖게 된 보리를 추적해보면, 1930년대 말 독일 탐험대가 에티오피아 남서부 곡창지대에서 채집해온 보리 씨앗까지 거슬러 올라간다. 보리가 주력 작물로 정착한 지 얼마 뒤(아마 1만 년 전쯤일 것이다), Mlo 유전자 돌연변이가 서서히 나타났다. 이 돌연변이 작물은 농부들이 건강해 보이고 수확량이 높은 작물을 고르는 과정에서 선택받았다.

인간이 개입하는 이 진화 과정은 자연적인 돌연변이가 일어난 뒤 자연선택이 아니라 인간선택이 이루어지는 것으로, 수천 년 동안 농업이 발달해온 방식이다. 농업의 개척자인 루서 버뱅크Luther Burbank가 1901년 연설에서 언급했듯이, 종은 고정되거나 불변의 존재가 아니며 오히려 "손안에 쥐어진 플라스틱처럼, 도예가의 손에 닿는 찰흙처럼, 또는 화가의 캔버스에 칠해지는 색처럼, 화가나 조각가라면 누구나 창조해내길 바라는 더 아름다운 형태와 색으로 쉽게 변할 수 있다."[2] 사실 곰팡이 내성이 있는 보리의 Mlo 유전자 돌연변이는 1942년 X선을 조사照射한 독일 품종 보리에서 유래했다.[3] 과학자들은 씨앗에 X선이나 감마선 같은 방사선을 쬐거나 돌연변이를 유도하는 화학물질에 씨앗을 담가두면 게놈에 산발적으로 새로운 돌연변이가 생긴다는 사실을 발견했다. 이런 돌연변이 중에는 인간이 재배하기에 적합한 좋은 특성을 가진 것도 있었다.

이런 방법으로 만들어진 돌연변이 품종은 수백 또는 수천 개의 다양한 유전자에 알 수 없는 방식으로 유전자 변형을 일으킨다. 이런 무작위 유전자 변형 종에서 Mlo 유전자처럼 비슷한 돌연변이를 공유하는 종이 나타나면 모든 식물은 곰팡이 내성 보리[4]처럼 바람직한 특성을 갖출 수 있다. 보리의 Mlo 돌연변이 내성이 규명된 2004년 이후 10년이 지나자, 다른 식물 종에서도 Mlo 유전자가 붕괴하면서 흰가루병에 대한 내성이 생겼다. 이 사실은 더 많은 작물에 Mlo 유전자 돌연변이를 유도해서 흰가루병 내성이라는 특성을 부여할 수 있다는 흥미로운 가능성을 제시했다.

식물에 DNA 돌연변이를 유도하는 방법

여기서 유전자 편집의 장래성을 엿볼 수 있다. 자연적 돌연변이, X선이나 화학물질로 유도한 돌연변이, 새로운 유전자 수천 개를 게놈에 들이붓는 격인 서로 다른 식물 종의 교배 같은 재래식 육종법과 비교했을 때, 크리스퍼와 유전자 편집 기술은 과학자에게 비교할 수 없는 수준의 게놈 통제력을 쥐여주었다. 2014년 중국 과학학술원이 크리스퍼를 포함한 유전자 편집 기술을 이용해서 인간의 주요 작물의 하나인 밀의 Mlo 유전자 6개를 변형했을 때, 나는 이 기술이 농업에 미칠 영향력을 실감할 수 있었다. 6개의 Mlo 유전자가 모두 돌연변이를 일으킨 식물은 흰가루병에 저항력이 생기는 환상적인 결과를 보여주었다. Mlo 유전자만 편집했으므로 다른 유전자에 해를 끼치거나 의도치 않았던 효과가 나타날까 봐 걱정할 필요도 없었다. 원하는 변화가 Mlo 돌연변이처럼 유전자 녹아웃이든지, 유전자 교정이든지, 유전자 삽입이든지, 유전자 삭제든지 상관없이, 염기 하나까지 정확하게, 사실상 어떤 유전자든 DNA 서열을 가리지 않고 게놈을 변형할 수 있는 전례 없는 일이었다.

흰가루병은 크리스퍼로 해결할 수 있는 농업 문제의 한 사례일 뿐이다. 크리스퍼가 알려진 지 몇 년 안에, 크리스퍼는 세균성 마름병 내성을 부여하기 위해 쌀 유전자 편집에 이용되었고, 곧이어 옥수수, 콩, 감자에 제초제 저항력을 부여하는 데도 사용되었다. 갈변현상에 강하고 출하 전에 상하지 않는 버섯을 생산하는 데도 이용되었다.[5] 과학자들은 크리스퍼를 사용해서 오렌지 게놈을 편집하기도 했으며,[6] 이제는 크리스퍼로 미국 감귤류 농업을 세균성 식물 질병인 황롱빙에서 구하려고 시도하고 있다.[7] 중국어인 황롱빙은 '노란 드래곤병'이라는 뜻인데, 아시아 일부를 휩쓴 뒤 이제 플로리다, 텍사스, 캘리포니아 과수원을 위협하고 있다. 한국 과학자 김진수 연구팀은 바나나 유전자를 편집해서 토양 곰팡이의 확산으로 위협받는 캐번디시 바나나가 멸종되는 상황을 막으려고 한다.[8] 다른 곳에서는 식물 바이러스를 파괴하도록 크리스퍼를 재프로그램한 뒤, 세균 크리스퍼 체계 전체를 작물에 삽입해서 완전히 새로운 항바이러스 면역 체계를 정착시킬 수 있는지 시험하고 있다.[9]

나는 유전자 편집이 더 건강한 식품을 생산하는 데 이바지할 수 있을지에 관심이 많다. 두 가지 사례가 특히 눈에 띈다. 첫 번째 작물은 매년 5,000만 톤의 콩기름을 만드는 콩이다. 유감스럽게도 콩기름에는 해로운 수준의 트랜스 지방이 들어 있어서 고高콜레스테롤증과 심장질병 위험도를 높인다. 최근 미네소타에 있는 칼릭스 사의 식품과학자는 유전자 편집 기술인 탈렌으로 콩 유전자 두 개를 변형해서, 건강에 해로운 지방산 함유량은 크게 감소하고 전체적인 지방 분포가 올리브유와 유사한 콩을 개발했다.[10] 이 과정에서 의도치 않은 돌연변이가 일어나거나 외부 DNA가 게놈으로 삽입되는 일은 없었다.

두 번째 작물은 밀과 쌀에 이어 세 번째 주요 작물인 감자다. 감자의 유통 기한을 늘리려고 저온 저장을 오래 하면, 감자의 전분이 포도당과 과당 같은 당으로 전환되는 저온 유도 감미 현상이 나타난다. 프렌치프라이나 감자 칩을 만들 때처럼 요리 과정에서 감자를 고온에 노출하면, 당은 신경독소이자 발암물질일 가능성이 있는 아크릴아마이드라는 화학물질로 바뀐다. 저온 유도 감미 현상을 일으킨 감자로 감자 칩을 만들면 갈색으로 변하고 쓴맛이 나서 결국 쓰레기만 엄청나게 늘어나며, 이런 이유로 감자 칩 공장은 매년 감자의 15%를 버린다. 칼릭스 사의 과학자들은 레인저 러셋 감자의 유전자를 편집해서 포도당과 과당을 생산하는 한 유전자의 활성을 억제하는 방식으로 쉽게 이 문제를 해결했다. 그 결과 유전자 편집을 한 감자로 만든 감자 칩은 함유된 아크릴아마이드 농도가 70%나 낮아졌고,[11] 갈색 반점도 생기지 않았다.

식품과학자는 손쉬운 유전자 편집 기술이 가져다줄 가능성에 열광한다. 하지만 아직 방 안에는 커다란 코끼리, 즉 엄청난 골칫거리가 남아 있다. 생산자와 소비자는 유전자 편집 작물을 X선, 감마선, 화학

물질로 게놈에 무작위 돌연변이를 일으켰던 수천 종의 작물과 똑같이 받아들일까? 아니면 유전자 편집 작물은 놀랍고 광범위한 잠재력을 지녔는데도, 내가 생각하기에는 잘못된 정보로 인해 저항에 직면한, 다른 형태의 유전자 변형 식품인 GMO와 같은 운명으로 고통받게 될까?

∞

크리스퍼 기술이 세계에 보급되면서, 내가 배워야 했던 수많은 분야의 하나가 식품 정책이다. 유전자 편집 식물과 동물은 어쩔 수 없이 GMO와 비교될 것이므로, 나는 특히 세계 각국 정부와 공익단체에서 사용하는 '유전자 변형 생물체GMO'라는 단어의 정의를 자세히 살펴보았다.

미국 농무부는 유전자 변형을 '특정 목적을 위해 식물이나 동물을 유전공학 기술이나 다른 전통적인 방법을 이용해서 유전 가능한 방식으로 개선한 생산품'으로 정의한다.[12] 이 폭넓은 정의는 전통적인 방법인 돌연변이 육종법뿐만 아니라 유전자 편집 같은 새로운 기술도 포용할 수 있다. 사실 이 정의에 따르면 우리가 먹는 야생 버섯, 야생 산딸기, 야생 동물, 야생 생선을 제외한 모든 식품을 GMO로 볼 수 있다.

하지만 더 일반적인 GMO의 정의는 유전물질이 유전자재조합 기술과 외부 DNA를 게놈으로 삽입하는 유전자 삽입으로 변형한 식품만 포함한다. 천천히 성숙하는 토마토 품종인 플레이버 세이버가

GMO 상업 작물로는 최초로 사람에게 판매하도록 승인받은 1994년 이후, 캐놀라, 옥수수, 목화, 파파야, 쌀, 콩, 호박 등 족히 50여 종이 넘는 다양한 GMO 작물이 개발되어 미국에서 상업적 경작을 승인받았다. 2015년 현재 미국에서 경작하는 전체 옥수수의 92%, 목화의 94%, 콩의 94%가 유전적으로 변형된 작물이다.[13]

유전자 변형 작물은 환경과 경제 측면에서 큰 장점이 있다. 해충에 대한 저항력이 강한 작물을 경작하면 농부는 해로운 화학 살충제와 제초제를 적게 사용하면서 수확량을 늘릴 수 있다. 하와이 파파야가 바이러스라는 재앙에서 벗어나도록 한 것처럼, 유전공학 기술은 때로 산업계 자체를 살려내기도 하며, 이제 곧 바나나나 자두 같은 다른 과일을 새롭게 등장하는 병원체로부터 보호하는 데 중요한 역할을 할 수 있다.

이런 장점에도 불구하고, 그리고 수많은 사람이 이미 GMO 식품을 아무 문제없이 소비해왔는데도, 유전자 변형 식품은 대부분 아무 실익이 없는 강력한 비판과 극심한 대중 감시, 공격적인 저항의 대상으로 남아 있다. 이런 저항은 소비자 건강이나 환경에 미치는 부작용을 발견했다는 극소수의 연구 결과를 바탕으로 한다. 하지만 GMO 감자가 쥐에 암을 유발하고 GMO 옥수수가 왕나비를 죽인다는 연구 결과는 곧바로 이어진 수많은 검증 연구에 의해 반박되었고 과학계의 규탄을 받았다. 사실 GMO는 시장에서 판매되는 식품 중에서 가장 세심하고 규칙적인 검사를 받고 있으며, GMO 식품이 모든 측면에서 전통적으로 생산한 식품만큼 안전하다는 점에 만장일치에 가까운 다수가 동의한다. 미국 연방 기관과 미국 의사협회, 미국 국립과학원, 영국 왕립의학협회, 유럽연합 집행위원회, 세계보건기구는 GMO를 지지한다. 그런데도 미국인의 거의 60%는 GMO가 안전하지 않다고 생각한다.[14]

GMO에 관한 과학적 동의와 대중 여론의 괴리는 과장 없이 말하자면 충격적이다. 나는 이 현상이 크게는 과학자와 대중의 의사소통이 단절된 데서 왔다고 본다. 크리스퍼를 연구한 시간은 상대적으로 짧지만, 이 두 세계에서 건설적이며 개방된 대화를 유지하는 일이 얼마나 어려운지 실감했다. 그러나 과학적 발견이 발전하려면 이런 의사소통이 필요하다는 점도 깨달았다.

GMO는 어딘가 자연적이지 않으며 비틀렸다는 인식이 좋은 예다. 우리가 먹는 거의 모든 것은 인간에 의해 변형되었으며, 가끔은 원하는 특성을 지닌 식물끼리의 교배를 통해 무작위 DNA 돌연변이를 유도한 것도 있다. 따라서 '자연적인' 것과 '비자연적인' 것을 구분하기는 모호하다. 레드자몽은 중성자 조사로, 씨 없는 수박은 화학물질인 콜히친을 처리해서 만들며, 과수원의 사과나무는 한 개체를 유전적으로 복제해서 만든 클론이다. 현대 농업에서 자연적인 부분은 없다. 하지만 우리는 모두 불평하지 않고 이런 식품을 먹는다.

크리스퍼와 유전자 편집 기술은 GMO와 비非GMO 작물 사이의 경계를 흐리면서 유전자 변형 식품에 관한 논쟁을 더 복잡하게 만들 것이다. 전형적인 GMO는 게놈에 무작위로 외부 유전자가 삽입된 것으로, 이런 유전자는 생물체에 이전에는 없었던 장점을 부여하는 새로운 단백질을 생산한다. 이와 대조적으로 유전자 편집을 한 생물은 원래 존재하는 유전자에 작은 변형을 주어 원래부터 있었던 단백

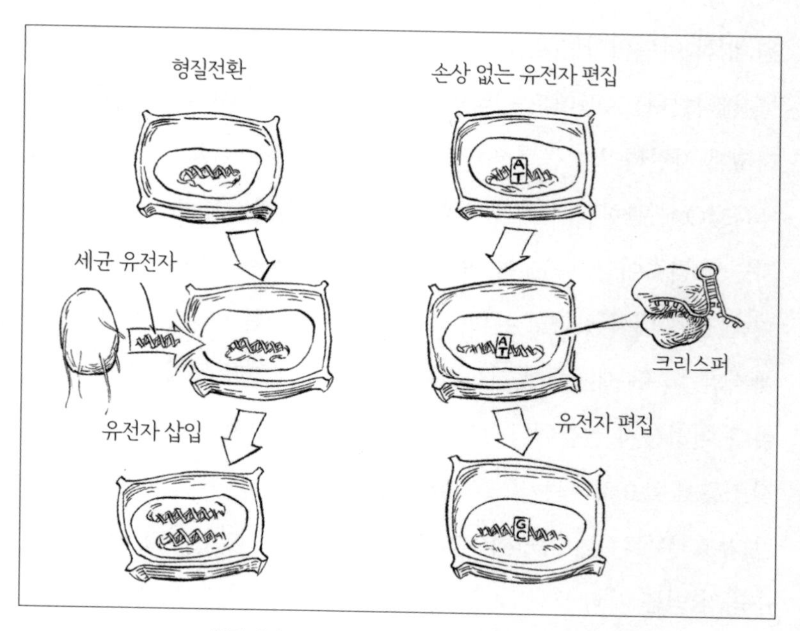

형질전환 GMO와 손상 없는 유전자 편집 생물

질의 생산 농도를 살짝 비틀어 생물체에 장점을 부여하며, 여기에는 외부 DNA가 삽입되지 않는다. 이런 측면에서 볼 때 유전자 편집 생물은 종종 돌연변이를 유도하는 화학물질과 방사선 조사를 통해 생산한 생물과 다를 바 없다. 게다가 과학자에게는 유전자 편집이 끝나면 식물 게놈에 크리스퍼의 흔적을 남기지 않을 방법이 있다. 예를 들어 우리가 2012년 논문에서 입증했듯이, 크리스퍼 분자를 생산하고 정제해서 실험실에서 조립해서 식물 세포에 넣으면,[15] 빠르게 작동하는 크리스퍼 체계는 게놈에 즉시 작용한다. 몇 시간 안에, 캐스9과 가이드 RNA는 표적 유전자를 편집하고 나서 세포 속에 존재하는 재활용 과정에 의해 분해된다. 정확한 방법으로 개선한 작물과 다른 식물을 대중이 수용하는 데 유전자 편집이 도움이 되는 때가 오길 바란다.

어쨌든 유전자 편집 생물을 중심으로 논쟁은 무르익고 있다. 이 신기술에 저항하는 운동은 2016년 봄에 처음 나타났다.[16] 크리스퍼 연구자들은 GMO 감시 운동을 하는 운동가들에게 위협받기도 했다.

농산물 회사, 농부, 소비자, 그리고 특히 정부 관계자가 직면한 가장 큰 문제는 유전자 편집 작물의 분류와 통제 방법이다. 많은 과학자가 이를 새로운 육종기술NBTs로 분류하며, 저항 운동가들은 유전자 편집 작물은 이름만 다른 GMO를 과학자들이 뒷문을 통해 식료품점에 슬그머니 들이미는 것이라고 생각한다. 다양한 측면에서 이 주제는 새롭게 생산한 작물을 최종 상품 단계에서만 통제할지, 아니면 작물을 개발하는 과정까지 통제할지 고민하는 생산과 과정의 문제로 귀결된다. 흰가루병 사례로 돌아가보면, 유전자 편집으로 흰가루병 내성을 갖도록 개선한 밀은, 자연산 밀이나 무작위 돌연변이를 유도한 밀과 이론적으로는 차이점이 없는데도 규제받아야 할까?

바로 지금, 새로운 유전자 변형 작물은 혼란스럽게 늘어선 규제라는 장애물에 부딪히고 있다. 미국에서 이 상황은 관할권이 식품의약국과 환경보호국, 농무부에 나뉘어 있기 때문이다. 승인 절차는 길고 비용이 많이 들며, 사람에 따라서는 불공정하고 부담스러운 규제 덩어리로 느껴지는 과정도 있다. 엄청난 비용을 감당할 수 없는 중소기업은 GMO 분야에서 배제되며, 대형 농업기업이 시장을 독점한다. 대학에서 연구하는 과학자조차 부담스러운 규제 때문에 유전자 변형 작물의 포장시험(특성 조사를 위해 유전자 변형 생물을 환경에 방출해서 재배, 관리, 조사, 환경영향평가를 하는 것 —옮긴이)을 감당하지 못한다는 사실은 놀라울 정도다.

다행스럽게도 상황은 바뀌고 있다. 미국 농무부는 조용히 기업에 새로운 세대의 유전자 편집 작물은 농무부 승인을 받지 않아도 된다고 통보했다. 물론 미국 식품의약국의 승인은 여전히 필요하다. 유전자 편집으로 만들어진 제초제 저항성이 있는 캐놀라는 미국 농무부 권한의 영향권에 속하지 않는 캐나다에서 사용을 승인받았다. 이와 비슷하게, 칼릭스 사가 탈렌을 이용해서 생산한 유전자 편집 콩과 감자도 다른 30여 종의 유전자 변형 식물 사례처럼[17] 미국 농무부 규제를 피해갔다. 크리스퍼가 상대적으로 새로운 기술이긴 하지만 뒤퐁 파이오니어 사는 크리스퍼를 기반으로 한 식물 제품이 10년 안에 시장에 나오리라고 예측했다.[18]

한편 2015년, 백악관 과학기술정책국은 1992년 이후 바뀌지 않았던 현재의 유전자 변형 작물과 동물에 관한 규제를 신기술의 발달이라는 측면에서 다시 논의할 것이라고 발표했다.[19] 2016년 유전자 변형 식품을 재료로 포함한 식품의 승인 관련 연방법이 통과하면서 유전자 변형 식품이 시장에 나가는 방식 역시 계속 변하고 있다.[20]

규제의 변화도 중요하지만 유전자 변형 식품에 대한 대중의 태도가 변하지 않는다면, 우리 사회는 크리스퍼의 잠재력을 충분히 누리기 힘들다. 생명공학 기술은 전 세계 식량안보를 떠받치고, 영양실조를 예방하며, 기후변화에 적응하고, 환경파괴를 예방할 수 있다. 하지만 진보는 과학자와 기업, 정부, 그리고 대중이 함께 노력하지 않으면 이룰 수 없으며, 각자가 근본적인 방식으로 협력해야만 한다. 이 노력은 열린 마음에서 시작된다.

☙

농업 기업은 크리스퍼를 작물뿐만 아니라 가축에도 사용하며, 근 미래에는 유전자를 편집한 가축이 널리 보급될 것이다. GMO 작물은 넘어야 할 어마어마한 장애물이 많지만, 유전자 편집 가축 역시 수많은 규제라는 장애물을 만나고 더 심각한 저항에 부딪힐 것이다. 이 전선에서 우리가 얻을 수 있는 것도 많겠지만 잃을 것이 더 많을 수도 있다.

최초로 인간의 식품으로 미국에서 승인받은 유전자 변형 동물은 빨리 자라는 GMO 연어인 아쿠아드밴티지다. 이 연어는 917억 원이 넘는 비용을 들이고,[21] 미국 식품의약국과 20년간의 전투 끝에 시장에 나왔다. 여분의 성장호르몬 유전자를 삽입한 이 연어는 보통 연어보다 성장 속도가 2배나 빠르지만, 영양 성분은 변하지 않고 연어와 연어를 먹는 사람에게도 건강상의 위험도를 높이지 않는다.[22] 찬성론자는 수확 시기가 빠른 연어는 야생 연어 집단을 보존하므로 환경에 유익하고, 현재 95%에 이르는 미국의 연어 수입량이 줄어들기 때문에 연어를 시장으로 나르는 탄소 발자국이 전통적인 방식에 비해 약 25배나 줄어든다고 주장한다.[23] 하지만 GMO 작물이 그랬듯이 유전자 변형 연어 역시 강한 저항에 부딪혔다. 반대론자는 이 연어에 '프랑켄 생선'이라는 이름을 붙이고, 아쿠아드밴티지 연어가 소비자의 건강과 야생 연어 생태계를 파괴한다고 주장했다. 2013년 〈뉴욕타임스〉는 응답자의 75%가 GMO 연어를 먹지 않겠다고 대답했다는 여론조사 결과를 발표했다.[24] 또한 소비자의 비난이 쏟아지면서 미국 전역의 식료품점 60곳 이상이 GMO 연어를 판매하지 않겠다고 발표했다.[25] 여기에는 홀푸드나 세이프웨이, 타겟, 트레이더조 등 대형 소매업계도 포함되었다.

아쿠아드밴티지 연어는 과학자가 인간의 식량으로 개발한 최초의 유전자 변형 가축은 아니다. 2000년대 초 일본 연구팀은 시금치 유전자를 가진 돼지를 만들었다. 이 형질전환 돼지는 동물이 지방산을 대사하는 방식을 변형해서 더 건강한 지방산 분포를 보였다. 하지만 과학자들의 성과는 규탄받았고, 이 돼지는 실험실 밖에서는 절대 만들어지지 않았다.[26] 비슷한 시기에 캐나다 연구팀은 대장균 유전자를 가진 환경친화적인 형질전환 돼지인 엔바이로피그를 개발했다. 엔바이로피그는 파이테이트라는 인 화합물을 더 잘 소화한다.[27] 보통 돼지 배설물로 만든 거름은 인 농도가 높아서 시냇물이나 강으로 침출되면 녹조현상을 일으키고 수생생물의 집단폐사를 일으키며 온실가스를 생성한다. 엔바이로피그 배설물로 만든 거름은 인 함유율이 75%나 낮아서 지구와 돼지 농장 근처에서 살아가며 일하는 사람들에게 큰 혜택을 안겨준다. 하지만 이런 장점을 설명하고 안전성 자료를 제시했는데도 소비자는 엔바이로피그를 매도했고, 결국 엔바이로피그 프로젝트의 재정적 후원자들은 연구자금을 거두었다. 새로운 종은 2012년 모두 안락사 처리했다.[28]

이런 배경 사례를 비교해보면 다른 유전자 변형 동물의 전망도 암울하다. 하지만 다시 강조하자면, 이 문제는 정부 규제기관과 대중이 '유전적으로 변형된'의 정의를 어떻게 내리는가에 따라 달라진다. 아쿠아드밴티지 연어는 치누크 연어의 성장호르몬 유전자와, 등가시치과 생선인 오션파우트에서 성장호르몬 유전자를 계속 활성화하는 짧은 DNA 조각을 삽입했다. 과학자가 외부 DNA를 삽입하는 대신, 어떻게든 연어 게놈을 편집해서 자기 자신의 성장호르몬 유전자를 계속 활성화하도록 만들었다면 어떨까? 소비자와 규제기관은 그래도 여전히 이 연어를 GMO라고 생각할까?

유전자 편집 가축의 연구와 개발 속도를 생각해볼 때, 이는 가까운 미래에 반드시 마주하게 될 질문이다. 최초의 유전자 편집 동물은 이미 연구실에 존재하며, 규제기관의 문을 두드리는 일은 시간문제일 뿐이다. 아쿠아드밴티지 연어처럼 가축 중에는 유전자 변형을 통해 성장을 촉진하는 동물도 나오게 된다. 하지만 연어와 다르게, 단지 빨리 자랄 뿐만 아니라 몸집도 더 커진다.

정확하게 유전자를 편집하는 크리스퍼와 다른 유사 기술을 이용해서 과학자들은 더 튼튼하고 근육량이 두 배나 많아서 보디빌더처럼 놀라운 몸집을 지닌 유전자 편집 소, 돼지, 양, 염소를 만들었다. 이 돌연변이는 실험실에서 만든 괴이한 속성이 아니라 보리의 흰가루병 내성처럼 자연에서 영감을 받은 결과였다.

소를 키우는 목장주들은 근육량이 2배로 강화된 근육 강화 가축에 대해 이미 수년간 알고 있었다. 많이 키우는 소 품종 중에서 벨지안 블루와 피에몬테라는 두 품종이 이런 현상을 자주 보이기 때문이다. 이 두 품종은 보통 소보다 근육이 20% 더 많고, 근육 대 뼈 비율도 높으며, 지방이 적고 맛좋은 고기 부분의 비율은 높아서 목장주에게는 꿈의 소다.[29] 1997년 세 연구팀은 이런 예외적인 근육 발달을 일으키는 유전자 하나를 발견했다. 마이오스타틴 유전자는 인체의 근육 조직 생성을 방해하는 자연 브레이크다. 세 연구팀의 실험 대상인 두 품종의 소는 서로 다른 돌연변이를 갖고 있다. 벨지안 블루는 마이오스타틴 유전자에서 11개 염기가 삭제됐고, 피에몬테는 단 하나의 염기만 돌연변이를 일으켰다. 하지만 두 품종 모두 마이오스타틴 유전자가 만드는 단백질에 결함이 생긴다. 어떻게 보면 예전에 쥐를 대상으로 마이오스타틴 유전자를 제거해서 일반 쥐보다 2~3배 정도 몸무게가 더 무겁고 건장한 쥐를 만들었던 실험 결과를 자연이 비슷하게 흉내 낸 것 같기도 하다.[30] 이 쥐도 지방이 아니라 근육량만 크게 늘었다.

자연적인 근육 강화 특성을 나타내는 동물은 소뿐만이 아니다. 보편적인 네덜란드산 양 품종인 텍셀 양은 지방은 적고 근육이 잘 발달하며, 마이오스타틴 유전자 돌연변이를 갖고 있다.[31] 경주 개로 유명한 그레이하운드의 후손인 휘핏 품종도 마찬가지다. 휘핏은 같은 체급의 다른 개보다 훨씬 빠른 속도로 달릴 수 있을 뿐만 아니라 전 세계에서 가속도가 가장 빠르다. 휘핏 중에서도 '불리' 품종은 마이오스타틴 유전자의 DNA 염기 두 개가 삭제되어, 넓은 가슴과 튼튼한 다리, 두꺼운 목을 갖게 되었다. 다른 휘핏 종은 마이오스타틴 유전자가 정상이지만, 부모가 준 염색체 두 개 중 하나는 정상이고 하나는 돌연변이인 이형 접합체다(미국 국립보건원 연구에 따르면 가장 빠른 휘핏은 사실 근육이 더 많지만 과하지는 않은 정도의 이형 접합체라고 한다.[32] 유전적으로 딱 알맞은 조건만 고른 셈이다).

사람도 근육 강화 현상이 나타날 수 있다. 2004년 베를린 의사들은 태어날 때부터 근육이 이례적으로 발달해서 허벅지와 상박근이 불거

자연 발생했거나 크리스퍼로 창조한 근육 강화 동물

져 나온 소년에 관한 놀라운 논문을 발표했다.[33] 이 소년은 네 살 이후 눈에 띄게 비정상적으로 근육이 발달했고 양손에 각각 3kg 아령을 들고 들어 올릴 만큼 힘이 세졌다. 소년의 상황이 근육 강화 소나 쥐와 비슷하고, 소년의 가족도 모두 특출하게 힘이 세다는 점을 볼 때, 의사들은 소년의 유전자가 그의 신체 비밀을 설명할 수 있으리라 추측했다. 몇 가지 실험을 거친 뒤에 의사들은 소년의 마이오스타틴 유전자 두 개가 모두 삭제된 돌연변이이며, 전직 운동선수였던 소년의 어머니에게도 유전자 하나가 돌연변이 유전자인 이형 접합체가 있음을 밝혀냈다. 근육 강화 현상이 사람에서는 극히 드물긴 하지만, 미시간에 사는 가족에서도 같은 사례가 보고됐다.

과학자들은 이제 의도적인 돌연변이를 일으켜서 사람의 근육을 강화할 수 있을지 연구하고 있다. 마이오스타틴 유전자를 억제해서 근육 성장을 촉진하면 근육위축증 같은 질병을 치료할 수 있을지도 모른다. 정상인의 마이오스타틴 유전자를 편집해서 슈퍼맨 같은 힘센 사람을 만들자는 환상소설을 쓰는 사람도 나타났다.[34] 다음 장에서 논의하겠지만 나는 사람을 대상으로 한 불필요한 유전자 편집은 문제 될 소지가 있다고 본다.

사람과 달리 가축은 유전자 편집으로 장점을 갖춘 새로운 품종을 만들어야 할 근거가 충분하다. 첫째로 동물 게놈에 작은 변화만 주어도 식량 생산이라는 측면에서 중요한 결과로 이어질 수 있다. 과학자들은 이미 유전자 편집으로 근육 강화 소, 양, 돼지, 염소, 토끼의 새 품종을 만들었다. 이런 가축이 사람들의 영양 상태라는 측면에서 어떤 의미가 있을지 상상하기는 어렵지 않다. 체지방량이 적고 지방도 적은 고기 생산량을 늘리는 일은 축산업계의 오랜 목표였으며, 유전자 편집은 이 목표를 쉽게 이루도록 돕는다. 한 연구 결과에 따르면 유전자 편집 돼지는 유전자를 편집하지 않은 대조군에 비해 지방이 적은 고기 생산량이 10% 넘게 증가했을 뿐만 아니라 체지방은 줄고 고기 육질은 더 부드러워졌다.[35] 동시에 고기의 영양소 함량과 돼지의 성장, 영양 상태, 총체적인 건강 상태에는 영향을 미치지 않았다. 비틀린 돼지 게놈은 전이 유전자를 갖고 있지 않으므로, 생산업자는 이 돼지가 자연적인 돌연변이로 근육 강화 품종이 된 벨지안 블루 소와 같은 수준의 규제를 받게 되리라고 기대하고 있다.

크리스퍼로는 여러 유전자를 편집하기가 쉬우므로, 많은 새로운 특성을 동시에 변형할 수 있다. 예를 들어 중국 과학자들은 염소를 대상으로 마이오스타틴 유전자와 털 길이를 조절하는 성장 인자를 동시에 편집하려 연구 중이다. 사람에게서 자연적으로 나타나는 성장 인자 돌연변이는 예외적으로 긴 눈썹을 만들고, 고양이나 개, 당나귀에서는 체모가 길어지게 한다. 과학자들은 샨베이 염소의 유전자를 편집해서 고기의 육질을 높이고 염소 털의 질도 높여서 더 좋은 캐시미어를 생산하도록 개량했다.[36] 과학자들은 배아 862개에 크리스퍼를 주입하고, 그중 416개 배아를 대리모 염소 자궁에 착상했다. 새끼는 93마리가 태어났으며 그중 2개 유전자 돌연변이를 모두 갖춘 새끼는 10마리였다. 개량된 염소는 새 품종으로 인정받아 더 많은 고기와 캐시미어를 생산한다.

다른 과학자는 유전자 편집 기술로 생식 성향을 비틀어 암컷 병아리만 낳는 닭을 만드는 중이다[37](농장에서 수컷 병아리는 보통 부화하자마자 추려내 도태된다). 양식 생선은 불임으로 만들어 자연 생선을 오염시키지 않도록 하고, 암소는 근육을 생성하는 효율이 수컷에 훨씬 뒤떨어지므로 이익이 되는 수컷만 생산한다. 소 게놈은 수면병을 일으키는 기생충에 저항력을 갖도록 변형되며, 돼지 게놈은 더 적은 먹이로 살찌우도록 변형된다.[38] 호주 연구팀은 달걀에 든 가장 흔한 알레르기 단백질을 생산하는 닭 유전자를 변형하려 노력 중이다. 우유 속 알레르기 단백질을 제거하는 연구[39]에도 비슷한 전략이 사용된다.

최근 돼지 실험에서 증명됐듯이, 가축이 더 건강하고 질병에 강해지도록 동물 유전자를 편집할 수 있다. 돼지 산업계가 마주한 주요 질병의 하나로 PRRSV라는 바이러스가 원인인 질병이 있는데, 이 병은 1980년대 말에 미국에서 발견되어 북아메리카, 유럽, 아시아로 빠르게 퍼져나갔다. PRRSV 바이러스는 미국 돼지고기 생산업자가 매년 5,600억 원의 비용을 치르게 하며, 돼지 생산량을 15%씩 감소시키고, 돼지에게도 무거운 대가를 치르게 한다.[40] 감염된 돼지는 식욕부진, 열, 유산율과 미라변성태자(바이러스에 감염되어 태아/태자가 미라화되는 현상. 이 경우 태아/태자는 사망한다 —옮긴이) 증가, 심각한 호흡기 증상 등 여러 증상으로 고통받는다. 백신은 그다지 효과적이지 않으며 돼지가 2차 세균 감염을 일으키지 않도록 몇 안 되는 선택지인 항생제만 남용하는 결과를 낳고 있다.

바이러스가 돼지 세포를 납치할 때 이용하는 특별한 돼지 유전자인 CD163 유전자의 존재에 영감을 받아서, 미주리대학교 연구팀은 바이러스 저항성이 강한 돼지를 만들기 위해 문제가 되는 이 유전자 활성을 억제하려 했다(열쇠를 훔친 도둑을 막기 위해 집의 자물쇠를 바꾸는 것과 비슷한 전략이다). 크리스퍼를 이용해서 이 유전자가 삭제된 돼지를 만든 후,[41] 미주리대학교 연구팀은 유전자 편집 돼지를 대조군 돼지와 함께 캔자스주립대학교에 보내 바이러스 감수성을 시험했다. 캔자스 연구팀은 돼지를 바이러스 입자 10만 개에 노출한 후 계속 관찰했다. 놀랍게도 유전자를 편집한 돼지는 건강했고 바이러스에 감염된 흔적도 없었다.[42]

바이러스가 침입할 때 이용하는 돼지 유전자를 제거하는 이 전략은 아주 효과적이어서, 이미 여러 연구팀이 정육업계의 고통과 낭비를 줄이는 데 다양하게 적용했다. 예를 들어 영국 연구팀은 다른 바이러스를 대상으로 비슷한 성과를 올렸다. 아프리카돼지콜레라를 일으키는 바이러스는 가축 돼지도 감염시키며, PRRSV처럼 전염성이 높고 백신도 없다. 하지만 감염된 지 일주일 안에 엄청난 출혈을 일으키는 이 바이러스는 훨씬 더 치명적이어서 거의 100%에 가까운 치사율을 보이는 돼지 품종도 있다.[43] 안타깝게도 질병이 가축을 죽이는 방법은 이것뿐만이 아니다. 바이러스가 동유럽을 휩쓰는 동안 농부들은 돼지를 도살할 수밖에 없었다. 때로는 키우는 돼지 전체를 모두 처분해야 했다. 이는 질병의 파급을 막기 위한 필사적인 노력이었다.

혹멧돼지를 포함한 아프리카산 돼지 품종은 이 바이러스에 영향받지 않는다는 사실을 발견한 영국 연구팀은, 이 놀라운 저항성을 설명해줄 단 하나의 유전자를 표적으로 삼았다.[44] 혹멧돼지 유전자는 일반적인 가축 돼지와 단 몇 개의 염기만이 달랐다. 따라서 연구팀은 가축 돼지 게놈의 다른 부분은 건드리지 않고 그저 그 부분만 편집했다.[45] 유전자 편집한 돼지가 혹멧돼지와 같은 면역력을 보여줄지, 그리고 더 중요한 점인 대중이 새로운 유전자 변형 동물을 받아들일지는 시간이 말해줄 것이다. 과학자는 최소한 소비자가 더 건강한 동물을 만드는, 아주 작은 개선점[46]을 문제 삼지는 않으리라 확신한다. 더욱이 이 개선 사항은 이미 자연에 존재하는 방식이다.

가축 유전자 편집의 또 다른 예시로는 소의 뿔이 자라지 않도록 유전자를 변형하는 놀라운 성과를 이룬 미네소타의 리콤비네틱스 사 사례를 들 수 있다. 리콤비네틱스 사의 목표는 미국과 유럽 낙농업계에서 보편적으로 행하는 소의 뿔을 자르는 잔인한 일을 없애는 것이다. 소의 뿔은 농부에게 위협적이며, 소들끼리 서로 상처를 입힐 수도

곧 출현할 다양한 유전자 편집 동물들

있다. 식품 생산업자는 보통 소가 어릴 때 달군 쇠로 뿔을 지져서 제거한다. 이 작업은 소를 상처 입히고 스트레스와 고통을 가한다.[47] 미국에서만 어림잡아 송아지 1,300만 마리가 매년 뿔을 잘리고 있다.

모든 소에 뿔이 나지는 않는다. 사실 앵거스 종을 포함한 육우 대부분은 원래 뿔이 없다. 2012년 독일 연구팀은 그 정확한 원인을 발견했는데, 염색체 1번에서 DNA 염기 열 개가 삭제되고 212개 염기가 삽입된 복합 돌연변이가 원인이었다.[48] 이 지식을 기반으로 리콤비네틱스 사는 최우수품종 젖소의 게놈에 유전자 편집으로 정확하게 같은 변화를 일으켜서, 수 세기 동안 선택적 교배를 통해 최상의 우유 생산을 자랑하는 젖소 고유의 우수한 특성은 훼손하지 않고 뿔만 없앴다.[49] 최초로 탄생한 뿔 없는 젖소 두 마리는 각각 스포티지와 버리라는 이름을 받았으며,[50] 뿔의 싹을 제거하는 고통을 절대로 겪지 않는다.

앞으로 나아가려면 규제기관과 소비자는 유전자 편집 가축의 목적과 수단, 생산품과 생산과정 가운데 어느 쪽이 더 중요한지 결정해야 한다. 뿔 없는 소는 전통적인 교배를 통해서도 몇 년 안에 생산될 것이다. 유전자 편집은 그저 같은 결과를 더 효율적으로 이루었을 뿐이다. 만약 크리스퍼와 관련 기술이 소의 뿔을 자르는 잔혹한 일을 사라지게 할 수 있다면, 항생제 사용을 줄일 수 있다면, 가축이 치명적인 질병에 걸리지 않게 예방할 수 있다면, 이 기술을 사용하지 않을 이유가 있을까?

∽

동물 게놈을 편집하는 사람은 가축 사육자와 식품과학자만이 아니다. 의생물과학자 역시 사람들의 삶을 개선하려는 목적으로 유전자 편집 동물에서 검증되고 발견한 방법을 사람에게 적용한다.

특정 질병의 유전적 원인을 확인하기 위해서든, 신약의 효능을 평가하기 위해서든, 수술이나 세포치료 등 의료기술의 효율성을 검증하기 위해서든, 동물 연구는 사람 질병 연구에 꼭 필요하다. 질병에 걸린 환자의 신체적인 징후와 기저에 자리 잡은 유전적 원인 모두를 그대로 보여주는 든든한 동물 모델이 있다는 점은 연구의 중요한 시작점이 된다. 크리스퍼는 이런 모델을 만드는 효율적인 최첨단 접근법을 제공한다.

20세기 초 이후 의생물과학자가 선호하는 포유류 모델은 사람과 유전자의 99%가 일치하는 집생쥐Mus musculus다. 사람과의 게놈 유사성 외에도 생쥐에게는 또 다른 확실한 장점이 있다. 생쥐와 사람은 면역계, 신경계, 심혈관계, 근골격계 등의 생리적 특징이 비슷하다. 생쥐는 몸집이 작고 온순하며 번식력도 높아서 우리에 넣고 키울 수 있고, 키우기 쉬우며 비용도 적게 든다. 짧은 수명 덕분에 생쥐의 1년은 대략 사람의 30년과 같아서, 전체 생애주기를 실험실에서 몇 년 안에 관찰할 수 있다. 가장 중요할 수도 있는 점은, 크리스퍼가 가장 강력하고 최신식 수단이긴 하지만 그 외 다양한 방법으로 생쥐 유전자를 변형할 수 있으며, 따라서 다양한 인간의 질병과 상태를 나타내는 모델을 만들 수 있다는 점이다. 매년 수백만 마리의 생쥐가 사육되고 배에 실려 전 세계 과학자에게 팔려나가며, 암이나 심장 질병부터 시각장애와 골다공증까지 연구에 필요한 독특한 생쥐 품종은 줄잡아 3만 종이 존재한다.[51]

하지만 생쥐도 질병 모델로서 한계는 있다. 낭포성섬유증, 파킨슨병, 알츠하이머병, 헌팅턴병 등 수많은 인간 질병은 전형적인 증상이 없거나 치료법에 대해 이례적인 반응을 보이기도 한다. 이런 결점은 실험실에서 발견한 연구 결과를 병원에서 치료법으로 바꾸는 데서 실험실과 병실의 간극을 만들어냈다.

크리스퍼는 다른 동물을 생쥐처럼 다루기 쉬운 질병 모델로 만들어 이 간극을 메우는 데 도움이 될 것이다. 이 발전은 인간이 아닌 영장류에서 이미 확인할 수 있다. 형질전환 원숭이는 2000년대 초, 과학자들이 바이러스를 이용해서 외부 유전자를 원숭이 게놈에 삽입하면서 처음 만들어졌다. 하지만 유전자 편집 원숭이는 크리스퍼 세대 이전에는 만들 수 없었다. 이런 상황은 2014년에 바뀌어서, 중국 연구팀은 1년 전 생쥐에게 적용했던 유사한 실험방법을 이용해서 단세포 배아에 크리스퍼를 주입해 유전자 편집 필리핀 원숭이를 만들었다.[52] 이 연구에서 연구팀은 크리스퍼가 동시에 유전자 두 개를 표적화하도록 프로그래밍했다. 하나는 사람의 중증 복합형 면역부전증과 연관된 유전자이고, 다른 하나는 비만 관련 유전자로, 두 유전자 모두 사람의 건강에 큰 영향을 미친다. 이후 다른 과학자들도 50% 이상의 인간 암에서 돌연변이를 일으킨 유전자를 변형한 필리핀 원숭이를 만들었고,[53] 뒤셴 근이영양증을 일으키는 돌연변이를 가진 붉은털원숭이도 만들었다.[54] 원숭이 모델은 인간 행동과 인지장애 연구에 특히나 적합하므로 유전자 편집 기술로 신경계 질병과 관련된 유전자도 탐색할 수 있다.[55] 원숭이로 질병 모델을 만드는 일에 마음이 편치는 않지만 인간 질병의 고통을 완화하려면 치료법을 탐색하는 과정이 꼭 필요하다. 유전자 편집 원숭이는 사람 환자를 대신할 신뢰할 만한 모델이며, 과학자는 이런 모델을 이용해서 사람에게 위해를 가하지 않고 질병 치료법을 찾을 수 있다.

돼지는 크리스퍼 덕분에 인간 질병 모델계의 또 다른 인기 모델이 되었다. 돼지는 인간과 해부학적 유사점이 많으며, 임신 기간이 상대적으로 짧고, 한 배에 낳는 새끼 수도 많다. 적절한 지침이 만들어진다면 가축은 영장류보다 의생물과학 연구 모델로 더 널리 사용되리라고 생각한다. 실제로 유전자 편집 돼지는 이미 색소 결함 질병, 난청 증후군, 파킨슨병, 면역계 질병 모델로 이용되고 있으며, 이 목록은 계속 더 길어질 것이다.

많은 과학자는 돼지 자체를 의약의 원천 소재로 생각한다. 언젠가는 돼지를 생물반응기로 이용해서 인간 단백질 치료제 같은 유용한 의약품을 생산할지도 모른다. 인간 단백질은 처음부터 순수하게 합성하기에는 너무 복잡하며 살아 있는 세포에서만 만들 수 있다. 과학자들은 이미 생물약제 의약품을 생산할 수 있는 다른 형질전환 동물을 탐색하는 중이다. 이 중 최초로 미국 식품의약국 승인을 받은 약품은 항응고제인 안티트롬빈으로, 유전자 변형된 염소의 젖에서 분비된다. 또 다른 약품은 형질전환 토끼의 젖에서 분리되었고, 2015년 미국 식품의약국은 형질전환 닭이 낳은 달걀 흰자에서 분리한 단백질 제제 약품을 승인했다.[56]

배양세포가 아니라 형질전환 동물에서 약품을 생산하고 추출하는 과정의 장점은 수없이 많다.[57] 생산량이 많고 생산 규모를 확대하기 쉬우며 비용도 적게 든다. 크리스퍼는 과학자가 더 섬세한 유전자 통제 기술로 형질전환 동물을 창조해서 생물약제 의약품 생산을 더욱 개선할 수 있게 한다. 예를 들어, 돼지를 대상으로 한 실험은 크리스퍼가 돼지 유전자를 그에 대응하는 사람 유전자로 대체해서, 유전자가 암호화한 치료용 단백질을 효율적으로 생산할 수 있다는 사실을 증명했다.[58] 세계에서 가장 잘 팔리는 의약품이 단백질 제제라는 점을 생각해보면, 이 분야에서 유전자 편집 기술이 지닌 엄청난 잠재력

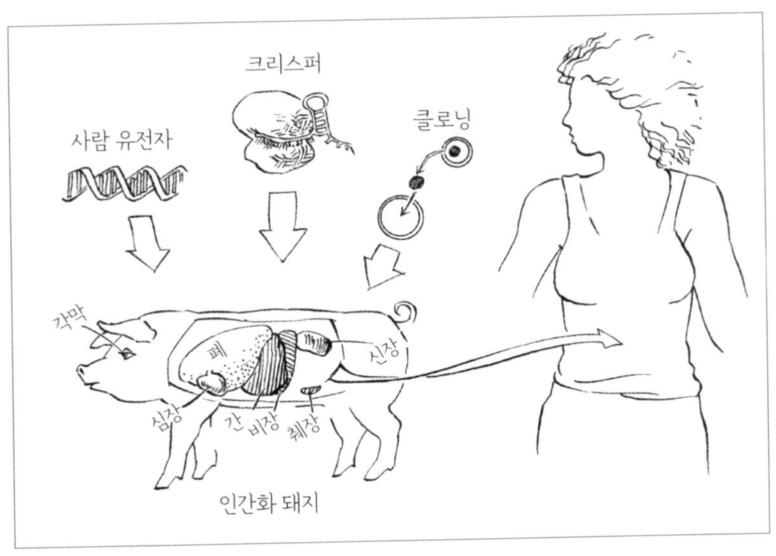

인간화된 돼지를 이용한 이종이식

을 확신할 수 있다.

과학자 중에는 돼지를, 환자에게 이식할 수 있는 이종이식용 장기를 생산하는 방대하고 재생 가능한 생산기지로 생각하는 사람도 있다. 새로운 아이디어는 아니다. 돼지는 오래전부터 질병 모델로 선호된 것과 같은 이유로 이식용 장기 생산기지로도 선호도가 높았다. 돼지는 키우기 쉽고 번식도 빠르며, 돼지 장기는 놀라울 정도로 사람 장기와 크기가 비슷하다. 하지만 이 꿈은 당분간 실현되기는 힘들 듯하다. 사람의 면역 방어 체계는 이식된 장기에 거부반응을 일으켜서 의사와 환자에게 골칫거리가 되며, 면역 거부반응은 사람에서 사람으로 이식해도 일어난다. 이종 장기이식이 성공적이었던 사례는 장기적인 관점에서 볼 때 거의 없다.

새로운 장기이식 선택사항의 필요성이 지금처럼 크게 대두된 적은 없었다. 미국에서만 12만 4,000명 이상의 환자가 장기이식 명단에 올라 있지만, 매년 장기이식은 2만 8,000건만이 이루어진다.[59] 10분마다 새 환자가 장기이식 명단에 추가되며, 하루 평균 22명이 장기이식을 기다리다가 사망하거나, 병이 악화되어 장기이식을 받을 조건을 충족시키지 못한다.[60] 현재진행형인 이 비극의 가장 큰 원인은 이식할 장기가 부족한 데서 생긴다.

크리스퍼를 포함한 신기술은 돼지를 이용해서 사람에게 이식하기 적합한 장기를 생산하는 방법을 제공한다. 앞선 사례는 사람 유전자를 돼지 게놈에 삽입하는 데 중점을 두어 돼지 장기가 이종이식을 위협하는 초 급성 면역거부반응을 피할 수 있도록 해준다. 유전자 편집은 이제 사람의 면역 반응을 유도하는 돼지 유전자를 억제하고, 돼지 게놈에 숨어 있다가 장기이식 중에 튀어나와 사람을 감염시킬 수 있는 돼지 바이러스를 제거하는 데 이르렀다.[61] 마지막으로 클로닝 기술은 다양한 유전자 변형을 하나의 동물에 매끄럽게 결합하는 방법을 제공한다. 이 분야의 선두 기업체 CEO의 말을 인용하자면, 목표는 주문에 맞춰 생산하는 '이식용 장기를 무제한으로 공급'하는 것이다.[62]

이를 이루려면 아직도 갈 길이 멀지만, 유전자 공학을 통해 인간화한 돼지를 이용하는 기록은 이미 깨졌다. 개코원숭이에게 이식한 돼지 신장은 6개월 넘게 유지됐고, 돼지 심장은 2년 반 동안 유지됐다. 수백억 원의 비용이 이 연구에 투자됐고, 리비비코 사는 수술을 관찰할 수 있는 중앙 수술실과 필요할 때 신선한 장기를 이송할 수 있는 헬리콥터 이착륙장을 갖춘 최첨단 시설에서 매년 돼지 1,000마리를 키운다는 계획을 세웠다. 이종 장기이식이 임상시험에 돌입하는 일도, 크리스퍼가 새 장기와 새 약물이 필요한 중증 환자에게 새로운 문을 열어 보이는 일도 시간문제일 뿐이다.

ೞ

활기찬 하와이 생태계의 식물과 동물에 둘러싸여 자란 나는 인정하건대 크리스퍼가 동물을 유전적으로 변형하는 데 이용되는 모든 방식에 대해 매혹되는 동시에 동조하는 편이다. 나는 유전자 편집된 가축이 농업의 수익성을 높이는 데 더해서 농업을 더 인간적으로, 그리고 환경친화적으로 바꿔주기를 바란다. 쥐나 원숭이 같은 유전자 편집 동물 모델은 사람의 질병에 대한 우리의 지식을 넓혀주고, 유전자 편집 돼지는 미래의 장기 제공소가 되겠지만, 동물 복지에 신경 쓴다면 이런 일에 대한 적대감을 누그러뜨릴 수 있으리라 기대한다.

그러나 크리스퍼로 유전자를 편집할 수 있게 되면서, 의료 목적이나 목축업을 지속하고 생산성을 높이며 인간적으로 만들려는 목적 외의 다른 목적으로 동물 유전자를 편집하는 소수의 사람은 어쩔 수 없이 나타날 것이다. 새로운 종인 미니 돼지, 이른바 마이크로 돼지 사례[63]를 보자.

중국 베이징게놈연구소BGI에서 유전자 편집으로 창조한 사랑스러운 마이크로 돼지는 처음 선보인 생명공학 학회에서 사람들을 감탄시켰다. 농장에서 키우는 돼지가 90kg 이상 나가는 데 비해 성체 마이크로 돼지는 몸무게가 약 13kg으로, 중간 크기의 개 정도밖에 안 된다. 보통 돼지는 몸집이 커서 연구원들이 다루기 힘들기 때문에 베이징게놈연구소는 마이크로 돼지를 연구 목적으로 만들었다. 성장 호르몬에 반응하는 유전자를 잘라내고 억제해서 다른 부분은 정상적으로 발달하지만 발육이 저지되는 돼지를 만든 것이다. 마이크로 돼지가 연구하기에 편리하므로, 중국 연구팀은 최근 크리스퍼를 이용해서 마이크로 돼지에 인간 파킨슨병 모델을 생성했다.[64] 하지만 베이징게놈연구소는 마이크로 돼지를 애완동물로 한 마리당 168만 원에 판매하기도 한다. 언젠가는 소비자가 개인 취향에 맞춰 유전자 편집으로 다양한 색과 무늬를 가진 애완동물을 고를지도 모른다.

하버드의과대학교의 진타인 런쇼프Jeantine Lunshof 같은 생명윤리학자는 유전자 조작이 "오로지 개인 특유의 심미적 선호도를 만족하게 할 목적으로" 남용될 상황을 우려한다.[65] 하지만 나는 이 상황이 절대적으로 나쁘다고는 생각하지 않는다. 어느 공원에 가더라도 1.8kg짜리 치와와가 90kg짜리 그레이트 데인과 함께 뛰노는 모습을 볼 수 있다. 모두 같은 종인 개다. 교배와 크리스퍼 같은 유전자 편집 중에서 어느 쪽이 더 예측 가능하고 효율적일까? 유전자 편집이 교배보다 낫다는 관련 사례도 있다. 보통 돼지와 신체 상태가 똑같은 마이크로 돼지와 달리, 광범위한 근친교배를 거친 개는 건강에 치명적인 문제점이 생긴다. 래브라도 견은 30여 종의 유전 질병에 걸리기 쉽고, 골든 레트리버는 60%가량이 암에 걸리기 쉬우며, 비글은 뇌전증을 많이 앓고, 카발리에 킹 찰스 스패니얼은 기형인 두개골 때문에 발작을 일으키기 쉽고 계속되는 통증을 겪는다.[66] 사람들이 가장 친한 친구인 개의 유전형과 표현형을 자기 취향에 맞추는 데는 이런 가슴 아픈 개의 건강 문제가 아무런 장애가 되지 않았다.

생명공학 기술로 유전자 편집한 개와 고양이에 대해 사람들이 어떻게 생각하든, 이 문제는 이제 코앞에 다가왔다. 2015년 말, 중국 광저우의 과학자들은 크리스퍼로 휘핏 개와 벨지안 블루 소의 근육 강화에 영향을 미쳤던 마이오스타틴 유전자를 제거해서 최초로 근육량을 강화한 비글을 만들었다고 발표했다. 의도한 돌연변이를 가진 강아지 두 마리는 각각 그리스 신화의 영웅과 중국 신화에 나오는 하늘의 개의 이름을 따서 허큘리스와 천구라고 이름 지었다.[67] 물론 책임 연구원은 근육 강화 비글이 애완동물이 아니며 의생물과학 연구에 이용되는 빈도를 높이겠다고 주장했지만, 경찰과 군대에는 근육 강화된 개가 유용하리라는 점을 인정했다.[68] 연구팀은 크리스퍼로 "특정 목적에 알맞은, 선호되는 특성을 갖춘 새로운 품종의 개를 만들 수 있다"라고 결론 내렸다.

손쉬운 유전자 편집 기술 덕분에 소비자는 어떤 종의 개든 원하는 취향을 강화하도록 주문할 것이다. 또 어떤 일을 할 수 있을까? 유전자 조작으로 뿔 없는 소를 만드는 데 성공했다면, 말에게 뿔을 만드는 데 이 기술을 이용하지 않을 이유가 있을까? 추가적인 기관을 덧붙인다는 측면에서 본다면 여기서 멈출 이유도 없지 않을까? 캘리포니아대학교 버클리캠퍼스 과학자들은 크리스퍼로 괴상한 형태의 갑각류를 만들었다.[69] 아가미가 엉뚱한 곳에 있고, 집게발은 다리가 되었으며, 턱은 더듬이로 변했고, 헤엄치는 다리는 걷는 다리로 바뀌었다. 학자와 기자들은 벌써 크리스퍼로 코모도왕도마뱀 유전자를 편집해서 날개 달린 용 같은 신화 속의 동물을 창조하리라는 상상의 나래를 펼치고 있다.[70] 한 저명한 생명윤리학 학술지에서 지적했듯이, 기본 물리 법칙 덕분에 이 용이 불을 뿜지는 않겠지만 "최소한 유럽의 용이나 아시아의 용처럼 생긴, 어쩌면 날 수는 없어도 펄럭거리는 날개가 달린 거대한 파충류를 만드는 기회가 누군가에게는 될 수도 있다."[71]

크리스퍼를 이용해서 존재하지 않는 돌연변이 괴물을 만들려는 과학자도 있는 반면, 오래전에는 존재했지만 지금은 멸종한 동물을 부활시키거나 또는 복원하려는 과학자도 있다. 크리스퍼가 발견되기 몇십 년 전에 있었던 일로, 유전자 편집은 멸종 동물을 복원하는 여러 방법의 하나일 뿐이었다. 멸종한 종의 특성을 현대의 후손이 공유하는 경우, 과학자들은 후손을 선택적으로 교배해서 이전의 종과 비슷한 동물을 복원할 수 있었다. 이 전략은 1600년대 초 멸종된 유럽의 야생 소 오록스를 복원하는 데 선택되었으며,[72] 마지막 개체가 핀타 섬에서 2012년에 죽은 갈라파고스 섬의 말안장등거북을 부활시키는 데도 선택되었다. 멸종한 동물의 조직이 보존되었다면 클로닝 기술이 또 다른 선택지가 될 수 있다. 예를 들어 야생 염소인 피레네아이벡스는 1999년 마지막 개체가 죽었는데, 이 개체로 생체조직 검사를 하면서 피부조직을 초저온 냉동법으로 보관해놓았다. 스페인 과학자들은 이 피부조직에서 유전물질을 꺼내 염소 난자에 이식했다(똑같은 방법으로 1996년 복제 양 돌리가 탄생했다). 이 난자로 과학자들은 최초로 멸종 동물을 복원할 수 있었다.[73] 하지만 유감스럽게도 새끼는 태어나자마자 몇 분 만에 사망했다. 똑같은 클로닝 기술과 동부 러시아에서 발견한 매머드 조직을 이용해서, 현재 러시아와 한국 과학자들은 매머드

를 복원하는 작업을 진행 중이다.[74]

크리스퍼는 멸종 동물을 복원할 수 있는 또 다른 방법을 제공한다. 소설과 1993년 할리우드 영화로 제작된 〈쥬라기 공원〉에서 묘사한 공룡 복원 계획과 크게 다르지 않다. 소설《쥬라기 공원》을 보면, 과학자들은 개구리 DNA와 호박에 보존된 모기 화석에서 꺼낸 멸종된 공룡 유전자를 이어 붙인다. 슬프게도, 또는 공룡에 대한 생각에 따라서는 다행스럽게도, DNA의 화학 결합은 6,500만 년 동안 온전하게 보존되기에 불안정하다. 하지만 작가 마이클 크라이튼의 아이디어가 크게 어긋나지는 않는다.

하버드대학교의 조지 처치가 이끄는 털 많은 매머드 복원 연구팀에서도 비슷한 전략이 사용된다. 출발점은 정확한 전체 게놈 서열을 2만~6만 년 전에 죽은 매머드 표본 두 개에서 얻어내는 일이다. 게놈 서열을 알아내면 매머드와 그 가장 가까운 후손인 현대 코끼리 사이에서 일어난 정확한 DNA 변화를 분석할 수 있다. 얼음으로 뒤덮인 매머드 서식지를 생각해보면 당연하겠지만, 매머드와 현대 코끼리 게놈은 1,668개의 유전자가 서로 다르다.[75] 이들 유전자는 온도 감지, 피부와 털 발달, 지방조직 생성에 관련된 단백질을 암호화한다. 2015년 코끼리 세포를 연구하던 처치 연구팀은 크리스퍼를 이용해 14개의 유전자를 코끼리 변종에서 매머드 변종으로 전환했고,[76] 유전자 편집이 계속되면 이론적으로는 남은 유전자에 대해서도 같은 성과를 낼 수 있을 것으로 보인다.

코끼리 게놈을 매머드 게놈으로 완전히 탈바꿈시키는 일은 두 게놈의 서로 다른 DNA 염기 150만 개를 바꾸는 작업이다. 게다가 편집한 코끼리 세포를 실제로 임신하는 데 사용할 수 있다는 보장도 없다. 여기까지는 가능하다고 하더라도 코끼리 몸에서 태어날 이 동물은 원래의 환경이나 집단사회가 없는 상황인데도 과연 매머드가 될 수 있을까? 아니면 매머드 유전자의 영향을 받은, 새로운 특성을 가진 코끼리에 지나지 않을 것인가?[77]

처음 이 연구에 대해 들었을 때는 감탄해야 할지, 개탄해야 할지 알 수 없었다. 대부분 과학계 사람도 그렇게 생각하겠지만, 내 생각으로는 선불리 결정할 일은 아니라고 본다. 한 가지는 분명하다. 크리스퍼를 동물 왕국에 적용한 사례 중 몇몇은 다른 일보다 더 고결하지만, 특정 사건마다 내 생각을 정립하려 할수록 논쟁과 반박의 늪으로 빠져들 뿐이다.

이런 측면에서, 매머드 복원 연구 또는 다른 멸종동물의 복원 연구의 요점은 무엇일까? 아마도 자연과 과학이 최고의 경지에서 이루어낸 가능성에 대한 놀라움과 감탄, 즉 경이로움일 것이다. 사람들은 동물원이나 사파리로 몰려가서 사자와 기린을 가까이서 관찰한다. 살아 있는 매머드를 실제로 보게 된다면 얼마나 매혹적이며 감동적인 경험이 될지 상상해보라. 코끼리 게놈을 편집해서 매머드로 만들려는 시도에는 위험에 처한 아시아코끼리 종을 보호하고 툰드라 지대에서 탄소가 배출되는 상황을 막으려는 동기도 있다.

복원 연구에는 윤리적인 논쟁도 뒤따른다. 복원할 힘을 가졌다면 우리가 멸종시킨 종을 복원해야 할 의무가 있는가? 멸종 동물 복원 운동을 이끄는 단체의 하나인 롱나우 재단은 그렇다고 생각한다. 롱나우 재단의 목표는 유전공학 기술과 보존생물학을 이용해서 "멸종

위기종과 멸종된 생물을 유전적으로 구원해서 생물 다양성을 강화"[78] 하는 것이며, 이를 위해 멸종 생물의 복원과 멸종 예방 운동에 모두 참여한다. 롱나우 재단의 복원 후보 목록에는 19세기에 사냥으로 사라진 여행비둘기도 있고, 16세기에 솜털을 얻으려고 남획해서 급속하게 줄어든 큰바다오리도 있다. 인간이 서식지에 난입하면서 퍼진 병원성 진균으로 1980년대쯤에 멸종된 위주머니보란개구리도 있다.

현대 세계에서 복원된 종이 환대받을지, 멸종된 종을 되살리는 일이 도리어 해당 생물 종이나 우리에게 위험할지는 아무도 모른다. 외래 환경에 방출된 생물 종이 생태 혼란을 일으키면서 새로운 서식지에 피해를 줄 수도 있으며, 복원 종이 방출된 생태계를 파괴할 수도 있다. 게다가 우리는 아직 멸종된 종을 되살려본 적이 없으므로, 복원 종의 재출현이 가져올 거대한 충격파나 이들의 출현 결과에 대해서는 아무것도 알 수 없다.

멸종된 생물을 복원하는 데 크리스퍼를 사용하는 일을 반대하는 데는 충분히 많은 이유가 있다. 대개 개인맞춤형 애완동물 창조에 크리스퍼를 이용하는 일을 반대하는 것과 비슷한 논리다. 우리는 동물의 복지와 도덕률을 고려해야 한다. 사람의 건강을 개선하거나 영향을 미치지 않을 과학연구를 위해, 복제 과정에서 일상적으로 일어나는 조기 사망과 기형으로 동물이 받을 고통은 정당화될 수 있을까? 멸종 생물의 복원이나 개인맞춤형 애완동물에 관심을 쏟느라 아직 남아 있는 멸종 위기종을 보호하거나 함께 살아가는 동물을 무시하거나 학대하고 있지는 않은가? 더 근본적으로, 이미 저지른 일은 어쩔 수 없더라도 이 이상 자연을 변형하지 않을 수 있다면, 남은 것을 보존하도록 노력해야 하지 않을까?

크리스퍼는 이렇게 어렵고, 어쩌면 대답할 수 없는 질문 앞에 우리를 세워놓는다. 대부분 사람과 자연의 관계로 귀결되는 난해한 문제다. 인간은 유전공학이 출현하기 오래전부터 식물과 동물의 유전자를 바꿔왔다. 과거에는 조심하지 않았더라도, 지금이라도 이 새로운 기술로 주변 환경에 영향을 미치는 일을 자제해야 할까? 의도적이든 아니든 우리가 이미 지구에 저지른 일을 생각해볼 때, 크리스퍼를 기반으로 한 유전자 편집은 부자연스럽거나 해로울까? 이 질문 중에 쉽게 답할 수 있는 것은 하나도 없다.

∽

지금까지 인간이 지구에 저질러온 변화보다 다른 생물 종의 유전자를 편집하는 기술이 훨씬 더 위험하다는 점을 증명할 방법이 최소한 한 가지는 있다. 나는 혁명적인 기술인 유전자 드라이브를 예로 들려고 한다. 생명공학자가 새로운 유전자를 그 유전자가 가진 특성과 함께 야생 생물집단에 전례 없이 빠른 속도로, 돌이킬 수 없는 방식의 순차적인 연쇄반응으로 '밀어 넣는' 방법을 유전자 드라이브라고 부른다.

급격하게 발전하는 다른 유전자 편집 분야를 이용했듯이, 과학은 유전자 드라이브를 이용해서도 따라잡기 힘들 정도로 빠르게 움직였다. 이론을 제시한 첫 번째 논문이 발표된 지 단 1년 후에, 크리스퍼 유전자 드라이브는 먼저 초파리에서, 그다음에는 모기에서 그 효율성을 증명했다. 유전자 드라이브는 생물의 세대 간에 유전정보가 공유되는 정상적인 방식에 반하는 특별한 유전 방식의 힘을 활용한다.

정상적인 종간 유성생식에서 부모는 각각의 염색체를 두 개씩 가지며, 후손은 부모 양쪽에서 각각 하나씩 염색체를 물려받는다. 즉, 특정 유전자 변이체가 후손에게 유전될 확률은 50%다. 하지만 이기적인 유전자라 불리는 특정 DNA 서열은 후손에게 그 어떤 합목적적 장점도 제공하지 않으면서 세대마다 게놈에 나타날 확률이 증가한다. 2003년, 진화생물학자 오스틴 버트Austin Burt는 새로운 특성을 더 효율적으로 파급하고, 후손이 특정 DNA 조각을 물려받을 가능성을 100%로 높이는 데 이기적인 유전자를 활용하는 방법을 제시했다.[79] 하지만 버트의 아이디어를 실행할 기술이 당시에는 존재하지 않았다. 간단한 유전자 편집을 할 수 있도록 쉽게 프로그래밍할 수 있는 DNA 절단 효소가 아직 없었다.

그런데 크리스퍼가 나타났다. 2014년 여름, 케빈 에스벨트Kevin Esvelt가 이끄는 하버드대학교 조지 처치 연구팀은 효율적인 유전자 편집 기술로 유전자 드라이브를 설계하고 구축하는 방법을 제안했다.[80] 본질적으로, 이 아이디어는 크리스퍼를 이용해서 정확한 위치의 DNA를 잘라내고 그사이에 새로운 염기 서열을 집어넣는 유전자 삽입이라는 측면에서 접근한다. 하지만 유전자 드라이브에는 유전자 삽입과 다른 점이 하나 있다. 삽입하는 새로운 DNA 부분에 크리스퍼 자체를 암호화하는 유전정보가 들어있다는 점이다. SF에 나오는 자가복제하는 기계처럼, 크리스퍼 유전자 드라이브는 독자적으로 자신을 새로운 염색체로 복제해서 생물집단 내에서 기하급수적으로 늘어난다. 크리스퍼에 다양한 유전자 화물, 예를 들면 병원체 내성 유전자를 결합하면 과학자들이 크리스퍼를 자신뿐만 아니라 우리가 원하는 다른 DNA 서열도 함께 복제하도록 프로그래밍할 수 있으리라는 이론을 에스벨트는 제시했다.

후일 밝혀진 대로, 유전자 드라이브는 이론이 예측한 대로 놀라울 만큼 효율적이다. 2015년 초, 캘리포니아대학교 샌디에이고캠퍼스의 이선 비어Ethan Bier와 그의 학생인 발렌티노 갠츠Valentino Gantz는 초파리 게놈에 결함 있는 색소 유전자를 드라이브하도록 유도하는 크리스퍼 유전자 드라이브를 성공적으로 증명했다고 발표했다.[81] 그 결과 유전자가 편집된 초파리 97%가 원래의 황갈색에서 노란색으로 변했다. 반년 안에 해당 연구팀은 자신들이 최초로 증명했던 개념증명 실험을 모기로 확장해 증명했다. 곤충의 몸 색깔을 바꾸는 데 그치지 않고, 매년 수억 명에게 말라리아를 전파하는 기생충인 열대열말라이아원충Plasmodium falciparum에 대한 저항성을 후손에 부여하는 새로운 유전자 드라이브를 퍼뜨렸다.[82] 야생 모기 집단에 이 새로운 유전자 드라이브가 퍼지는 성공 확률은 99.5%로 초파리보다 훨씬 더 높았다.

색소를 바꾼 최초의 유전자 드라이브가 해롭지 않아 보이고 말라리아 저항성을 부여한 두 번째 유전자 드라이브도 사람에게 유익해 보인다면, 세 번째 사례를 살펴보자. 캘리포니아 연구팀과 별개로, 영국 과학자팀은 전파율이 높은, 암컷 모기의 불임 유전자를 퍼뜨리는 크리스퍼 유전자 드라이브를 만들었다.[83] 여기에는 유전자 드라이브 개념을 만든 생물학자인 오스틴 버트도 참여했다. 불임 특성은 열성

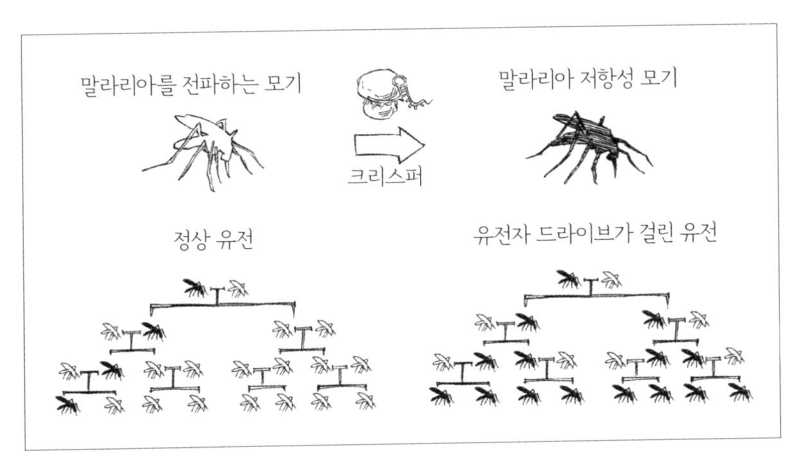

크리스퍼를 이용해서 모기에서 구축한 유전자 드라이브

이라서 불임 염색체 두 개를 획득한 암컷의 수가 충분해질 때까지 유전자는 집단 내에서 빠르게 퍼졌고, 한순간 모기 집단이 갑자기 붕괴했다. 모기가 질병을 전파하지 못하도록 모기를 유전적으로 변형해서 말라리아를 근절하는 대신, 이 전략은 직설적인 결과를 보였다. 생식을 저해해서 생물 집단 전체를 도태시킨 것이다. 만약 야생 모기 집단에서 실험했다면 모기라는 종 전체를 멸종시켰을 수도 있다.

과학자가 곤충 집단을 박멸하는 데 유전공학을 이용한 예는 이번이 처음은 아니다. 수십 년 동안 자주 이용한 방법에는 불임인 수컷을 환경에 방출하는 것도 있다. 이 전략은 특정 해충을 북아메리카와 중앙아메리카에서 거의 멸절시켰다.[84] 또 다른 방법은 옥시텍이라는 영국 회사가 개발한 것으로 모기 게놈에 치명적인 유전자를 삽입하는 방법이다. 말레이시아, 브라질, 파나마에서 이미 실지 시험이 이루어졌다.[85] 하지만 이 전략에는 자체적인 유전적 결함이 있다. 이 유전자 변형은 자연선택에 따라 빠르게 제거되기 때문이다. 따라서 모기 집단을 줄이는 유일한 방법은 유전자가 변형된 곤충을 반복적으로 대량 방출하는 방법뿐이다.

이와 대조적으로 크리스퍼 유전자 드라이브는 스스로 지속할 수 있다. 유전이 자연선택보다 한 수 앞서는 듯 보이므로, 유전자가 변형된 곤충은 결함이 있는 특성을 제한 없이 전파하고 후손에게 물려준다. 이런 철저함이 유전자 드라이브를 강력하게, 그리고 두렵게 만드는 요소다. 앞선 사례의 유전자 드라이브를 지닌 초파리가 샌디에이고 연구실을 빠져나가면, 이 초파리는 크리스퍼를 암호화하는 유전자와 노란색 몸 색깔의 특성을 전 세계 초파리의 20~50%에 퍼뜨릴 것으로 추정된다.[86]

크리스퍼 유전자 드라이브를 연구하는 과학자는 실험을 진행하기 전에 위험도를 신중하게 예측하고, 앞으로 진행될 실험이 안전하리라는 점을 확신시켜줄 수 있는 지침을 만드는 일이 중요하다고 본다.[87] 어쩌면 우연히 전 세계로 촉발된 유전자 드라이브를 예방할 가장 명확한 안전장치는 생물체를 환경에서 분리하는 물리적 방어벽이나, 동물 서식지 범위 같은 생태계 장벽, 연구실의 지리적 위치 같은 엄중한 견제책뿐일 수도 있다. 최근 학회에서 이선 비어는 연구 중이던 실험 곤충이 우연히 방출되는 사고를 예방하는 대규모 봉쇄 과정을 사진으로 보여주었다. 하지만 이런 방책이 모두 실패했을 경우를 대비해서, 통제를 벗어난 유전자 드라이브를 억제하는 다양한 이론 전략도 제시되었다. 그중 하나가 이른바 역逆유전자 드라이브로, 원래의 유전자 드라이브 때문에 게놈에 일어난 변화를 덮어쓸 수 있는

해독제 같은 기능을 하는 유전자 드라이브다.[88]

가장 신중한 실험 설계와 계획에도 불구하고, 우리는 유전자 드라이브가 영향을 미칠 모든 환경 인자를 예측할 수는 없으며, 유전자 드라이브가 통제를 벗어나 생태계의 섬세한 균형을 무너뜨릴 가능성을 완전히 없애지도 못한다. 이런 우려는 현재 진행되는 연구와 제한적인 실지 시험은 지지하지만, 유전자 드라이브를 환경에 방출하는 행위는 권장하지 않는 미국 과학기술의료학술원이 최근 발간한 논문에 잘 나타난다.[89]

이 놀랍도록 강력한 기술이, 해악을 끼칠 유전자 드라이브를 사용하는 데 죄책감 없는 사람들의 손에 들어가지 않으리라고 보장할 수도 없다. 또 정확히 그런 목적으로 유전자 드라이브에 매혹되는 사람도 있을 것이다. 생명공학 기술 감시단체인 ETC 그룹은 유전자 드라이브를 가리켜 '유전자 폭탄'이라 부르며, 인간 장내 미생물이나 주요 식품 재료를 표적으로 하는 유전자 드라이브가 군사 목적의 무기로 개발될 상황에 대해 우려를 나타낸다.[90]

하지만 유전자 드라이브가 두려운 만큼, 유전자 드라이브를 연구실 안에 가둬놓는 일을 정당화하기 어렵다는 점도 발견하게 된다. 오스틴 버트도 말했듯이, "여기에 설명한 기술을 아무렇게나 쓸 수 없다는 점은 분명하다. 몇몇 종이 유발한 고통을 생각할 때 그 어느 쪽도 무시해서는 안 된다."[91] 유전자 드라이브는 농업, 환경보호, 인간의 건강 등 세계적인 문제를 이전의 방법보다 더 선별적으로 해결할 수 있다. 제안된 방법 중에는 농업을 위협하는 생물에 생겨난 제초제 내성과 살충제 내성의 유전적 원인을 되돌리는 방법도 있고, 아시아

잉어나 독두꺼비, 생쥐 같은 외래침입종을 통제하거나 제거해서 생물 다양성을 높이는 방법도 있다. 아니면 진드기를 통해 전파되는 특정 세균이 유발하는 라임병이나,[92] 물달팽이가 전파하는 편형동물 기생충이 원인인 주혈흡충증 같은 감염 질병을 없애는 방법도 있다. 지금까지는 모기를 표적으로 한 유전자 드라이브가 가장 탄력을 받고 있다.

지구상의 어떤 생물도 모기만큼 인간을 괴롭히는 생물은 없다. 말라리아, 뎅기열 바이러스, 웨스트나일 바이러스, 황열 바이러스, 치쿤군야 바이러스, 지카 바이러스 등은 모기를 통해 전파되는 질병으로 매년 사망자 수가 100만 명을 넘는다.[93] 모기가 특정 병원균을 전파하는 상황을 예방하든지 모기를 모두 없애버리든지 간에, 크리스퍼를 기반으로 한 유전자 드라이브는 널리 퍼진 모기라는 위협에 대항하는 최선의 무기가 될 수도 있다. 무엇보다도 크리스퍼 같은 유전자 전략은 독성이 있는 살충제보다 안전할 수 있고, 생물 문제를 생물학으로 해결한다는 매력이 있다.

지구에서 1억 년 이상 살아온 날개 달린 해충을 갑자기 제거하는 일은 축복이 될 것인가, 저주가 될 것인가? 믿기 힘들지만, 과학자들은 모기 없는 세계를 걱정하지 않는 듯하다. 한 곤충학자는 "만약 우리가 모기를 내일 제거한다면, 모기가 활동하던 생태계는 딸꾹질을 좀 하다가 다시 잘 살아갈 것이다"라고 말했다.[94] 이 말이 맞는다면, 그래서 우리가 모기가 퍼뜨리는 질병이 없는 세상에서 살 수 있다면, 위험을 감수하지 '않는' 행동을 정당화할 수 있을까?

이 문제를 제기하는 이유는 나 역시도 답을 찾아 헤매기 때문이다.

오늘날 우리가 직면한 과학논쟁 주제 중 가장 긴급을 요할 만큼 걸려 있는 이해관계가 많다. 이 생명공학 신기술을 식물과 동물에 사용하는 방식에 관한 논의에 모두가 참여해야만 한다. 전면적인 교육과 자아 성찰을 통해, 유전자 편집 식물군과 동물군에서 우리가 이익을 얻으면서도 가장 큰 위험은 피해갈 수 있을지, 답을 얻을 수 있기를 바란다.

다른 많은 과학자처럼, 여전히 나도 식물과 동물에 행해진 연구를 유전자 편집의 최종 목적을 위한 모의실험이라는 시선으로 볼 수밖에 없다. 물론 에마뉘엘과 내가 협력연구의 결과를 처음 받아들고 숙고했을 때의 생각에 대해 말하는 것이다. 언젠가 우리의 연구 결과가 환자의 DNA를 교정해서 질병을 치료하는 데 도움이 되리라는 꿈 말이다.

6장

환자를 치료하기 위해

2015년이 저물 즈음, 나는 평소와 다름없이 학기 말 잡무를 처리했다. 학생들에게 학점을 주고, 다음 해의 연구 비용과 연구 목표를 책정했다. 동시에 평소 하던 업무와는 전혀 다른 일도 준비했다. 2016년 1월 스위스에서 열리는 다보스 세계경제포럼 연차총회에서 조 바이든Joe Biden 부통령 앞에서 발표할 내용을 점검해야 했다.

부통령 앞에서 강연하도록 초청받은 일은 크리스퍼가 의료 기술로서 지닌 잠재력에 대해 확신이 생긴 최근에야 결정됐다. 나는 이미 도시의 수장들과 민간부문 지도자들이 겨울마다 모여 전 세계에 영향을 미치는 중요한 주제를 두고 논의하는 다보스 포럼에 가보려고 계획하고 있었다. 내가 참석하는 두 번째 연차총회가 될 것이었고, 이전과 다름없이 이번에도 크리스퍼 기술이 세계 경제와 사회에 미칠 영향, 의학계에 미칠 영향에 관한 강연을 요청받았다.

그러나 바이든 부통령의 초청은 아마 공중보건 분야에서 크리스퍼 기술의 중대성에 관한 무한한 긍정의 의미였을 것이다. 크리스퍼 연구의 영향력이 막강하다는 사실은 초청해야 할 충분한 이유가 되었다. 바이든 부통령은 과학자와 의료계 인사와 함께 기자회견을 열 테고, 그때 암 치료와 관리에 관한 오바마 대통령의 계획을 발표하려 했다. 1960년대에 사람을 달에 보낸 미국 우주 계획의 전통에 따라, '암 혁신 프로젝트'는 모든 종류의 암을 치료하기 위해 온 나라가 최선을 다해, 열정적으로 결집하는 것을 목표로 한다. 바이든 부통령의 아들 보가 수년 동안 뇌암으로 투병하다가 최근 사망한 사실은 이 상황에 설득력을 더해주었고, 암이 수많은 가정에 불러오는 비극과 무차별적인 고통을 더 명확하게 보여주었다.

동료 교수에게 내 몫의 1월 강의를 맡아달라고 설득해야 하긴 했지만 나는 바이든 부통령을 만나러 다보스에 조금 일찍 갈 수 있었다. 기대했던 것보다 훨씬 즐거웠다. 대개 암 관련 연구나 약물개발, 임상시험을 하는 과학자인 참석자들에게 많은 것을 배울 수 있었다. 의료계의 초대형 분야에서 최근 얻은 성과를 공유하면서, 이들이 해준 이야기로 1995년 아버지의 서툴렀던 악성 흑색종과의 투쟁 이후 암 치료 분야가 얼마나 발전했는지 확인할 수 있었다. 동시에 효과적인 암 치료법을 개발하기 위해 우리가 가야 할 길이 아직도 멀고, 크리스퍼가 이 과정을 가속할 수 있다는 점을 되새기게 했다.

기자회견에서 크리스퍼와 이 기술이 암 치료에 미칠 영향력에 관해 설명하면서 나는 참석한 TV 카메라와 기자들을 응시했다. 그 순간 암 치료법을 찾으면서 경력을 쌓은 의사들 옆에 왜 RNA 생화학자가 앉아 있는지 궁금해하는 기자들의 관점에서 이 상황을 지켜볼 수 있었다. 이 자리에 앉아 있는 것이 영광스럽기도 하면서 동시에 미국 부통령 옆에서 공중보건이라는 중대한 주제를 논의하는 이 자리까지 오는 데 걸린 문자 그대로의 시간과 경력의 여정을 생각하니 겸허해지는 기분이었다.

정치가와 과학자 사이에서, 그리고 대중 사이에서 점점 더 유전자 편집이 새 치료법이나 질병 완치법을 개발하는 데 중요한 역할을 하리라는 공감대가 형성되었다. 학계 연구자금을 지원하는 연방정부의 지지에, 민간부문에서도 이 분야에 뛰어들기 시작했다. 치료 분야 기업 세 곳이 케임브리지, 매사추세츠, 스위스 바젤에서 스타트업으로 탄생했다.[1] 이 스타트업은 모두 나와 에마뉘엘을 포함해서 학계 과학자들이 공동 설립자로 나섰으며, 벤처 캐피털(벤처기업에 주식투자 형식으로 투자하는 기업이나 기업자본—옮긴이)에서 수천억 원씩 투자금을 끌어모았다. 이 글을 쓰는 동안 세 회사는 이미 주식공개회사가 되었다. 펜실베이니아대학교는 최초로 미국 정부의 승인을 앞둔 크리스퍼 기반 임상시험을 이끌고 있으며,[2] 인터넷 억만장자인 숀 파커Sean Parker에게 자금을 지원받는다. 캘리포니아대학교 버클리캠퍼스와 샌프란시스코캠퍼스, 스탠퍼드대학교와 협력 관계를 맺은 새로운 생명공학연구소는 페이스북 창립자 마크 저커버그와 그의 아내이자 소아청소년과 의사인 프리실라 챈에게서 5,600억 원의 기부금을 받았다.[3] 또 나는 크리스퍼 같은 기술을 이용해서 유전자공학 혁명을 이끌며 질병과 싸운다는 목표를 세운 이너베이티브 제노믹스 연구소Innovative Genomics Institute를 베이 에어리어 지역에 창립하는 영광을 누렸다.[4]

최근의 상황이 어떤 징후를 나타낸다면, 의학의 미래는 점점 더 크리스퍼를 빼놓고는 말할 수 없게 될 것이고, 대중과 민간후원자 사이에 새로운 동맹과 연합을 만들 것이다. 그러나 질병을 예방하는 크리스퍼의 힘을 보게 될 날을 오래 기다릴 필요는 없다. 증거는 이미 우리 앞에 있다.

동물 모델을 이용한 전임상연구 결과는 이미 살아 있는 생물 속 돌연변이 유전자를 찾아 교정하는 크리스퍼의 놀라운 능력을 증명했다. 2013년 12월, 내 연구실을 포함한 몇몇 연구실에서 1년이 채 지나기도 전에, 세균 유래 크리스퍼 분자를 인간 세포의 유전자 편집에 성공적으로 이용했다고 발표했다. 중국 연구팀 역시 세균 유래 크리스퍼를 프로그래밍해서 28억 개 DNA 염기로 구성된 생쥐 게놈에서 하나의 염기 돌연변이를 찾아 수정하는 데 성공했으며, 동시에 살아 있는 동물의 유전 질병을 크리스퍼를 이용해서 최초로 완벽하게 치료하는 성과를 올렸다.[5]

나는 이 소식을 듣고 겉으로는 내색할 수 없었지만 크리스퍼 기술의 발전 속도에 깜짝 놀랐다. 여전히 과학자들의 업적은 중대한 의미가 있다. 완전히 새로운 종류의, 절묘하고 정교한 유전자 치료의 첫 성공이자, 7,000여 종류의 인간 유전 질병 중에서 하나의 유전자 돌연변이로 일어나는 최소한 몇 종류의 질병을 치료할 수 있게 된 의학의 새 시대를 여는 지표이기도 하다. 다재다능한 분자 도구 덕분이다.

중국에서 시행한 원리 증명 실험은 선천성백내장을 앓는 생쥐를 치료했다. 선천성백내장은 결함 있는 유전자로 인해 눈에 혼탁 현상이 오면서 시력이 급격하게 나빠지는 질병이다. 앞으로 2년쯤 후면 과학자들은 크리스퍼를 이용해서 살아 있는 생쥐의 근육위축증을 치료할 뿐만 아니라 다양한 간 대사장애를 치료하게 된다. 한편으로는 환자 조직 표본에서 유래한 인간 세포를 배양해서, 수백 명의 과학자가 끝없이 늘어나는 파괴적인 유전 질병과 연관된 DNA 돌연변이를 크리스퍼로 교정할 것이다. 겸상적혈구병부터 혈우병, 낭포성섬유증, 중증 복합형 면역부전증에 이르는 모든 병이 대상이다. 질병의 원인이 DNA 염기가 잘못되었기 때문이든, 염기가 삭제되거나 삽입되었든, 비정상적인 염색체 때문이든, 단일 유전자 오류라면 크리스퍼가 고치지 못할 이유가 없다.

치료법으로서 유전자 편집의 유용성은 그저 돌연변이 유전자를 건강한 상태로 되돌리는 일을 넘어선다. 몇몇 과학자는 원래 크리스퍼가 세균에서 하던 일인 분자 방어 체계를 자연스럽게 이용해서 인간 세포의 바이러스 감염을 막으려 한다. 사실 유전자 편집을 이용한 최초의 임상시험은 후천면역결핍증후군HIV/AIDS 환자의 면역세포를 편집해서 바이러스가 면역세포에 들어오지 못하게 막는 것이 목표였다. 또 다른 주목할 만한 연구는 최초로 유전자 편집 기술과 또 다른 의학적 돌파구인 종양면역요법을 결합해 환자를 살려낸 사례다. 종양면역요법은 환자 자신의 면역 체계를 훈련시켜 암세포를 찾아 죽이도록 유도하는 치료법이다.

흥분에 휩쓸리기는 쉽다. 유전자 편집이 질병의 기저 원인인 유전자를 표적으로 삼아 질병 진행 과정을 영구히 뒤집을 수 있다는 사실은 전율을 일으키기 충분하다. 하지만 더 놀라운 사실은 새로운 DNA 서열을 표적으로 삼도록 크리스퍼를 재편성할 수 있으며, 이에 따라 새로운 질병도 목표로 할 수 있다는 점이다. 크리스퍼의 경이로운 잠재력을 보며, 나는 지난 몇 년간 크리스퍼 기술을 익히도록 도와달라는 제약 회사들의 요청과 신약 개발에 크리스퍼가 어떻게 적용될 수 있을지를 묻는 말에 익숙해졌다.

하지만 치료법으로서 유전자 편집은 여전히 걸음마 단계이며, 임상시험은 이제 막 시작되었다. 그리고 상황이 지금부터 어떻게 흘러갈 것인지에 대한 어려운 질문은 여전히 남아 있다. 유전자 치료의 성공을 향한 지난 수십 년간의 노력에서, 의학의 발전은 항상 보이는 것보다 더 복잡했다는 사실을 상기해야 한다. 크리스퍼가 달려갈 실험실에서 진료실로 이어지는 길 역시 멀고 험할 것이다.

어떤 세포를 표적으로 할지 결정하는 일은 과학자가 직면하는 수많은 딜레마의 하나다. 체세포(somatic cell, 그리스어 soma는 '몸'을 뜻한다)를 편집하는 편이 나을까, 아니면 생식세포(germ cell, 라틴어 germen은 '싹' '발아'를 뜻한다)를 편집하는 편이 나을까? 두 세포의 명확한 차이점은 오늘날 의학계의 가장 뜨겁고 활발한 논점의 하나다.

생식세포는 게놈을 후세대에 물려줄 수 있는 세포를 가리키며, 따라서 생물의 생식세포계열을 일컫는다. 이를 통해 유전물질의 흐름은 한 세대에서 다음 세대로 넘어간다. 난자와 정자는 가장 확실한 인간 생식세포이며, 생식세포계열은 성숙한 성세포의 전구세포뿐만 아니라 초기 발달 단계의 인간배아부터 줄기세포까지를 모두 아우른다.

체세포는 생식세포를 제외한 생물의 모든 세포를 일컫는다. 심장, 근육, 뇌, 피부, 간 등 어떤 세포든 후손에게 DNA를 물려줄 수 없는 세포다.

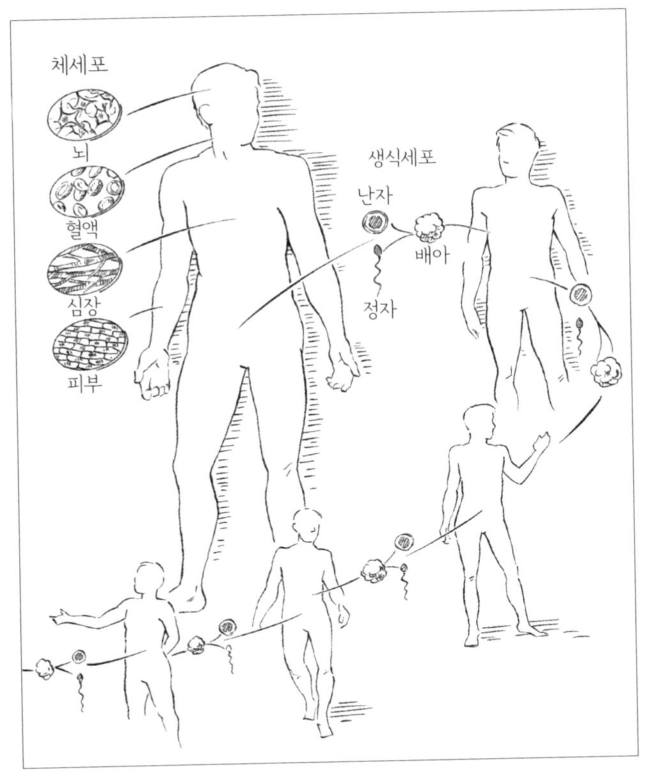

체세포와 생식세포의 차이점

생쥐를 연구하는 유전학자와 일반 동물 사육사는 크리스퍼를 이용해서 생식세포를 변형할 수 있는 기회에 펄쩍 뛰었다. 생식세포계열을 편집하는 일은 크리스퍼의 질병 치료 잠재력을 증명하는 가장 쉬운 방법이기 때문이다. 보통 질병을 일으키는 유전자 돌연변이를 가진 생쥐가 성체가 되면 유전자 오류를 교정하기에는 너무 늦은 상태다. 수정란 하나에서 시작된 실수가 수십억 개의 딸세포로 복제되며, 수많은 세포에서 질병의 흔적을 지워내기란 거의 불가능하다(신문 기사가 아직 편집자의 컴퓨터 속 텍스트 파일일 경우와 신문이 인쇄되어 배달된 후에 오류를 수정하려는 상황을 상상해보라). 생식세포에 초점을 맞추면, 과학자들은 크리스퍼를 초기 발달 단계인 배아 속에 넣어 단세포 단계일 때 돌연변이를 교정할 수 있다. 배아가 성체로 자라면서 수정된 DNA는 후일 후손에게 게놈을 물려줄 생식세포를 포함한 모든 딸세포로 복제된다.

연구실의 생쥐를 대상으로 삼을 때는 생식세포 편집이 유용한 연구 도구지만, 이를 인간에 적용하는 순간부터 심각한 안전 문제와 윤리 문제가 생긴다. 아직 태어나지 않은 개인의 게놈을 조작해서 호모 사피엔스의 유전자 풀을 되돌리기 어려운 방식으로 비틀어도 괜찮을까? 우리는 인간이라는 종으로서, 우연에 맡기기보다 우리 게놈을 의도적으로 변형해서 우리 자신의 진화를 통제하고 책임질 준비가 되었을까? 이는 거대하고도 위험한 주제로, 이 책의 마지막 두 장에서 깊이 다루려 한다.

윤리적인 면에서 볼 때, 유전 질병을 치료하기 위한 체세포 편집은 환자의 후손에게 유전자 변형이 유전되지 않으므로 생식세포 편집보다 훨씬 간단한 문제다. 하지만 현실은 훨씬 더 복잡하다. 질병을 유발하는 돌연변이를 하나의 인간 생식세포에서 수정하는 쪽이, 똑같은 일을 인간의 몸을 구성하는 체세포 50조 개에서 하는 편보다 훨씬 더 쉽기 때문이다. 이를 해결하려면 과학자들은 새로이 생겨나는 수많은 문제를 풀어야 하지만, 유전 질병을 앓는 많은 사람을 도우려면 반드시 해결해야 하는 문제이기도 하다. 환자를 치료하는 데 있어서 생식세포 편집은 환자의 고통을 줄이는 데 아무런 도움이 되지 못한다. 그러기에는 너무 늦은 상태다. 체세포 편집만이 유일한 해결책이다.

ഗ

유전자 편집이 사람의 질병을, 특히 평생 앓아온 성인의 질병을 되돌릴 수 있다는 것을 상상하기 어려울 수도 있다. 질병의 뿌리가 이 시점에는 이미 깊이 박혀서 환자의 DNA를 바꾸는 일로는 결함 있는 유전정보가 축적한 효과를 되돌리지 못할 수도 있다.

확실히 말해두자면, 이 점에 관해서는 크리스퍼가 할 수 있는 일에도 한계가 있다. 명확한 유전자 결함이 없는 병도 있고, 조현병이나 비만 같은 질병은 수없이 많은 유전자가 소소한 영향력을 복합적으로 행사한다. 사람 몸속 단 하나의 유전자를 크리스퍼로 안전하고 효과적으로 편집하는 일이 매우 어렵다는 점을 볼 때, 여러 유전자를 동시에 편집하는 일이 금방 실현되지는 않을 것이다.

크리스퍼는 단 하나의 돌연변이 유전자 때문에 생기는 단성유전자 질병 치료의 큰 희망이다. 기본적으로 단성유전자 질병은 돌연변이 유전자가 결함이 있는 단백질을 생산하거나 단백질을 아예 생산하지 못할 때 일어난다. 돌연변이 유전자가 돌이킬 수 없는 손상을 입히기 전에 건강한 단백질을 정상적으로 생산하도록 회복시키는 유전자 편집이 성공한다면, 단 한 번의 치료로 환자의 여생 동안 지속되는 치료 효과를 기대할 수 있다. 이는 장기이식이나 반복되는 약물투여에 의존하는 현재의 유전 질병 치료법과 대조적이다. 중요한 점은 의사가 유전 질병을 치료하기 위해 환자 몸속의 모든 세포를 편집할 필요는 없다는 것이다. 물론 모든 세포에 질병을 일으키는 DNA 돌연변이가 존재하지만, 질병의 증상은 종종 돌연변이 유전자의 정상적인 기능이 가장 중요하게 작용하는 특정 조직에만 나타난다. 예를 들어, 면역결핍증은 백혈구에 가장 큰 영향을 미치고, 헌팅턴병은 주로 뇌 신경세포에 영향을 미치며, 겸상적혈구병은 헤모글로빈을 운반하는 적혈구를, 낭포성섬유증은 주로 폐를 손상한다. 유전 질병의 효과는 이처럼 국지적으로 나타나므로, 가장 많이 영향을 받는 신체 부위의 세포만 치료하면 된다.

크리스퍼를 특정 부위에 국지화하는 일이 쉽다는 뜻은 아니며, 세포 속에 들여보내는 일이 쉽다는 말은 더더욱 아니다. 크리스퍼 전달 문제는 체세포 유전자 편집 기술이 직면한 가장 큰 난제다.

우리가 쓸 수 있는 전달 전략은 크게 생체 내 유전자 편집(in vivo, 앞서 말한 대로 라틴어로 '생물체 안의'라는 뜻이다)과 생체 외 유전자 편집(ex vivo, 라틴어로 '생물체 밖의'라는 뜻이다), 두 가지로 나뉜다. 생체 내 유전자 편집은 크리스퍼를 직접 환자 몸으로 들여보내 몸속에서 편집한다. 생체 외 유전자 편집은 환자 세포를 몸 바깥에서 편집한 뒤 다시 환자 몸속으로 집어넣는다. 생체 외 치료법이 훨씬 더 간단하고, 과학자는 이미 실험실에서 세포를 편집하는 기술을 가지고 있으므로, 생체 내 치료법보다는 생체 외 치료법에 한 발 더 가깝다고 할 수 있다. 생체 외 유전자 편집의 또 다른 장점은 유전자 편집한 세포를 환자 몸속에 넣기 전에 철저하게 품질 관리 시험을 거칠 수 있다는 점이다.

생체 외 유전자 편집은 먼저 병에 걸린 세포를 몸에서 채취해야 하므로, 특히 혈액 질병을 치료하는 데 적합하다. 유전자 편집과 헌혈, 수혈 기술을 모두 동원해서 의사는 환자의 몸에서 질병에 걸린 혈액을 빼내 크리스퍼로 편집한 다음, 순환계로 되돌려놓는다.

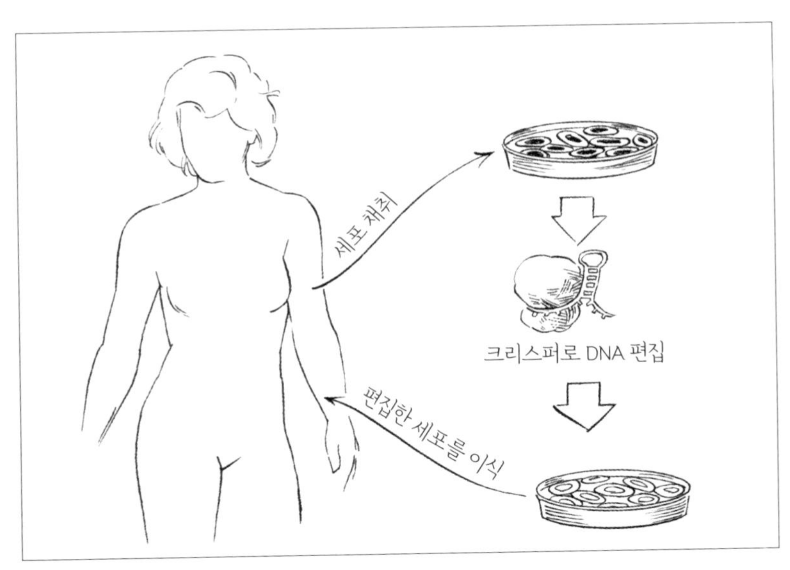

생체 외 크리스퍼 치료법

생체 외 크리스퍼 치료법에서 가장 기대를 모으는 질병은 겸상적혈구병과 베타 지중해성 빈혈이다. 가장 일반적인 유전 질병이며, 적혈구의 주요 단백질 구성요소이자 폐에서 몸속 여러 조직으로 산소를 운반하는 헤모글로빈의 분자 결함으로 나타나는 질병이다. 이들 질병의 분자 결함은 헤모글로빈 분자를 구성하는 독특한 단백질 사슬 두 개 중 하나를 암호화하는 베타글로빈 유전자에 일어난 DNA 돌연변이에서 생긴다.

겸상적혈구병과 베타 지중해성 빈혈은 골수이식으로 치료할 수 있다. 의사가 건강한 사람의 골수를 환자에게 이식하면, 골수에 풍부하게 들어 있는 조혈모세포가 건강한 적혈구를 환자의 남은 평생 생산한다. 그러나 조혈모세포 이식의 문제점은 환자와 면역학적으로 일치하는 기증자를 찾기 어렵고, 침습 시술을 해야 한다는 점이다. 일치하는 기증자가 나타나고 환자의 몸이 이식한 세포를 받아들여도, 여전히 위험할 수 있다. 많은 환자가 치명적일 수도 있는 역逆면역 반응인 이식편대숙주질환(이식한 세포가 숙주 세포를 이물질로 간주해서 공격, 거부반응을 일으키는 질병 —옮긴이)을 앓게 된다.

유전자 편집은 환자가 줄기세포의 기증자인 '동시에' 수여자가 되므로 이 문제를 해결할 수 있다. 의사가 환자의 골수에서 줄기세포를 분리해서 베타글로빈 유전자 돌연변이를 크리스퍼로 교정한 뒤, 편집한 세포를 환자에게 집어넣으면 기증자 부족 문제나 환자와 이식된 세포 사이의 면역거부반응을 걱정할 필요가 없다. 이미 실험실에서 정확하게 교정해서 편집한 환자의 세포가 건강한 헤모글로빈을 대량생산한다는 설득력 있는 증거를 많은 연구실이 제시했다. 더불어 편집한 사람 세포가 면역력이 억제된 생쥐 몸속에서도 제대로 기능한다는 점도 증명했다. 현재 많은 학계 연구팀과 기업 연구팀이 사람에게 적용할 수 있는 과정을 개발하는 중이다.

관련 분야의 최근 발전 상황을 볼 때 생체 외 유전자 편집의 임상시험을 낙관적으로 바라볼 이유는 충분하다(유전자 치료법이 게놈에 건강한 새 유전자를 삽입하는 반면, 유전자 편집은 게놈의 돌연변이 유전자를 직접 복구한다는 점을 기억하라). 생명공학 기술 회사인 블루버드 바이오 사는 새로운 베타글로빈 유전자를 조혈모세포에 삽입해서 베타 지중해성 빈혈과 겸상적혈구병을 치료하는 상품을 개발하고 있다. 글락소 스미스클라인 사도 없어진 유전자를 게놈에 삽입하는 유사한 전략을 사용해서 중증복합형 면역부전증에 효과적인 유전자 치료 약물을 만들었다. 두 약품 모두 대략적인 치료 전략은 같다. 환자 세포를 꺼내 시험관 안에서 유전자를 교정한 뒤 다시 환자에게 집어넣는다. 하지만 유전자 편집이 게놈을 최소한으로 교란하므로 더 안전한 방법으로 보인다.

사람을 대상으로 한 최초의 생체 외 유전자 편집 임상시험은 이 과정이 얼마나 유망하고 강력할지 보여주었다. 아이러니하게도 표적은 유전 질병이 아니라 인간면역결핍 바이러스HIV였다. 이 임상시험은 크리스퍼 기술을 발견하기 전에 시행되어 제1장에서 설명했던 징크핑거 뉴클레이즈 기술을 이용했지만, 이 시험이 성공하면서 유전자 편집으로 전국적인 유행병과 맞서 싸우고 수많은 유전 질병을 치료할 가능성을 보여주었다.

믿든 말든 운 좋은 소수는 자연스럽게 HIV에 면역이 있다. 이런 사람들은 면역 체계의 기반인 백혈구 세포 표면에 있는 CCR5 단백질을 암호화한 유전자에 DNA 염기 32개가 없다. CCR5 단백질은 백혈구 세포 표면의 일부로 HIV가 세포에 침입하는 첫 단계에서 결합하는 단백질이다. 이 특별한 32개 염기가 삭제되면서 CCR5 단백질은 중간에서 잘린 형태가 되어 세포 표면에 자리 잡지 못한다. CCR5 단백질이 없으면 HIV는 결합할 곳이 없어져서 세포를 감염시키지 못한다.

아프리카인과 아시아인에게는 CCR5 유전자의 32개 염기 삭제 현상이 사실상 존재하지 않지만, 백인 사이에는 꽤 널리 퍼진 현상이다. 백인의 10~20%는 돌연변이 유전자를 하나씩 갖고 있으며, 두 개가 모두 돌연변이 유전자인 동형 접합체를 가진 사람은 HIV에 완벽한 저항성이 있다. 대략 전 세계 백인의 1~2%(이들 대부분은 북동부 유럽에 산다)가 이런 운 좋은 특성이 있다.[6] CCR5 단백질이 없어도 사람은 아주 건강하고 특정 염증 질병에 걸릴 위험도 낮으며, 부작용이 없다.[7] CCR5 단백질이 없어서 불편한 점은 그저 웨스트나일 바이러스 감수성이 높아질 가능성이 있다는 정도다.[8]

당연히 제약 산업계는 32개 염기가 삭제된 염색체 두 개를 가지지 못한 불운한 사람들을 보호하겠다는 희망 아래 막대한 자원을 소모하면서 HIV와 CCR5 단백질의 결합을 억제하는 약을 개발하는 데 집중하고 있다. 하지만 최근 연구는 CCR5 유전자 자체를 편집해서 같은 성과, 즉 HIV와 CCR5 단백질의 결합을 억제할 수 있음을 확실히 보여준다. 많은 연구팀이 이미 크리스퍼를 이용해서 최소한 페트리 접시 속 세포에서는 긍정적인 결과를 내보였다. 하지만 최초로 사람의 CCR5 유전자를 편집하는 데 성공한 곳은 징크 핑거 뉴클레이즈 기술을 이용한 캘리포니아 생가모 테라퓨틱스 사다.

생가모 사의 과학자들은 펜실베이니아대학교 의사들과 함께 연구하면서 CCR5 유전자를 제거하는 유전자 편집 약물의 임상시험을 진행했다.[9] 초기 단계의 시험은 주로 약물의 안전성을 조사했다. 과학자들은 실험실에서 DNA가 변형된 유전자 편집 세포가 환자의 몸에 주요 부작용 없이 받아들여질지 확인하려 했다. 이 연구는 질병을 역전시키는 데 유전자 편집이 얼마나 효과적인지도 증명했다.

생가모 사 연구에 참여한 HIV 양성 환자 12명은 모두 시험 시작 전에 혈액에서 백혈구 세포 표본을 추출했다. 백혈구 세포를 실험실에서 정화한 뒤 징크 핑거 뉴클레이즈로 CCR5 유전자의 155번째 염기를 찾아내 잘라서 편집했다. 자른 유전자는 오류 확률이 높은 말단

부착 형태로 복구되므로 유전자를 비활성화하기에 충분하며, 정상 기능을 갖춘 CCR5 단백질은 생산되지 않았다. 그다음 편집한 세포를 실험실에서 대량 생산했다. 마지막으로 환자에게 자기 자신의 편집된 세포를 재주입하고 약 9개월 동안 몸의 변화를 관찰했다.

임상시험을 진행한 과학자들은 CCR5 유전자를 변형한 면역세포를 주입한 치료가 "이 연구에서 설정한 한계선 안에서는 안전하다"[10] 라고 결론 내렸다. 엄청나게 놀라운 결과는 아닐지 모르지만, 최소한 생체 외에서 실험실의 세포 배양과 치료 단계를 통해 유전자 편집을 환자 치료에 사용할 수 있다는 긍정적인 신호다. 논문의 연구 결과를 잘 살펴보면 더 희망적인 데이터가 숨어 있다. 유전자 편집한 세포는 환자 몸속에서 오래 살아남았는데, 이는 이식한 세포가 즉시 융합해서 수가 빠르게 늘어났다는 신호다. 더불어 편집한 세포는 항抗레트로 바이러스 치료가 일시적으로 중단되었을 때, HIV 수준이 반등하는 속도를 정상 속도보다 많이 늦췄다는 사실도 발견했다. 이는 징크 핑거 뉴클레이즈 치료가 환자 게놈의 염기 하나를 바꾸어서 다른 일반 약물과 달리 감염을 억제하는 데 성공했다는 명백한 징후다.

징크 핑거 뉴클레이즈가 한 발 앞서긴 했지만 크리스퍼는 이미 HIV 제거를 목표로 몇 가지 가능성이 엿보이는 치료법에 이용되고 있다. 그중 한 가지는 HIV 바이러스의 유전물질을 표적화하도록 크리스퍼를 프로그래밍해서, 감염성 DNA를 문자 그대로 잘라버려 환자의 세포에서 HIV를 제거하는 방식이다. 또 다른 방법은 '충격과 살해'라고 표현하는데, 비활성화된 크리스퍼를 이용해서 휴면기에 든 바이러스를 의도적으로 깨워 이미 존재하는 약물의 표적이 되도록 하는 방식이다.

유전 질병을 치료하든 바이러스 감염을 치료하든, 생체 외 유전자 편집의 임상적 잠재력은 어마어마하다는 점이 명확해졌다. 그러나 물론 모든 질병이 혈액에 뿌리내리지는 않는다. 다른 조직에 영향을 미치는 질병은, 질병에 걸린 세포를 제거하고 복귀하는 치료법을 사용할 수 없다. 너무 위험하고 침습적인 부분이 매우 크다. 이런 질병을 치료하려면 크리스퍼를 환자 몸속, 질병이 영향력을 가장 크게 행사하는 조직까지 전달해야 한다. 환자에게 이런 치료법을 권장하기에는 아직 갈 길이 멀지만, 이제껏 본 적 없는 의학의 놀라운 발전을 통해 우리는 분명히 이 분야에서 전진하고 있다.

∽

의사가 환자를 생체 내 유전자 편집 치료법으로 치료하려면, 과학자는 생체 외 접근 방식이 깔끔하게 피해간 수많은 문제를 해결해야 한다. 의사는 해당 유전자가 가장 큰 영향을 미치는 조직에 크리스퍼를 집어넣을 방법을 찾아야 한다. 덧붙여서, 이는 반드시 환자의 면역반응을 자극하지 않은 채로 이루어져야 한다. 게다가 캐스9과 가이드 RNA는 편집이 끝날 때까지 몸속에서 살아남을 정도로 충분히 안정된 상태여야 한다.

이 문제를 해결하기 위해 몇몇 크리스퍼 과학자는 친숙한 전달 도구인 바이러스로 눈길을 돌리고 있다. 바이러스는 숙주 세포 속 유전물질에 숨어드는 놀라운 능력을 갖췄다. 어쨌거나 바이러스는 침입

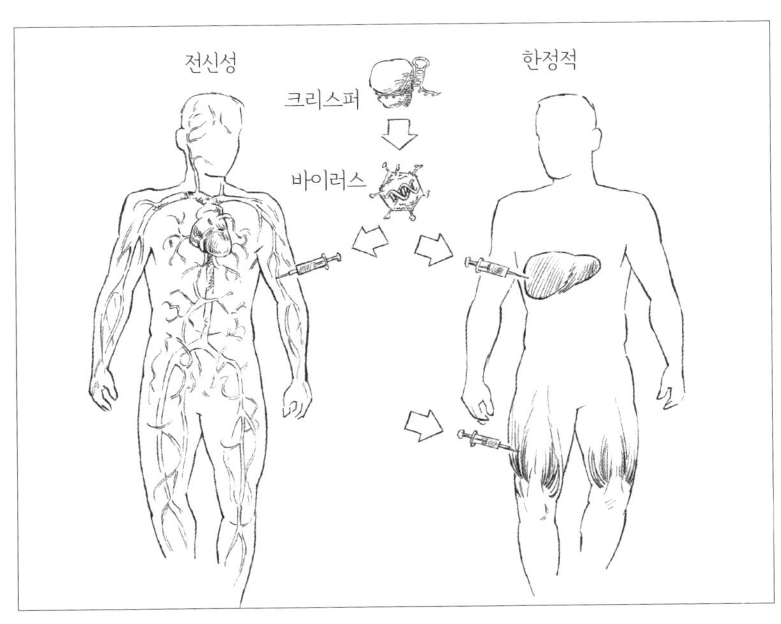

생체 내 크리스퍼 치료법

기술을 완벽하게 다듬으면서 수백만 년을 진화해왔다. 바이러스는 특정 조직이나 장기에 침입하는 데 특화되었고, 이용하기에 상당히 안전한 바이러스도 있다. 수십 년의 유전공학 연구 결과, 특화된 바이러스는 완벽하게 재설계되어 몸속에 DNA를 전달할 수 있으면서 숙주를 감염시킬 수는 없다. 몸 전체에 영향을 미치든 특정 장기에만 전달하든, 과학자가 넣어준 치료용 DNA 수화물을 제외한 다른 것은 전달하지 못한다.

유전정보를 실어 나르는 매개체인 벡터 중에는 생체 내 유전자 편집 치료법을 연구하는 과학자에게 특히나 중요한 자산도 있다. 바로 무해한 인간 바이러스인 아데노 연관 바이러스, AAV다. 아데노 연관 바이러스는 약한 면역 반응만 일으키며, 사람에게 질병을 일으키지 않는다고 알려져 있다. 캐스9과 가이드 RNA를 암호화하는 치료용 유전자를 쉽게 넣을 수 있고, 숙주 세포에 유전물질을 전달하는 효율성도 높다. 게다가 다른 바이러스가 그러듯이 사람 게놈에 영구히 들어가 있지 않도록 조작할 수 있다. 이런 특징 덕분에 게놈의 민감한 부분에 DNA가 잘못 삽입되는 일은 일어나지 않는다. 과거 다른 치료법은 이런 단점으로 기껏 세운 공을 망치기도 했다.

아데노 연관 바이러스의 또 다른 장점은 태생적인 다양성이다. 아데노 연관 바이러스의 여러 변종을 분리해서 다양한 방법으로 섞어 배양하면, 과학자는 여러 조직의 다양한 세포를 표적화할 수 있는 수많은 아데노 연관 바이러스 벡터를 수집할 수 있다. 아데노 연관 바이러스 변종 중에는 간세포에 크리스퍼를 전달하는 데 적합한 벡터도 있고, 중추신경계, 폐, 눈, 심장, 골격근 세포를 표적으로 삼는 데 최적화된 벡터도 있다.

크리스퍼가 생체 내에서 유전 질병 증상을 개선할 수 있다는 사실을 최초로, 가장 극적으로 증명한 조직이 근육이다. 이때는 생쥐 모델을 사용했는데, 치료한 유전 질병이 유감스럽게도 사람에게 보편적인 질병은 아니었지만, 사람을 대상으로도 효과적이리라고 확신할 만한 충분한 근거가 있다.

치명적인 근육위축증인 뒤셴 근이영양증은 세계에서 가장 흔한 근육위축증으로, 남자 아기 3,600명 중 한 명 정도에게 유전된다. 뒤셴 근이영양증 환자는 태어났을 당시에는 아무런 증상이 없다가 네 살 정도 되면 질병이 나타나면서 빠른 속도로 진행된다. 환자는 심각한 근육 퇴화 증상을 겪으며, 보통 10세가 되면 휠체어에서 생활하게 된다. 대개 25세 정도가 되면 호흡기 합병증과 가장 중요한 근육인 심장 근육이 퇴화하면서 환자 대부분이 사망한다.

뒤셴 근이영양증은 DMD 유전자에 몇 가지 돌연변이가 일어나면 누구든지 걸릴 수 있다. DMD 유전자는 알려진 사람 유전자 중에서 가장 큰 유전자로 디스트로핀이라는 단백질을 암호화한다. 디스트로핀 단백질은 근육세포의 수축작용에 필요하며, 정상적인 디스트로핀 단백질이 없으면 뒤셴 근이영양증의 원인이 된다. 뒤셴 근이영양증 환자는 남성이 더 많다. DMD 유전자는 X염색체에 있는데, 남성은 물려받은 Y염색체 때문에 X염색체가 하나밖에 없으므로 DMD 유전자가 한 곳만 돌연변이를 일으켜도 정상 디스트로핀 단백질이 결핍되기 때문이다. 하지만 여성은 X염색체가 두 개 있고 따라서 DMD 유전자도 두 개다. 두 유전자 중 하나만 정상이어도 질병의 끔찍한 증상을 피할 수 있다. 그러나 이 여성들도 결국 질병 유전자를 보유하고 있으므로 돌연변이 DMD 유전자를 남성 후손의 절반에게 물려주게 된다(뒤셴 근이영양증의 유전 패턴은 X-연관 열성 유전 질병 사례다).

크리스퍼는 뒤셴 근이영양증 증상을 약화할 수 있을까? 아직 판정을 내리기엔 이르다. 확실한 답을 얻으려면 연구와 임상시험이 몇 년간 더 이루어져야 한다. 하지만 생쥐를 대상으로 한 최근 연구를 보면 생체 내 치료법에 희망을 품어도 될 것 같다. 2015년 말에 최소 '네 곳'의 각각 다른 연구팀에서 근육위축증을 앓는 성체 생쥐에 크리스퍼를 집어넣어서 질병 증상을 완화할 수 있음을 증명했다.[11] 크리스퍼를 아데노 연관 바이러스 벡터에 집어넣어서 골격근과 심장 근육

세포를 복구했으며, 벡터는 생쥐 근육에 주사로 놓거나 혈액을 통해 근육 조직에 전달하는 방법을 사용했다. 연구팀은 정상적인 디스트로핀 유전자를 활성화하는 데 성공했으며, 치료받은 생쥐는 근력이 상당한 정도로 증가했다.

텍사스대학교 사우스웨스턴 병원 교수로 생체 내 크리스퍼 치료법을 개발하는 데 열중하고 있는 에릭 올슨Eric Olson이 결과를 발표할 때 나는 그의 강연에 참석했다. 이 연구는 언젠가는 뒤센 근이영양증뿐만 아니라 다른 유전 질병도 치료할 수 있으리라는 희망을 내게 주었다. 예를 들어 다른 유전자를 편집하도록 프로그램한 크리스퍼와 간세포를 표적화하는 아데노 연관 바이러스 벡터를 사용해서, MIT 연구팀은 유전자 편집으로 타이로신 혈증의 원인인 생쥐의 유전자 돌연변이를 치료했다.[12] 사람의 경우 타이로신 혈증은 유독한 대사물질을 축적해서 간에 심각한 손상을 가져오고, 치료하지 않으면 환자는 보통 열 살이 되기 전에 사망한다. 하지만 생쥐 모델에서 크리스퍼는 손상된 유전자를 복구했고 질병 진행을 저지했다.

아데노 연관 바이러스는 크리스퍼를 성체 생쥐의 뇌나 폐, 눈의 망막세포에도 전달할 수 있으며, 이는 점차 헌팅턴병, 낭포성섬유증, 선천성 시각장애 같은 유전 질병을 치료하는 치료법으로 바뀔 것이다. 사실 서구 사회에서 최초로 상업적 판매를 승인받은 유전자 치료제는 아데노 연관 바이러스 벡터를 사용했으며, 최초의 크리스퍼 기반 유전자 편집 치료제 역시 생체 내 전달 방식은 아데노 연관 바이러스 벡터에 의존할 것이다.

그러나 아데노 연관 바이러스는 크리스퍼를 살아 있는 세포에 실어 나르는 여러 전달 전략 중의 하나일 뿐이다. 바이러스 세계에는 트로이 목마로 사용할 수 있는 바이러스가 수없이 많으며, 각각은 저마다 독특한 장단점을 갖고 있다.[13] 한 사례로 아데노 바이러스는 아데노 연관 바이러스의 이름이 유래한 바이러스인데, 아데노 연관 바이러스의 감염 작용을 도우며 감기의 원인 바이러스이기도 하다. 아데노 바이러스 내부를 파괴해서 병원성 유전자를 제거하면, 아데노 바이러스에는 아데노 연관 바이러스 벡터보다 상당히 많은 양의 치료용 DNA를 삽입할 수 있다. 렌티 바이러스는 HIV가 대표적으로 유명한데, 실험실에서 해로운 유전자를 제거하면 효율적인 전달 도구로 바꿀 수 있으며, 용량은 아데노 연관 바이러스와 비슷하지만 침입하는 세포의 게놈에 자신이 가진 유전물질을 영구적으로 삽입하는 능력을 갖추고 있다. 이 특징은 실험실에서 기초 연구를 할 때는 유용하지만, 생체 내 치료법으로 사용할 때는 유전자 삽입 기능을 제거해야 한다.

아예 바이러스를 이용하지 않는 전달 방법도 있다. 초招현미경적 구조를 제작하는 과학인 나노기술의 발전을 기반으로, 과학자들은 크리스퍼를 몸속으로 실어 나를 나노 크기의 지질 입자의 가능성을 탐색한다. 분해되지 않으며 만들기 쉬운 이 전달 도구는 캐스9과 가이드 RNA를 환자 몸속에 조직적으로 방출할 수 있다는 장점도 있다. 바이러스와 크리스퍼 화물은 꽤 오랫동안 세포 속에 머무르며 편집 과정에 문제를 일으킬 수도 있지만(뒤에 자세히 설명하겠다), 나노 크기의 지질 입자와 크리스퍼는 세포 속 재활용 공장에서 분해되기 전까지 빠르게 작용한다.

특정 유전 질병의 치료를 넘어서, 크리스퍼가 인간 건강에 혁명을 일으킬 수 있는 길이 또 하나 있다. 크리스퍼는 인류에게 공포의 대상인 어느 질병을 연구하고 치료하는 데 이 분야의 판도를 뒤엎을 영향력을 갖고 있다. 이 질병은 바로 암이다.

ᔕ

암은 DNA 돌연변이로 일어나며, 유전되기도 하고 살아가면서 얻기도 한다. 따라서 유전자 편집으로 돌연변이를 제거하면 암이 돌이킬 수 없는 해악을 끼치기 전에 암을 치료하거나 예방하는 데 도움이 되리라는 사실은 명확하다. 그러나 실제로는 크리스퍼가 가장 큰 공헌을 하는 분야는 아니다. 최소한 아직은 아니다.

크리스퍼는 그 자체가 치료법이 되기보다는 이미 존재하는 치료법을 보조하거나 치료 도구로서 암 치료법의 발전을 이끌고 있다. 암 생물학에 대한 우리의 지식을 확장하며, 몸 자체의 면역 체계를 이용해서 암과 맞서도록 하는 면역치료법의 발달 속도를 가속한다. 크리스퍼는 양쪽 전선에 모두 나서서, 이 두려운 질병에 대항하는 오랜 전쟁에서 확장되는 우리의 무기고 속 가장 강력한 또 다른 무기로서 가치를 증명하고 있다.

의학계에서 크리스퍼가 세운 공헌 중에서 나는 개인적으로 이 분야에서의 활약을 가장 기대하고 있다. 여러분 자신은 암에 걸리지 않았더라도 아마 암 때문에 삶이 황폐해지거나 단명한 누군가의 이야기를 들어봤을 것이다. 내 아버지가 악성 흑색종으로 돌아가신 일은 이런 복합 질병을 다루는 많은 도전을 눈여겨보게 만드는 강렬한 경험이었다. 암은 미국에서 가장 흔한 사망 원인이며, 심장질환 다음가는 질병이다. 조기 진단법과 치료법이 발달하면서 최근 수십 년간 생존율을 상당히 끌어올렸지만, 암으로 인한 사망은 여전히 일상을 파괴하고 있다. 미국에서만 매년 150만 명 이상이 암을 진단받으며, 매년 50만 명이 암으로 사망한다.[14] 이 수치는 거의 하루 2,000명에 달하는 숫자다.

암과 연관된 DNA 돌연변이는 때로 유전된다. 자연스럽게 생기기도 하지만 담배나 발암물질에 노출되면서 유도되기도 한다. 지난 10여 년 동안 DNA 염기 서열 결정법을 이용해서 건강한 정상세포와 암세포를 구별하는 돌연변이 목록을 만들자는 큰 흐름이 있었다. 암을 나타내는 돌연변이를 구별할 수 있다면, 악성세포가 분열하게 만드는 비정상적인 유전자와 싸울 수 있는 약을 만들 수 있으리라는 생각 때문이었다.

그러나 여기에 문제가 하나 있다. 우리에게는 정보가 너무 많다. 암을 유발하는 주요 돌연변이는 질병의 병리에 직접 영향을 미치지 않는 돌연변이의 광대한 바다에 파묻혀 있다. 사실 암의 전형적인 특징 중 하나는 게놈에 스며드는 DNA 돌연변이 비율의 증가다. 암을 유발하는 중대한 역할을 실제로 하는 돌연변이인지 판정하기 어려운 이유가 여기에 있다.

크리스퍼 이전에는 암 유발 돌연변이 연구에 사용할 수 있었던 무기가 아주 제한적이었다. 과학자는 환자의 생체조직검사로 돌연변이를 발견해서 진단하거나, 생쥐 모델에서 적은 수의 관련 없는 돌연변이를 연구해야 했다. 그러나 이제 과학자는 이전보다 더 짧은 시간과 더 적은 비용으로 암을 유발하는 돌연변이를 하나 또는 동시에 여러 개를 정확하게 모사할 방법을 찾았고, 암 연구는 폭발적으로 늘어났다. 100만분의 1이라는 극악의 비율로 정확하게 돌연변이를 일으킨 세포를 힘들게 찾아내거나, 원하는 생쥐 모델의 수많은 후손을 몇 년씩 걸려 키우는 대신, 과학자들은 크리스퍼를 사용해서 단 한 단계 만에 효율적으로 돌연변이를 만들 수 있다. 이 기술을 이용해서 과학자는 세포의 성장을 정상적으로 통제하는 신호에 반응하지 않는 정확한 유전적 요인을 찾아낸다.

예를 들어 하버드의과대학교의 벤저민 이버트Benjamin Ebert 연구팀은 백혈구에 생기는 암인 급성 골수성 백혈병의 유전적 원인을 탐색했다.[15] 크리스퍼를 프로그래밍해서 여러 유전자에 맞는 가이드 RNA를 만들어 유전자들을 편집한 뒤, 후보 유전자 여덟 개를 추려 제거했다. 이런 다원 동시적인 유전자 편집은 이전에는 상상할 수 없던 일이지만, 크리스퍼만 있으면 간단했다. 조혈모세포 유전자를 다양한 조합으로 편집한 뒤 이 세포를 살아 있는 생쥐의 혈액에 재투입한 연구팀은 어떤 생쥐가 급성 백혈병을 일으키는지 관찰했다. 일종의 생체외 치료법의 반대 개념을 실험하는 셈이다. 크리스퍼로 유전자를 억제한 생쥐들을 교차 점검하면서 이버트 연구팀은 백혈병을 유발하는 데 필요하거나 조건을 충족시키는 정확한 유전자 돌연변이 무리를 추려냈다. 이런 실험은 사람의 암 연구가 발전하는 데 매우 유용하다.

한번에 많은 유전자를 동시에 조작하는 능력은 크리스퍼의 강점 중 하나다. 크리스퍼 이전의 유전자 편집 기술과 달리, 게놈 속 목표 유전자의 새로운 20개 염기 서열에 크리스퍼를 안착시키기 위한 설계 과정은 아주 단순해서 고등학생도 할 수 있다. 사실은 너무 단순한 일이라 컴퓨터 프로그램으로도 할 수 있다. 과학자는 이제 컴퓨터과학과 유전자 편집을 연계해서 게놈의 가장 깊은 곳을 조사하고, 사전 정보 없이도 새로운 암 연관 유전자를 탐색한다.

기술적인 세부사항은 복잡하지만 실제로는 완벽하게 다중화된 접근법은 과학자들이 단 한 번의 실험으로 게놈의 모든 유전자를 편집하고 제거할 수 있게 해준다. MIT 교수 데이비드 사바티니David Sabatini는 처음으로 게놈 전체를 대상으로 녹아웃 검사를 한 개척자 중 한 명이다.[16] 하지만 이버트 연구팀처럼 암을 '유발하는' 유전자 돌연변이를 찾는 대신, 사바티니 연구팀은 암을 '억제하는' 유전자 돌연변이를 탐색했다. 말하자면 사바티니 연구팀은 암세포의 병원성이 온전히 유전자에 의한 것인지, 암 유발 유전자가 없으면 살 수 없는지 의문을 가졌다. 절묘한 솜씨로 사바티니 연구팀은 서로 다른 네 종류의 혈액 유래 암 세포주를 대상으로 암세포가 번성하는 데 꼭 필요해 보이는 완전히 새로운 유전자를 발견해서 이 질문의 답을 찾았다. 백혈병과 림프종의 감수성에 관련된 새로운 유전자를 찾은 이 연구는 항암화학요법 약물의 유망한 새 표적을 발견했다.

다른 연구팀이 발표한 후속 연구에서는 다른 암의 약점을 찾아냈다. 여기에는 대장암, 자궁경부암, 악성 흑색종, 난소암, 특히 뇌에 발생하면 치명적인 악성 뇌교종이 포함된다. 과학자들은 게놈 전체를 대상으로 녹아웃 검사를 해서, 혈액을 따라 순환하며 다른 조직에 침투하는 암세포의 무시무시한 전이 능력을 부여하는 새로운 유전적 요인을 규명했다.

암에 관한 기초 지식의 발전 속도는 당장 쓸 수 있는 정보와 구체적인 치료법을 전해주기에는 느려 보이지만, 이 연구의 중요성을 간과해서는 안 된다. 의학이 점점 더 개인맞춤형으로 바뀌면서 과학자와 의사는 각 개인의 암을 차별화하고, 특정 질병의 특별한 생물 기전에 맞추어 치료법을 구성할 단서를 얻을 수 있는 정보의 홍수에 직면했다. 유전자 편집 기술은 어떤 돌연변이가 암을 가장 잘 예측할 수 있는지, 어떤 돌연변이가 다양한 약물에 암이 더 잘 반응하거나 저항하게 하는지를 밝혀내, 수많은 정보에서 의미를 찾도록 돕는다.

그러나 유전자 편집 기술이 암과의 전쟁에서 필수 정보를 제공하는 동시에 암과 싸우도록 도와줄 조짐도 보인다. 이와 관련해서 가장 유망한 역할은 최근 많은 주목을 받은 면역치료법의 보조 체계다.

암 치료에서 혁명적인 치료법인 면역치료법은 의사가 사용해왔던 외과적 수술, 방사선 조사, 항암화학요법의 세 가지 주요 치료법과는 다르다. 전통적인 치료법과 달리 암 면역치료법은 환자 자신의 면역체계를 이용해서 위험한 세포를 잡아 파괴하는 것이 목표다. 완벽한 패러다임의 전환으로, 면역치료법은 암이 아니라 환자 자신의 몸을 표적으로 삼아 강화해서 스스로 암과 싸우게 한다.

암 면역치료법의 핵심 아이디어는 사람의 면역 체계, 특히 주요 보병인 T세포를 살짝 비틀어 수정하는 것이다. T세포가 암세포의 분자 표지를 인식하도록 재구성하면 T세포가 면역 반응을 일으켜 암세포를 제거하도록 도울 수 있다. T세포의 잠재력을 완전하게 끌어내는 방법을 찾는 것이 관건이다.

여기서는 암세포에 대항해 일어나는 면역 반응을 억제하는 브레이크를 없애는 약물인 체크포인트 억제제를 포함하는 방법이 유망하다. 다른 전략은 유전공학 기술로 섬세하게 설계해서 조작한 T세포가 환자의 특정 암을 표적화하도록 하는 방법이다. 또 다른 생체 외 치료법의 사례인 이 과정은 입양세포이식adoptive cell transfer이라고 부르며, 이런 방식의 면역치료법에 유전자 편집 기술이 이용된다.

입양세포이식의 기본 목표는 T세포가 암세포를 더 잘 찾아내도록 돕는 것이다. T세포는 암 분자 표지를 인식하고 표적화하도록 미세조정한 수용기 단백질을 생산하는 새로운 유전자를 받는다. 하지만 여기에는 문제점이 있다. T세포에는 원래 갖고 있던 수용기 유전자가 이미 있으므로 유사한 수용기 유전자를 동시에 여러 개 갖게 되면 분자 규모의 혼란이 일어나는 혼연 상태가 된다. 지금은 크리스퍼를 이용해서 원래의 수용기 유전자를 제거해 암 탐색 수용기 유전자가 들어갈 공간을 비움으로써 이런 문제를 해결한다. 그런 뒤에는 다른 유전자 편집을 그 위에 얹어서, 변형한 T세포를 더 강력하게 조절할 수 있다.

유전자 편집이 더 발달하면 암 면역치료법을 기성 치료법으로 바꿀 수 있다. 특정 암세포를 겨냥한 유전자 편집 T세포를 일단 만들면, 해당 질병을 앓는 모든 환자에게 일률적으로 주입할 수 있다. 2015년 말에 있었던 감동적인 이야기에서 이 놀라운 가능성을 엿본 뒤, 이런 형태의 세포 이식이 가능할지 알아보는 임상시험이 현재 진행 중이다. 이 이야기의 주인공인 레일라 리처즈Layla Richards는 치료용 유전자 편집으로 질병을 치료받은 최초의 사람이다.[17]

레일라는 런던에 사는 한 살짜리 아기로, 흔한 소아암인 급성 림프구성 백혈병 환자였다. 주치의는 레일라의 백혈병이 자신이 본 것 중에 가장 공격적인 백혈병이라고 말했다. 약 98%의 아이들이 치료를 시작하면 차도를 보이는 데 비해, 레일라는 항암화학요법을 해도 나아지지 않았고, 골수이식이나 항체 기반 약물치료도 효과가 없었다.[18] 레일라 자신의 T세포를 변형시켜 다시 주입하는 치료는 선택사항에 들지도 못했다. 백혈병은 건강한 면역 체계에 필요한 백혈구에 영향을 미치는 병인데, 레일라의 면역 체계는 백혈병 때문에 너무나 약해져서 추출할 만큼의 T세포가 몸속에 남아 있지 않았다.

레일라의 상태는 절망적이었고 주치의는 레일라가 편안하게 죽음을 맞을 수 있도록 완화치료를 권했다. 하지만 마지막 순간에 또 다른 선택이 나타났다.

레일라가 입원한 병원에 크리스퍼의 이전 세대 기술인 탈렌을 이용해서 T세포를 편집하는 연구실이 있었다. 바로 여기에 프랑스 생명공학 기술 회사인 셀렉티스 사가 임상시험을 준비하던 입양세포이식용 세포가 있었다. 레일라의 부모와 셀렉티스 사의 동의를 받은 후, 레일라의 주치의는 임상시험도 거치지 않은 이 세포를 동정적 사용 프로그램(적절한 치료제가 없을 때 허가받기 전인 치료제를 일부 중증환자에게 사용하도록 허용하는 제도 — 옮긴이)을 통해 최초로 사람에게 투입했다.

레일라에게 주입한 T세포는 몇 가지 면에서 특별했다. 첫째, 이 T세포는 백혈병 분자 표지를 가진 세포를 표적화하도록 특별히 설계된 새 수용기 유전자를 갖고 있었다. 둘째, 이 T세포는 레일라의 세포에 면역 반응을 일으키지 않도록 유전자 편집되었다. T세포는 종종 환자 세포를 공격하기도 하지만, 이러면 공여자와 수여자 사이에서 거부반응이 일어나지 않는다. 마지막으로 이 T세포는 레일라의 몸속에서 오래 살아남을 수 있도록 투명망토 역할을 하는 또 다른 유전자가 편집되었다.

세포 이식 후 몇 주 동안 한 살짜리 아기에게 기적 같은 변화가 일어났다. 레일라의 백혈병은 편집한 T세포에 반응하기 시작했다. 레일라가 어느 정도 건강해지자 골수이식을 다시 시도했고, 몇 달 안에 암은 완전히 사라졌다. 생쥐를 대상으로만 시험했던 치료법을 도입하는, 도박처럼 시작했던 일이 완벽한 성공으로 귀결되면서 이후 면역치료에 유전자 편집을 사용하는 일이 강력한 지지를 얻게 되었다.

레일라와 그 외의 사례들 덕분에 크리스퍼를 기반으로 한 치료제 회사는 벌써 암 면역치료제 회사와 서로의 플랫폼을 공유하는 거래를 하고 있다. 에디타스 메디신 사는 주노 테라퓨틱스 사와 T세포 치료제를 개발하는 수십억 원 규모의 독점계약을 맺었고, 인텔리아 테라퓨틱스 사는 주요 의약품회사인 노바티스 사와 암 면역치료제를 개발하는 비슷한 계약을 맺었다. 국립보건원은 미국 내에서 처음으로 펜실베이니아대학교가 요청한 크리스퍼 편집 세포를 포함하는 임상시험을 승인했다. 2016년 10월, 쓰촨대학교의 중국 과학자들은 크리스퍼로 편집한 세포를 사람 환자에게 최초로 주입했다.[19] 비록 성공하지는 못했지만 이런 노력은 치료제가 필요한 환자를 위해 유전자 편집의 장점을 활용하는 데 도움이 될 것이다.

나는 레일라의 이야기가 언젠가는 특별할 것 없는 이야기가 되기를, 그저 유전자 편집으로 사람을 살린 또 하나의 사례가 되기를 진심으로 바란다. 우리가 밝은 미래에 한발씩 더 가까워지고 있다는 점은 확실하다. 하지만 그곳에 도착하려면 유전자 편집의 큰 문제점 하나를 해결해야 한다. 크리스퍼 편집의 정확성이라는 문제가 해결되지 않으면, 레일라는 원칙이 아니라 예외로 남을 것이다.

∽

처음 발견했던 크리스퍼는 DNA를 찾아 자르는 데 오류가 전혀 없지는 않다. 내 연구실에서 크리스퍼를 이용해 실험했던 최초의 실험에서도 이 점은 명확했다.

크리스퍼의 기본 기능을 알아낸 후, 마틴은 캐스9 효소와 가이드 RNA의 DNA 절단 정확성을 측정했다. 이 작은 미사일은 가이드 RNA와 일치하기만 하면 어떤 DNA 서열이든 찾아서 공격할 수 있는 듯 보였고, 정확성도 매우 높았다. 하지만 정확성이라는 것에 한계가 있을 수 있을까? 크리스퍼는 20개 염기 서열에서 완벽하게 일치하는 서열과 염기 한두 개만 다른 서열을 정말로 구별할 수 있을까? 세균 방어 체계인 크리스퍼를 사람에게 사용해도 안전한 유전자 편집 도구로 바꾸려면, 먼저 이 질문에 답할 수 있어야 한다.

마틴이 크리스퍼의 가이드 RNA를 의도적으로 잘못 만들어서 DNA와 가이드 RNA 사이에 일치하는 서열이 없어도, 때때로 캐스9 효소는 DNA를 자르기도 했다.[20] 'affect'라는 단어를 찾을 때 탐색 결과로 'effect'라는 단어가 절대 나오지 않는 컴퓨터 탐색 기능의 정확성과는 달리, 크리스퍼는 때로 실수를 저지르며 DNA 염기 하나를 혼동할 수도 있다.

후에 내 연구팀은 하버드대학교 데이비드 류 연구팀과 함께 이 실험을 상세하게 반복했다.[21] 여러 DNA 돌연변이를 대상으로 철저하게 시험해서 어떤 종류의 RNA 서열이 표적을 벗어나는 오류(가이드 RNA와 일치하지 않는 서열과 결합하는 현상)를 일으키는지 조사했다. 즉 가이드 RNA와 어느 정도까지 비슷해야 크리스퍼가 혼동해서 DNA를 자를지 조사했다. 다른 연구실에서도 세포를 대상으로 비슷한 실험을 통해 잘못된 크리스퍼 절단이 엉뚱한 DNA를 영구히 편집할 수 있다는 점을 알아냈다.[22]

사실상 모든 의약품에는 표적 오류가 있기 마련이고, 의도한 표적을 맞추는 장점이 이런 위험보다 가치가 크다면, 의사와 규제기관은 상당히 너그러워진다. 예를 들어 항생제는 병원성 세균주와 유익한 세균주를 모두 죽이고, 항암화학요법 약물은 암세포와 건강한 세포를 모두 죽인다. 이는 결국 특이성의 문제다. 소수의 원자가 상호작용을 약화해서 약물이 의도치 않은 효과를 일으키는 상황을 예방하기에 충분할 만큼, 원하는 표적을 압도적으로 높은 확률로 맞출 수 있는 약물을 개발해야 한다.

보통 어느 정도까지는 표적 오류를 피할 수 없다. 판매되는 모든 의약품에 부작용에 관한 경고가 붙어 있는 이유이기도 하다. 그런데 유전자 편집의 경우, 부작용이 특히나 위험할 수 있다. 약물 부작용은 환자가 약물을 복용하지 않으면 보통 멈춘다. 하지만 유전자 편집은 표적을 벗어난 DNA 서열을 일단 편집하고 나면 되돌릴 수 없다. 의도치 않은 DNA 편집이 영구히 남을 뿐만 아니라, 이 변화는 최초의 개체부터 그 후손의 모든 세포에 유전된다. 대부분의 무작위 편집이 세포에 해를 끼치지 않을 것 같더라도, 우리가 지금까지 질병과 암에서 조금이라도 배운 것이 있다면 바로 아주 작은, 염기 하나의 돌연변이조차도 생물체를 파괴하는 혼란을 가져올 수 있다는 사실이다.

다행스럽게도 크리스퍼가 만드는 표적 오류는 가이드 RNA와 유사한 서열을 가진 DNA 서열에만 영향을 미치므로 다른 유전자 편집 기술처럼 상당량 예측할 수 있다. 크리스퍼가 유전자 X의 20개 염기 서열을 표적으로 삼도록 프로그래밍했는데, 유전자 Y에도 염기 하나만 다른 비슷한 DNA 서열이 있다면, 크리스퍼가 두 유전자를 모두 편집할 가능성이 적게나마 있다. 두 서열의 유사성이 낮을수록 표적 오류로 인한 돌연변이가 나타날 확률도 낮아진다.

과학자들은 이미 이 가상의 문제를 해결할 방법을 찾기 시작했다. 많은 연구팀이 30억 개 인간 게놈 속에 편집하려는 서열과 비슷한 서열이 다른 영역에 얼마나 많이 있는지 자동으로 탐색하는 컴퓨터 알고리즘을 만들었다. 표적 오류가 일어날 DNA 서열이 너무 많으면 과학자는 알고리즘의 도움을 받아서 표적의 또 다른 새 영역을 선택하기만 하면 된다(대개 과학자는 가까이 있는 수많은 DNA 서열에서 하나를 선택해 동일 유전자를 편집할 수 있다). 하지만 이 방법의 문제점은 컴퓨터 알고리즘을 아무리 잘 설계해도 표적 오류를 예측하는 데 항상 성공하지는 못한다는 점이다.

이 '알려진 미지의 것' 때문에 과학자는 완전한 무지 상태를 가정하는 두 번째 전략을 세웠다. 모든 종류의 크리스퍼가 필연적으로 예측할 수 없는 표적 오류를 일으키리라 가정하고 일단 편집을 먼저 한 뒤, 생기지 않았어야 할 새로운 돌연변이를 탐색하는 전략이다. 일단 편집을 하는 것이 표적 오류를 검출하는 유일한 방법이라는 주장으로, 컴퓨터로 예측하는 대신 단순히 경험적인 검사를 한다. 환자에서 편집할 DNA 서열을 선택하기 전에 관련 DNA 서열을 배양세포를 대상으로 철저하게 검사해서 어느 서열이 오류를 가장 적게 일으키는지 알아낸 후, 임상시험을 진행한다.

표적 오류를 피하는 세 번째 전략은 과학자들이 이미 큰 진전을 이루었다. 표적 DNA를 식별하는 크리스퍼의 민감도를 더 높이는 방법이다. 예를 들어 과학자는 크리스퍼가 더 긴 DNA 서열을 인식하도록 변형해서 불운한 불일치의 우연을 최소화하는 데 성공했다. 다른 사람이 암호를 추정할 수 없도록 컴퓨터 비밀번호를 길게 만드는 일과 똑같다. 원래의 캐스9 단백질의 여러 부분을 살짝 비틀어서 아미노산 하나를 다른 아미노산으로 바꿔치기하는 식으로, 하버드의과대학의 키스 정과 MIT의 장펑 같은 과학자는 정확성이 더 높은 크리스퍼를 개발했다. 이 크리스퍼는 원래 자연에 존재하는 크리스퍼보다 표적에서 벗어난 유전자 편집 오류를 일으킬 확률이 낮다.[23]

마지막으로 게놈에 의도치 않은 편집 돌연변이가 생기는 확률에는 크리스퍼의 양도 영향을 미친다. 대개 많은 양의 캐스9과 가이드 RNA가 세포에 들어가고, 이들 분자가 세포 속에 오래 머물수록 크리스퍼가 비슷하지만 완전히 일치하지는 않는 서열을 찾아서 표적 오류를 만들 확률도 높아진다. 해결책은 딱 알맞은 양의 크리스퍼만 세포 속에 넣어서 올바른 DNA 표적만 편집하는 것이다. 그 이상을 주입해서는 안 된다.

실험실에서 이들 전략을 미세조정한 뒤, 과학자들은 크리스퍼를 환자에게 안전하게 적용하기 위해 계속 연구했다. 지금까지의 성공이 어떤 징후라면, 이 분자 기계가 실험실에서 나가 진료실로 들어갈 만큼 충분히 정확성이 높아질 때가 머지않았다.

ω

크리스퍼 기술은 태어난 지 얼마 되지 않았지만, 크리스퍼가 치료법으로 언급되지 않은 질병을 찾기가 어려울 지경이다. 암, HIV, 그리고 지금까지 거론한 유전 질병을 넘어서, 발표된 과학 논문들을 대충 훑어봐도 크리스퍼를 이용한 유전적 치료법을 개발한 질병 목록은 길어지고 있다. 연골무형성증(소인증), 만성 육아종증, 알츠하이머병, 선천성 청력 장애, 루게릭병(ALS, 근위축성 측삭경화증), 고高콜레스테롤증, 당뇨병, 테이색스병, 피부질환, 취약 X증후군, 심지어 불임도 있다. 사실상 특정 돌연변이나 DNA 서열의 결함이 있는 모든 병은, 원칙적으로 크리스퍼를 이용해 돌연변이를 교정하거나 손상된 유전자를 건강한 서열로 바꿀 수 있다.

DNA의 어떤 서열이든 찾아내 교정하기 쉬우므로, 크리스퍼는 종종 질병을 완전히 몰아낼 돌파구로 묘사된다. 하지만 무엇이든 쉬운 일은 없는 법이다. 질병에는 자폐증에서 심장질환까지 온갖 종류가 있고, 심각한 유전적 원인이 없거나 유전자 변이와 환경 요인이 복합적으로 결합해서 나타나기도 한다. 이런 경우, 유전자 편집이 할 수 있는 역할은 제한적일 수밖에 없다. 그렇다면 인간 배양세포에서 유전자 편집으로 DNA 교정이 가능하다고 해도 그 효능이 환자에게서 증명되기까지 수년이 걸릴 테고, 지금까지 암 면역치료와 HIV에서 얻은 소수의 임상시험 성공은 다른 시험 역시 성공할지를 가늠하는 정확한 예측 변수가 될 수도, 되지 못할 수도 있다.

유전자 치료법과 RNA 간섭을 포함한 이전의 유전공학 기술도 의학을 완전히 바꾸는 핵심 기술이 되리라는 극찬을 비슷하게 받았지만, 수백 건의 임상시험 결과는 이 열정에 찬물을 끼얹었다. 물론 유전자 편집도 불쾌한 진실을 대면하게 되는 비슷한 길을 가리라고 말하려는 것은 아니다. 다만 흥분을 현실적인 기대와 체계적인 연구, 세심한 임상시험으로 다스리는 일은 중요하다. 그래야만 우리는 최초의 크리스퍼 기반 치료법이 가장 좋은 성공 기회를 잡고 부작용의 위험을 낮추리라고 확신할 수 있게 된다.

이 책을 집필하는 이 순간에도 유전자 편집을 기반으로 한 치료 분야는 학계와 산업계 양쪽 모두에서 맹렬한 속도로 확장하고 있다. 새로운 논문이 하루 평균 다섯 편의 속도로 발표되고, 투자자들은 크리스퍼 기반 생명공학 기술과 의료 치료법을 개발하는 다양한 스타트업 회사에 1조 1,000억 원이 넘는 돈을 쏟아붓는다.

딱 한 분야만 제외하면 나는 사실상 크리스퍼가 이루는 거의 모든 경이로운 진전에 흥분하고 열광한다. 나는 최소한 인간 생식세포의 유전자 편집이 일으킬 문제에 대해 충분히 생각하기 전까지는 우리 후손의 게놈을 영구히 변형하는 데 크리스퍼 기술을 사용하는 행동을 금지해야 한다고 생각한다. 관련된 안전 문제와 윤리 문제를 더 깊이 이해하고, 더 많은 이해관계자가 논의에 참여하기 전까지는, 과학자들은 생식세포에 손대서는 안 된다. 하지만 우리가 자신의 유전자 운명을 결정할 지성과 도덕성을 갖추었는지는 미결 문제로 남을 것이다. 이는 크리스퍼가 할 수 있는 일에 대해 깨달은 이후 항상 내 마음속에 머무는 질문이기도 하다. 이런저런 이유로, 나는 이 장에서 설명한 많은 가능성과 인간 생식세포 편집 사이에 명확한 경계선을 긋게 되었다. 이 경계선을 넘으려면 우리는 많이 고민해야 한다. 그런 뒤에도, 한 번 더 생각해야 할 것이다.

7장

추측하기

2014년 봄, 처음 다보스 포럼에 가기 1년 전쯤에 나는 국제 사회가 크리스퍼의 미래를 어떻게 결정할지 어렴풋이 알 수 있었다.

크리스퍼로 유전자 편집을 할 수 있다는 우리 논문이 〈사이언스〉에 실리고 채 두 해가 지나기도 전에, 이 신기술에 관한 소문은 벌써 과학계를 벗어나고 있었다. 주요 언론에서 유전자 편집 연구를 열정적으로 보도하면서 크리스퍼에 관한 대중의 관심은 점점 더 커졌다. 크리스퍼 연구에 가속이 붙자, 많은 과학자는 대중과의 논의에 휩쓸리기 싫어하면서 자신의 연구실로 꼭꼭 숨어서 유전자 편집 기술과 새로운 응용법을 개발하는 데만 집중했다.

동료들과 마찬가지로 나도 버클리캠퍼스 연구실에서 크리스퍼를 탐색하고 개발하는 한편, 유전자 편집을 이용한 치료법 개발 연구를 이해하는 데에도 점점 더 많은 시간을 쏟았다. 치료법 개발은 수많은 기초 연구실과 몇몇 스타트업 생명공학 회사에서 진행되었다. 크리스퍼의 비밀을 밝히고 세포 속 유전자 정보를 조작할 수 있는 크리스퍼의 엄청난 잠재력을 탐색하는 총체적인 거대 무리에 속해 있다는 느낌은 나를 아주 기쁘게 했다. 그중에서도 가장 뿌듯했던 것은 우리의 연구가 농업부터 의학까지 넓은 분야에서 긍정적인 발전을 이루리라는 점이었다. 하지만 때로 나는 깊은 밤중에 깨어 급성장하는 이 분야에 예민하게 신경을 곤두세운, 하지만 항상 좋은 동기를 가진 것만은 아닌 과학계 외부 사람들에 관해 생각하곤 했다.

이때쯤 이 책의 공동저자인 샘 스턴버그와 내 연구실의 박사과정 학생이 한 기업가에게 이메일을 받았다. 그녀를 편의상 크리스티나라고 부르기로 한다. 크리스티나는 샘에게 크리스퍼 관련 사업을 다룰 자신의 새 회사에 관심 있는지, 함께 만나서 자신의 사업 아이디어를 점검해줄 수 있는지 물었다.

겉보기에 크리스티나의 제안은 놀라울 것이 없었다. 크리스퍼가 개발되고 전파되는 속도, 그리고 생명공학 시장의 수많은 분야를 붕괴시킬 크리스퍼의 잠재력이 증가하는 상황에서, 유전자 편집과 연관된 새로운 회사, 제품, 라이선스 계약은 매주 생기고 발표되었다. 하지만 얼마 지나지 않아 샘이 알아차렸듯이, 크리스티나의 회사는 달랐다. 매우 달랐다.

샘은 크리스티나와 캠퍼스 근처 고급 멕시칸 식당에서 만났을 때만 해도 무엇을 듣게 될지 짐작조차 할 수 없었지만, 짐작했더라도 그 대화에서는 무방비 상태였다. 크리스티나의 이메일은 모호했지만, 직접 대면하자 그녀는 샘에게 도움을 받아 개발하려는 기술에 관해 숨김없이 말했다.

칵테일을 마시면서 크리스티나는 샘에게 행운의 부모에게 세계 최초로 건강한 '크리스퍼 아기'를 안겨주고 싶다고 말했다. 크리스티나의 설명에 따르면 이 아기는 실험실에서 체외수정을 통해 만들지만 특별한 특징을 갖추게 되리라고 말했다. 즉, 개인맞춤형 DNA 돌연변이를 크리스퍼로 집어넣어서 유전 질병의 가능성을 제거한 아기를 만든다고 했다. 크리스티나는 샘에게 자신의 기업에 과학자로 참여하라고 권하면서, 자신의 신사업은 사람 배아에다 질병 예방에 필요한 유전자 변형만 한다고 보장했다. 샘이 사업에 참여하면, 태어나지 않은 아기의 건강에 불필요한 돌연변이를 만드는 일에 대해 우려할 필요가 없다고도 했다.

크리스티나는 이 과정이 어떻게 작용하는지, 또 얼마나 쉬운지 샘에게 설명할 필요가 없었다. 크리스티나가 원하는 대로 사람 게놈을 편집하는 일은 당시 알려진 기술만으로도 충분했다. 예비 부모의 난자와 정자를 채취해서 시험관에서 배아를 발생시키고, 미리 프로그래밍한 크리스퍼 분자를 이 배아에 넣어 게놈을 편집한 뒤, 예비 어머니의 자궁에 편집한 배아를 착상한다. 이후의 과정은 저절로 굴러가게 두면 된다.

샘은 디저트가 나오기 전에 자리를 떴는데 그만하면 충분히 들었다고 생각했기 때문이다. 크리스티나가 보장했지만, 이 대화를 난처하게 여긴 샘은 거기서 빠져나왔다. 샘이 느끼기로 크리스티나는 크리스퍼의 능력과 가능성에 사로잡혀 있었다. 나중에 샘은 크리스티나의 눈에서 프로메테우스 같은 번득임을 보았으며, 마음속에는 자신이 설명하던 선한 의도의 유전자 변형 외에 또 다른 대담한 유전적

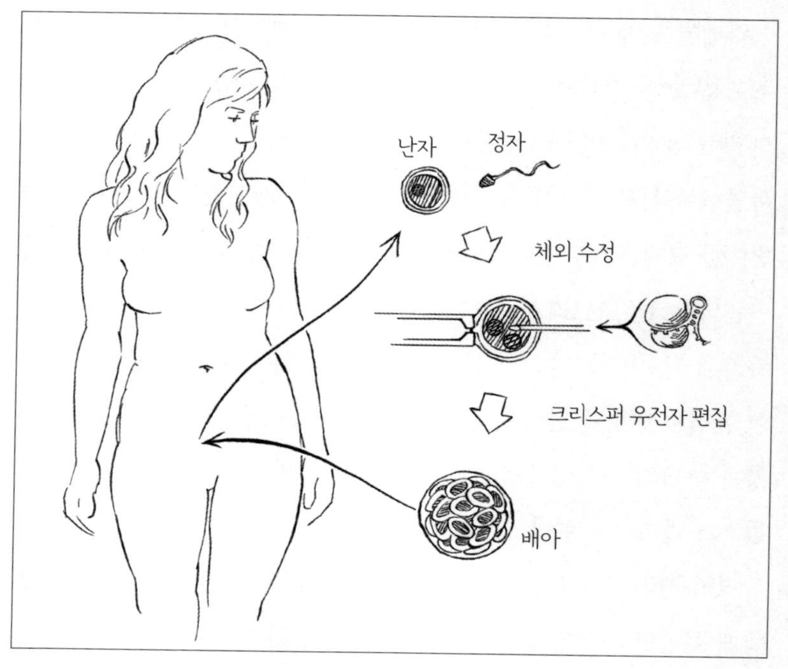

인간 배아의 유전자 편집 과정

향상에 대한 욕망이 숨어 있는 듯했다고 말했다.

이 일이 몇 년만 일찍 일어났다면 샘과 나는 크리스티나의 제안을 망상이라고 치부했을 것이다. 물론 SF에는 유전자 변형 인간이 등장하며, 이들은 인간의 '자기 진화' 가능성을 점치는 철학적이며 윤리적인 사색을 이끄는 유익한 존재다. 하지만 '호모 사피엔스' 게놈이 갑자기 실험실의 대장균 같은 세균 게놈처럼 조작하기 쉬워지지 않는 한, 이 같은 프랑켄슈타인 계획을 바로 실행할 사람은 없다.

지금은 이런 추측을 더는 웃어넘길 수 없다. 사람 게놈을 세균 게놈처럼 쉽게 조작하는 일이 '정확하게' 크리스퍼의 역할이기 때문이다. 사실 샘이 크리스티나와 만나기 한 달 전에 정확한 유전자 편집으로 게놈을 교정한 최초의 원숭이가 태어났고, 크리스퍼 연구는 호모 사피엔스의 진화로 이끄는 문 앞으로 꾸준히 전진하고 있었다.[1] 영장류와 그 이전의 벌레부터 염소까지 다른 동물 종을 크리스퍼로 조작하는 발전에 힘입어, 점점 길어지는 크리스퍼로 게놈을 조작한 생물 목록에 사람이 올라가는 일은 시간문제였다.

나는 이 가능성을 예민하게 인식하고 이해했다. 인간유전학이 더 발전하고, 식량을 지속 가능한 상태로 생산할 수 있으며, 파괴적인 유전 질병을 치료하는 등, 유전자 편집이 우리 세계에 가져올 압도적이며 긍정적인 효과를 부정할 수는 없지만, 크리스퍼가 다른 용도로 사용되는 일을 상상하면서 점점 우려가 커졌다. 우리의 발견이 유전자 편집을 '너무' 쉽게 만들었나? 과학자들은 자신의 연구가 불러올 결과나 타당성에 대한 고려 없이 새로운 연구 분야에 무턱대고 뛰어들고 있지 않은가? 크리스퍼는 특히 사람 게놈과 관련된 부분에서 악용되거나 남용될 수 있을까?

나는 특히나 머지않은 미래에 과학자들이 사람 게놈에 유전성 변형을 시도해서, 살아 있는 환자의 질병을 치료하는 것이 아니라 아직 태어나지 않거나 수정되지도 않은 아이가 앓으리라고 '예상되는' 질병을 제거하려 하지 않을까 걱정하기 시작했다. 결국 이 문제는 크리스티나가 샘에게 한 제안과 정확하게 일치한다. 만약 크리스티나가 실패했더라도, 같은 생각을 하는 다른 사람이 나타나지 않으리라고 장담할 수 있을까?

이 가능성은 나를 괴롭혔다. 인간은 이전에는 크리스퍼 같은 도구를 가져본 적이 없었다. 인간은 유전자를 편집하는 세대의 변덕에 따라 유전자 암호가 지워지고 교정되어, 크리스퍼가 살아 있는 사람뿐만 아니라 미래 후손의 게놈에까지 거듭해서 덧씌운 유전자 집합으로 바꿀 가능성이 있었다. 심지어 샘과 크리스티나의 만남을 통해 과학자가 결과를 숙고하지 않은 채 후손의 DNA를 교정하는 문제에 관해 모든 사람이 나와 같은 두려움을 공유하지는 않는다는 현실을 받아들여야만 했다. 한 가계의 생식세포에 내려오는 겸상적혈구병을 제거하든 질병 치료와는 상관없이 특질을 향상하기 위해서든, 누군가는 인간 배아에 크리스퍼를 사용할 것이다. 그리고 장기적인 안목에서 인간 종의 역사를 예측할 수 없는 방식으로 바꿀 것이다.

내가 고민하기 시작한 문제는 유전자 편집이 인간 생식세포 DNA를 변형하는 데 사용되는 일 자체보다는, '언제' 그리고 '어떻게' 사용될 것인지의 문제였다. 또 내가 언제, 어떻게 크리스퍼가 후손들의 유전자를 바꾸는 데 사용되어도 괜찮을지에 관해 발언하려면, 우선 이전의 생식세포 편집이 이룬 과학적 성취와의 차이점을 정확하게 이해해야 한다는 점도 깨달았다. 이전에 인간 생식세포에서 이루어진 의료기술은 어떤 것이 있었고, 어떻게 받아들여졌을까? 이전의 이런 치료술은 어떤 목적으로 개발되었을까? 전임자들, 특히 이전 세대 과학계 전문가들은 내가 크게 경계하게 된 인간 생식세포 조작에 관해 어떻게 생각했을까?

ꩠ

인간 생식세포 변형에 관한 논쟁은 크리스퍼가 나타났을 때 시작된 것이 아니다. 이는 사실과 전혀 다르다. 유전자 편집에 관한 단서가 나타나기 시작했을 때, 생식의학을 전공한 의사들은 이미 임신을 위해 특정 배아를 고르면서 다음 세대에 물려줄 유전자를 선택하고 있었다. 언젠가 인간이 자기 유전자의 주요 저자가 되리라는 전망에 의사와 과학 감시자들이 동요한 지는 훨씬 오래되었다.

일단 유전정보를 암호화하는 DNA의 역할이 증명된 후로는, 과학자는 비록 적절한 기술은 없었어도 합리적으로 유전암호를 조작한다는 가능성을 인식하기 시작했다. 1960년대에 유전암호를 해독했던 생물학자 중 한 사람이며 노벨 생리의학상 수상자인 마셜 니런버그Marshall Nirenberg는, 1967년 인간이 "스스로 생물적 운명을 만들어낼 힘, 이 힘은 지혜롭거나 어리석게 사용될 수 있으며 인류를 더 향상하거나 해악을 끼칠 수 있다"[2]라고 썼다. 이런 힘이 과학자의 손안에만 들어 있으면 안 된다고 생각한 니런버그는 "이 기술의 적용을 결정하는 일에는 사회 전체가 참여해야 하며, 오직 충분히 교육받은 사회만이 지혜로운 결정을 내릴 수 있다"라고도 했다.

모든 과학자가 차분하게 반응하지는 않는다. 〈아메리칸 사이언티스트〉는 불과 몇 년 후, 당시 캘리포니아공과대학교의 생물리학 교수였던 로버트 신셰이머Robert Sinsheimer가 인간 유전자 변형을 "어쩌면 인류 역사상 가장 중요한 개념의 하나[3] (…) 최초로 생물이 자신의 기원을 이해하고 스스로 미래를 설계할 수 있게 되었다"라고 묘사한 기고문을 실었다. 신셰이머는 유전자공학이 완벽한 인류라는 영원하고도 덧없는 공상의 현대판에 불과하다고 비판한 사람들을 이렇게 조롱했다. "인간이 불완전하며 결함으로 가득한 생물이라는 사실은 너무나 명확하다. 인류의 진화를 살펴보면, 그 외에 다른 길이 없었다. (…) 하지만 지금 우리는 또 다른 길, 내부의 압제를 풀고 본질적인 결함을 직접 치유할 기회를 엿보았다. 현재의 통찰을 넘어서, 이 길은 20억 년의 진화를 거쳐 탄생한 놀라운 산물을 완성할 수 있다."

신셰이머의 글이 발표된 지 20년도 안 되어, 과학자들은 신셰이머가 1960년대 말에 그저 엿보기만 했던 완벽함으로 향하는 길을 재빠르게 찾아냈다. 1990년대 초에는 유전자 치료법이 사람 환자를 대상으로 임상시험에 들어갔다. 반면 인간 생식세포의 정확한 변형은 이 당시의 상대적으로 진보한 기술로도 실현할 수 없음이 명확해졌지만, 이런 사실이 가능성 앞에서 서성거리는 과학자들을 막지는 못했다. 최초의 임상시험을 주도했던 과학자인 프렌치 앤더슨은 체세포든 생식세포든, 인간의 향상을 위해 유전자 치료법을 이용하는 일의 위험성과 윤리적 문제를 강조했다. 특히 앤더슨은 과학자가 이 새로운 힘을 책임감을 갖고 사용할지에 대해 의문을 제기했다. 앤더슨은 과학자는 그저 "눈에 보이는 것은 무엇이든 분해하기 좋아하는 어린이와 같을 수도 있다.[4] 시계를 분해할 만큼 영리하고, 어쩌면 분해한 시계를 다시 조립해서 시계가 다시 작동할 만큼 매우 영리할 수도 있다. 하지만 소년이 시계를 '향상'하려고 시도하면 어떻게 될까? 더 큰 시곗바늘을 달아서 시간을 확인하기 더 편해질 수도 있다. 하지만 시곗바늘이 너무 무거우면 시계는 서서히 느려지거나 제멋대로 움직이거나, 아예 멈출 수도 있다. (…) 시계를 개선하려는 이런 시도는 시계를 망가뜨리기만 할 뿐이다"라고 말했다.

앤더슨 같은 선도적인 과학자의 경고에도 불구하고, 인간의 유전자를 변형하거나 개선하려는 생각은 지난 20세기 동안 계속 몇몇 생물학자를 충동질했다. 이런 과학자들의 열정은 인간 유전자 치료 연구와 발전에 쏟아졌고, 불임 연구와 동물 연구, 인간유전학이라는 세 가지 주요 분야의 중대한 발전에도 투영되었다.

그 당시에는 인류의 유전자를 언젠가는 '개선'하겠다고 꿈꾸거나 영감을 찾아 헤매는 과학자라면 누구나 불임 치료의 발전에 관심을 두었다. 1978년, 세계 최초의 '시험관 아기' 루이스 브라운Louise Brown의 탄생은 인간의 생식이 단순한 실험 과정으로 대체될 수 있다는 점을 보여주는 생식생물학의 분수령이 되었다. 분리한 난자와 정자를 페트리 접시에서 섞어서 접합체를 형성하고 다세포로 분열한 배아가 성장하면, 이 배아를 여성 자궁에 착상하는 것이다. 체외수정법은 다양한 이유로 불임이 된 부부가 유전자를 이어받은 아이를 갖게 해주는 동시에, 실험실에서 수정란이 자라는 초기 배아 단계에서 수정란을 조작할 기회의 문을 열었다. 결국 사람이라는 생명체를 유전자 편집 기술이 개발되는 것과 같은 멸균 환경인 페트리 접시에서 창조할 수 있다면, 두 기술이 언젠가는 하나로 수렴될 수도 있다. 불임 회피를 목표로 한 연구는 우연하게도 후일 생식세포 조작 논쟁에 통합될 과정을 개선했다.

동물 연구 역시 인간 생식세포 편집에 거의 접근했다고 생각한 과학자들을 고무시켰다. 지난 20세기 후반의 몇십 년 동안 과학자들은 클로닝부터 바이러스에 기반을 둔 유전자 삽입, 정확한 유전자 편집 초기 기술까지, 기발한 방식의 동물 게놈 변형 기술을 고안했다. 1990년대에는 생쥐 생식세포의 특정 유전자를 변형해서 인간 질병 모델을 생쥐에 정립하는 과정이 상당히 일상적인 실험이 되었다. 물론 이 실험 과정을 인간에게 적용할 수는 없지만 징크 핑거 뉴클레이즈와 크리스퍼 같은 기술을 발명하는 기반이 되었고, 두 기술은 이전의 투박했던 생쥐 생식세포 유전자 편집 기술을 능률적이고 정확하며 최적화된, 사람에게 더 적합한 방법으로 바꾸었다. 20세기는 또한 1996년에 유명한 복제 양인 돌리가 태어나면서 최초의 포유류 복제의 성공을 지켜봤다. 성체 양에서 채취한 체세포에서 모든 DNA를 보존한 핵을 꺼내 핵을 제거한 난자에 넣어 잡종 세포를 만든 후, 분열하도록 자극하면 배아가 된다. 이렇게 만든 배아를 대리모에 착상해서 스코틀랜드의 이언 윌머트Ian Wilmut 연구팀은 공여자의 게놈을 완벽하게 가진 암양을 만들었다.

체외수정과 복제 기술은 거대한 기술적 돌파구로 생식세포 변형의 기반을 닦았다. 이 기술로 과학자는 실험실에서 난자와 정자를 섞어 살아 있는 배아를 만들 수 있었을 뿐만 아니라, 한 생물에서 얻은 유전정보를 이용해서 배아를 만들 수 있다는 점도 증명했다. 이 위대한 업적으로 전 세계 규제기관은 허둥지둥 인간의 생식용 복제를 금지하는 법률을 제정했다. 후에 밝혀진 대로, 포유류 복제는 기술적으로 난해해서 세계에서도 시도할 수 있는 연구실이 거의 없다. 따라서 크리스퍼와 달리, 체세포 핵이식 기술은 숙련도 높은 전문가가 있어야만 하므로 저절로 효과적으로 제어된다.

마지막으로 후세대의 DNA를 바꾸려는 열정, 특히나 인간 게놈의 서열을 바꾸려는 열정은 인간유전학에서 생긴 돌파구의 자연스러운 결과물이다. 이 놀라운 발전은 수많은 사람에게 유전학자들이 예전에는 알 수 없었던 질병의 근본 원인과 신체적 특징부터 인지적 특성에 이르는 광범위한 인간 표현형과 관련된 유전암호를 금방 찾으리라는 생각을 심어주었다. 일단 사람의 건강과 행동을 결정하는 유전적 요인을 충분히 이해하면, 부모의 유전자 조성과 다른 배아를 선택하거나 더 나아가 조작할 수 있을지도 모른다. 부모보다 '우수한' 배아를 만드는 것이다.

아니면 이는 과학자 일부만이 꿈꾼 미래일 수도 있다. 나 역시 크리스퍼 이전 시대에는 결과를 생각하지 않고 생식세포를 개조할 가능성을 향해 쏟아지는 맹목적인 낙관이라 여겨 회의적이었다. 이런 과정이 정말로 안전하게 후손의 유전 질병을 모두 제거할 수 있을까? 아니면 예견할 수 없는 부작용을 낳을까? 이 질문의 답을 알 수 있는 실험은 할 수 없다. 또 안전하다고 하더라도, 의사나 부모들은 정말로 엄격하게 치료에만 집중할까? 아니면 부수적인 변형을 가하면서 선을 넘을까? 당시 나는 이 질문들에 대해 깊이 생각하지 않았지만, 그럼에도 이 질문은 생식세포와 관련된 주제가 나올 때마다 나를 괴롭혔다.

1998년, 생식세포 변형에 대해 점점 더 커지는 열기 또는 우려에 존 캠벨John Campbell과 그레고리 스톡Gregory Stock 두 과학자는 캘리포니아대학교 로스앤젤레스캠퍼스에서 이 주제에 관한 첫 번째 심포지엄을 개최했다. 인간 생식세포 공학이라는 명칭의 학술 토론회에서 이 분야의 통찰력 있는 연구자들의 강연이 이어졌다. 여기에는 유전자 치료 개척자인 프렌치 앤더슨, 초기 유전자 편집의 아버지인 마리오 카페키, DNA 구조의 공동 발견자인 제임스 왓슨도 있었다. 나는 그때도 작은 RNA 분자가 정교한 3차원 구조로 접히는 과정을 연구하고 있어서 참석하지 않았지만, 몇 년 후 토론회 기록을 보고[5] 인간 생식세포 변형에 우려를 표하는 사람이 나뿐만이 아니며 내 고민이 전혀 새로운 것이 아니라는 점을 알 수 있었다.

최근 크리스퍼의 출현으로 다시 수면 위로 떠오른 생식세포 변형에 관해 우리가 고민하듯이, 당시 학술 토론회의 참석자들도 후세대의 동의, 불평등, 접근 기회, 의도치 않은 결과 등 지금과 비슷한 수많은 우려를 고민했다. 오늘날 우려를 표하는 많은 과학자처럼, 이들도 과학자들이 인간 생식세포를 변형시켜 자연법칙 또는 신의 계율을 넘어설지, 이런 노력이 20세기 초 어리석었던 믿음과 행동의 집합체이며 주류 과학이 줄곧 거부해왔던 우생학을 뒷받침할지 등 곤란한 질문과 씨름해야 했다. 하지만 여기에 덧붙여서, 어쩌면 이런 무거운 윤리적인 고민에도 불구하고, 1998년 심포지엄 참석자들은 인류를 향상하는 데 최근의 과학적 돌파구가 보여줄 가능성에 대한 극단적인 낙관론에 취해 있었다. 공개토론회는 질병을 없애거나 심각한 유전자 결함을 피하는 방법, 진화의 자연스러운 행보를 전체적으로 개선하는 문제에 집중했다. 참석자들이 논쟁을 벌였듯이, 이런 종류의 중재술을 정당화하는 일은 상당히 괴로울 수도 있는 문제다.

몇 년 뒤 미국 과학진흥협회에서 발표한 유전되는 인간 유전자 변형에 관한 보고서는 훨씬 더 엄격하다.[6] 이 보고서는 생식세포 치료술의 윤리적인 우려가 심각하고 생식세포 변형이 개인을 향상하기 위한 목적으로 이용될 위험이 특히나 문제시되므로, 아직은 안전하지 않으며 책임감을 가지고 수행되지 못하리라는 결론을 내렸다. 몇 년 뒤 유전학과 공공정책연구소도 같은 결론에 도달했고,[7] 과학자가 성공적인 과정을 개발하면 특정 목적을 향한 소비자의 요구도 커지리라는 점을 인정했다.

학술회의와 보고서 외에도, 크리스퍼의 탄생과 함께 새로 긴급 안건이 될 생식세포 변형의 목표 몇 개가 논쟁과 더불어 나타났다. 비록 제한적이기는 하지만 부모가 자녀가 물려받을 유전정보를 선택할 수 있는 의료 과정의 출현이었다.

일단 체외수정 기술이 수정이라는 행위를 더 단순한 실험 과정으로 변화시키면서, 초기 발생 단계의 인간 배아를 다른 생물 표본과 다름없이 DNA 서열분석의 대상으로 삼게 되었다. 부모는 자신의 DNA를 각각 절반씩 자녀에게 물려주므로, 특정 염색체나 유전자 집단이 유전될 확률은 기본적으로 무작위다. 하지만 실험실에서 여러 개의 난자와 정자로 배아를 여러 개 만들 수 있게 되면서 모든 것이 바뀌었다. 어머니에게 무작위 배아를 착상하는 대신, 체외수정 전문가는 먼저 후보 배아들의 DNA를 분석해서 가장 건강한 게놈을 가진 배아를 선택한다. 이 과정을 '착상 전 유전자 진단법PGD'이라고 부른다.

물론 유성생식으로 생긴 배아의 출생 전 유전자 진단도 존재하며, 지금은 흔히 이루어지는 검사 중 하나다. 극소량의 태아 DNA가 떠다니는 임신부의 양수를 검사하거나 단순한 혈액 검사로도 다운증후군 같은 염색체 이상이나 특정 질병을 유발하는 유전자 돌연변이를 진단할 수 있다. 그러나 여기에는 윤리적인 문제가 도사리고 있다. 결국 태아 검사가 파괴적인 유전자 결함으로 고통받는 태아를 찾아내면 이후 선택 사항은 보통 두 가지뿐이다. 임신을 지속하거나 유산하는 것이다. 진단 기술의 적용이 선택적 유산을 둘러싼 격렬한 논쟁을 일으키는 것은 어쩌면 당연한 일이다.

반면, 물론 비용이 많이 들고 어머니에게서 외과적으로 난자를 채취해서 체외수정을 해야 하지만, 착상 전 유전자 진단법은 임신이 성립되기 전인 배아 선택 단계에서 시행되므로 곤란한 문제를 피할 수 있다. 착상 전 유전자 진단은 여전히 기술적인 어려움이 있지만, 전체적으로 볼 때 특정 유전 질병을 앓는 아이가 태어나는 일을 효과적으로 예방하며 불임으로 체외수정을 고민하는 부모에게 매력적인 선택 사항이 되고 있다. 그런데 이 기술은 유산이라는 윤리적인 문제를 회피하긴 하지만, 나름대로 무거운 철학적 짐을 지고 있다.

초기 실행 단계에서 착상 전 유전자 진단법은 의료 목적 때문이긴 했지만 태아 성별 감별에 이용되었다. X-연관 질병으로 알려진 X염색체 돌연변이와 관련된 질병은 여성 태아를 선택하면 피할 수 있다. 하지만 과학자의 좋은 의도에도 불구하고 많은 감시단체나 규제기관은 착상 전 유전자 진단법으로 부모들이 자녀의 성별을 결정하리라는 의구심에서 벗어날 수 없었다. 특히나 많은 나라에서 아들이 딸보다 선호되는 상황에서는 말이다. 현재, 착상 전 유전자 진단법을 성별 감별에 이용하는 일은 중국과 인도를 포함한 많은 나라에서 불법이며, 영국에서는 X-연관 질병을 피하는 경우에만 허용된다. 그러나 미국에서는 합법이며, 많은 불임클리닉에서는 긴급한 의료적 요인이 없더라도 부모에게 성별 감별을 선택사항으로 권한다.

착상 전 유전자 진단법은 또 다른 논쟁을 부르기도 했다. 바로 구세주 아기의 탄생이다. 구세주 아기는 착상하는 순간부터 자신의 삶을 살아가기 위해서뿐만 아니라 장기나 세포를 형제자매에게 제공할 목적으로 만들어진다. 미래에는 부모가 질병 감수성이나 성별을 넘어서 행동, 신체적 외모, 지능 등의 특성까지 선택할 수 있을지도 모른다. 이미 특정 유전자 돌연변이와 다양한 특성 간의 연관성 목록은 길어지는 중이다. 착상 전 유전자 진단 기술이 더 발전하면 불임클리닉이 이런 유전정보를 보여주면서 예비부모에게 가장 바람직하거나 '뛰어난' 배아를 선택하도록 권하는 상황을 막기 힘들지 않을까?

이런 형태의 유전자 검사의 영향력은 어마어마하지만, 생식 보조술에서는 가장 최신 기술도, 가장 발달한 기술도 아니다. 특히 눈에 띄는 최신 기술은 미토콘드리아 대체요법인 세 부모 체외수정법이다. 이 과정으로 태어난 아기는 부모가 두 명이 아니라 세 명이며, 아버지 한 명과 어머니 두 명의 DNA를 물려받는다. 핵을 제거한 난자에 다른 난자의 핵을 이식하는 이 치료법은 피할 수 없는 유전 질병인 미토콘드리아 질병에서 아기를 구하는 방법이다. 핵을 제거한 난자는 소량의 인간 게놈을 가진 미토콘드리아를 포함하므로, 이 과정은 핵 게놈을 물려주고 아기를 키우게 될 어머니와 핵을 제거하고 소량이지만 꼭 필요한 유전자를 제공하는 미토콘드리아 게놈만 물려줄 어머니, 그리고 정자를 제공해서 핵 게놈의 두 번째 요소를 제공할 아버지, 이렇게 세 명의 부모와 유전적 연관성을 갖춘 아기를 창조한다.

미토콘드리아 대체요법은 생쥐와 인간이 아닌 영장류에서 효과를 입증했으며 이미 사람 난자에도 시도되었다. 여전히 안전성 논란이 있지만 머지않아 임상에 적용하게 된다. 불임 연구와 치료법을 감독하는 영국 자문위원회는 미토콘드리아 대체요법을 2014년 보고서에서 지지했고, 이후 2015년 치료법을 승인하면서 영국은 세 부모 체외수정법을 법적으로 허용한 첫 번째 나라가 되었다.[8] 미국도 사정은 크게 다르지 않다. 2016년 초, 미국 과학기술의료학술원은 미국 식품의약국이 세 부모 체외수정법의 임상시험을 승인하도록 권고했다.[9]

착상 전 유전자 진단법이나 세 부모 체외수정법 같은 과정은 과학계와 의학계가 부모들이 건강한 아이를 낳을 수 있도록 윤리 한계선을 확장하려는 현실을 보여준다. 어느 측면에서는 생식용 복제와 기술적으로 유사하지만 상대적으로 철학이나 규제라는 측면에서 철저한 검토가 이루어지지 않은 세 부모 체외수정법은 논쟁의 여지가 훨씬 더 많다. 세 부모 체외수정법은 생식세포를 후세대에게 유전되는 방식으로 바꾸어 영구히 인간 게놈을 변형한다. 그럼에도 규제기관은 이 치료법을 허가했다.

위의 사례들을 읽으면서 나 자신에게 물었다. 크리스퍼의 영향력이 이전의 기술보다 더 강력한데도 규제기관과 과학자들은 크리스퍼를 이용해서 인간 게놈에 유전되는 변화를 일으키면서 개의치 않을 것인가? 예비부모의 게놈 외에 수많은 유전자 돌연변이로 배아 게놈을 개선할 수 있다는 점을 점차 깨달으면, 불임 전문의는 만들어낼 수 있는 결과를 반영하고픈 욕구를 억누를 수 있을까? 아니면 새롭게 발견한 힘이자 완벽히 통제할 수 없는 유전자 도구를 어둠 속에서 마구잡이로 휘두르면서 맹목적으로 달려들까?

⁂

나는 교수로서, 그리고 생화학자로서의 일상생활에서 이런 질문을 자신에게 던져본 적이 없다. 물론 대학원 진학지원서에 과학적 의사소통에 관심이 있다고 썼던 것은 기억하지만, 사실 실험실에서 일하며 새로운 실험을 설계하는 편이 내 연구가 미칠 이론적이며 장기적인 영향력을 생각해보고 일반인에게 설명하는 쪽보다 훨씬 더 좋다. 내 분야에 더 깊이 파고들수록 나는 전문가와 대화하는 데 더 많은 시간을 들였고, 나와 직접 접촉하는 전문가 외의 사람과 대화하는 시간은 갈수록 줄었다. 그렇게 나는 흔한 덫에 빠져들었다. 과학자도 다른 사람처럼 같은 말을 사용하고 크든 작든 같은 주제로 대화하는 비슷한 사람들 사이에 있을 때 가장 편안하게 느낀다.

그러나 나와 동료들이 크리스퍼라는 새로운 유전자 편집 기술에 관한 논문을 발표한 지 2년 뒤, 나는 이런 거대 담론에 속한 질문을 외면하고 친숙한 과학계라는 우물 속에만 머무를 수 없다는 점을 깨달았다. 과학자들이 크리스퍼를 이용해서 더 많은 동물의 유전자를 편집할수록, 그리고 이 기술의 능력을 더 확장할수록, 나는 어딘가의 과학자가 미래 후손의 게놈을 영구히 교정하기 위해 인간의 난자, 정자, 배아에 곧 크리스퍼를 들이대리라는 점을 깨달았다. 놀랍게도 누구도 이 가능성에 대해 목소리를 내지 않았다. 그 대신 유전자 편집 혁명은 영향을 받을 대상인 대중의 등 뒤에서 전개되었다. 크리스퍼 분야는 폭발하듯 성장하고 있었지만 과학계 외부의 누구도 이 상황을 인지하거나 무엇이 다가오고 있는지 모르는 듯 보였다. 점차 내 개인으로서의 삶과 전문가로서의 삶에 생긴 단절은 깊어졌다. 낮에는 과학자들과 관련 내용을 검토하고 밤에는 이웃과 저녁 식사를 하거나 학부모 교사 연합회의 부모들과 잡담을 나누면서, 이 두 세계가 서로에 대해 얼마나 무관심한지 놀라워했다. 영국 당국이 세 부모 체외수정법에 관해 열린 논쟁을 벌이는 동안, 내가 창조하는 데 일조한 이 기술을 둘러싸고 무르익는 윤리적인 태풍에서 몸을 피하기 위해 개인적인 사투를 벌였다.

과학자와 의사가 유전자를 편집해서 인간 게놈에 유전되는 변화를 일으키는 작업을 무조건 반대하는 것은 아니다. 확실히 하자면 여기에는 수많은 철학적인, 현실적인, 안전과 관련된 문제가 산재해 있으며, 이 문제에 관해서는 대부분 다음 장에서 설명하겠다. 여기에는 심도 있는 토론과 격렬한 논쟁이 따르겠지만, 이 중 무엇도 이 기술의 사용을 완벽하게 금지할 이유가 되지는 못한다. 나는 이보다는 더 실제적인 위험을 우려하고 있다. 첫째는 무모하고 허술한 실험을 통해 과학자들이 위험에 대해 적절한 통찰이나 숙고를 거치지 않고 조급하게 크리스퍼를 사용하는 상황이다. 둘째는 아주 효과적이며 사용하기 쉬운 기술인 크리스퍼가 남용되거나 비도덕적인 목적으로 사용되는 경우다.

남용되는 사례가 어떤 것일지, 누가 저지를 것인지는 알 수 없다. 내가 이 문제를 깊이 생각할 기회도 아직 얻지 못했던 2014년 봄에도, 내 잠재의식은 악몽이라는 형태로 답을 보여주었다. 그 악몽의 하나가 이 책의 서문에 썼던 꿈이다.

또 다른 꿈에서는 한 동료가 내게 다가와 누군가에게 유전자 편집 기술의 사용법을 가르치겠느냐고 묻는다. 동료를 따라 방에 들어가 가르칠 학생을 만나는데, 아돌프 히틀러가 살아서 내 앞에 앉아 있는 광경에 놀란다. 히틀러는 돼지 얼굴에, 펜과 종이를 들고 기록할 준비를 완벽하게 하고 있다. 히틀러 얼굴이 돼지인 이유는 아마도 그 당시 내가 크리스퍼로 인간화한 돼지 게놈에 대해 너무 많이 생각했기 때문인 것 같다. 열정적인 표정으로 시선을 내게 고정한 채 히틀러는 "당신이 개발한 이 놀라운 기술의 사용법과 영향력을 완벽하게 알고 싶소"[10]라고 말한다.

히틀러의 끔찍한 외모와 불길한 요구에 깜짝 놀라 잠에서 깼다. 어둠 속에 누워 내 심장이 뛰는 소리를 들으면서, 그 꿈이 남긴 불길한 예감에서 벗어날 수 없었다. 인간 게놈을 개조하는 능력은 진정 놀라운 힘이며, 잘못 오용되면 엄청난 비극을 가져올 수 있다. 이 생각은 나를 더 두렵게 했는데, 이 시점에서 크리스퍼는 이미 전 세계 사용자에게 파급된 상태였기 때문이다. 수만 개의 크리스퍼 관련 기술이 이미 수십 개 나라에 팔려나갔고,[11] 최소한 생쥐와 원숭이 같은 포유류의 돌연변이를 설계하는 데 필요한 지식과 실험 과정은 수많은 논문을 통해 자세히 발표되었다.[12] 설상가상으로 크리스퍼는 전 세계 수백 개 학계와 상업적 연구실에만 퍼진 것이 아니라, 누구나 온라인을 통해 11만 원가량의 비용으로 살 수 있었다.[13] 이렇게 판매된 DIY 크리스퍼 세트는 세균이나 효모 유전자를 변형하는 용도지만, 기술 자체가 단순하고 학계에서도 동물 게놈을 대상으로 일상적으로 하는 실험이라 바이오 해커가 이 세트로 더 복잡한 유전자 체계를 변형시키는 일은 어렵지 않았다.[14] 그 대상이 사람이라 해도 다르지 않다.

우리가 무슨 짓을 한 걸까? 에마뉘엘과 나는, 과학계 동료들은, 크리스퍼 기술이 유전 질병을 치료해서 환자를 살릴 수 있으리라고 기대했다. 지금은 아니지만, 그때는 우리의 연구 결과가 상상할 수 있는 온갖 방식으로 왜곡되리라고는 생각하지도 못했다. 모든 일이 얼마나 빠르게 진행됐는지, 그리고 얼마나 빨리 잘못될 수 있는지 상상하면서 압도된 나는 흡사 프랑켄슈타인 박사라도 된 기분이었다. 나는 괴물을 창조한 걸까?

이런 불안감만으로는 충분하지 않다는 듯이, 나는 과학자들이 자신의 연구를 투명하게 실행하지 않을지도 모른다는 또 다른 가능성을 발견하고 걱정하는 자신을 발견했다. 과학이란 혼자 해낼 수 있는 일이 아니다. 특히나 종종 중대한 과학적 발견이 사회 전체에 직접 영향을 미치는 응용과학에서는 정말로 그렇다. 나는 말하자면, 돌이킬 수 없게 되기 '전에' 이 분야 과학자들이 책임감을 느끼고 자신의 연구를 공개하고 대중에게 알리며, 자신의 연구에서 파생될 수 있는 위험, 이익, 영향에 관한 공적 토론에 참여하리라고 믿는다.

크리스퍼의 경우, 정신없이 달려가는 과학 연구 속도보다 공적 토론의 속도가 뒤떨어질 것이 확실해 보였다. 유전자 편집에 관한 솔직한 논의가 이루어지기 전에 인간에게 크리스퍼를 적용하는 실험을 시도한다면 반발이 일어날지 궁금했다. 그런 반발이 성인 환자의 유전 질병을 치료하는, 더 긴급하고 논란의 여지가 없는 크리스퍼의 치료법 응용을 늦추거나 손상할 가능성도 있다고 봤다. 이런 예상에 점점 더 걱정이 커지면서 나는 어떻게 해야 할지 단서를 찾아 헤맸다.

이때쯤 나는 핵무기에 빗댄 비유를 생각하고 있었다. 핵무기 개발은 과학이 은밀하게 발전하면서 과학자들의 발견을 어떻게 이용해야 할지 적절한 토론이 이루어지지 않은 분야다. 특히나 제2차 세계대전이 진행 중인 시기여서 더욱 그랬다. 버클리대학교 물리학 교수였으며 원자폭탄의 아버지 중 한 명인 로버트 오펜하이머J. Robert Oppenheimer는 전쟁이 끝나자 열린 여러 안보 청문회에서 이 점을 명확하게 밝혔다. 핵무기 경쟁의 종말을 요구하는 오펜하이머의 거침없는 행보와 공산주의자로서의 행적은 정치가의 분노를 샀다. 소비에트 연방의 첫 번째 원자폭탄 실험에 대한 미국의 대응에 관한 논평과 더 강력한 수소폭탄 개발에 대한 논쟁에서 오펜하이머는 "내 생각으로는, 기술적으로 달콤해 보이는 것을 보면 일단 먼저 해보고 기술적으로 성공한 후에나 그 기술로 무엇을 할지 논쟁을 벌이고들 있다. 원자폭탄을 개발했을 때가 바로 그랬다. 아무도 원자폭탄 개발을 반대하지 않았지만, 원자폭탄이 만들어진 후에는 어떻게 사용할지에 대해서 논쟁이 일어났다"[15]라고 말했다.

오펜하이머의 말은 내게 양심의 가책을 더할 뿐이었다. 어쩌면 먼 훗날 우리는 크리스퍼와 유전자 변형 인간에 관해 똑같이 말할지도 모른다. 인간 유전자 편집이 핵무기 투하와 맞먹는 재앙을 부르지는 않겠지만, 크리스퍼 연구를 뒤돌아볼 새 없이 서두르는 상황은 여전히 좋게 보이지 않는다. 최소한 새로운 생명공학 기술에 대한 사회의 신뢰를 약화시킬 것이다. 사실 농업계에서 일어나는 특정 형태의 유전자 변형에 대해 널리 퍼진 불안과 반감을 생각할 때, 나는 생식세포 편집에 관한 대중의 정보 부족으로 크리스퍼를 더 안전하고 중요하게 사용하려는 시도가 방해받지 않을까 특히 우려하게 되었다.

내 마음이 이런저런 시나리오들로 어지러워지자, 어떻게 하면 이 문제를 알릴 수 있을지 궁금해지기 시작했다. 나는 한발 앞서 움직여서 내가 탄생에 이바지했던 이 기술에 관한 솔직하고 공개적인 대중 담론을 형성할 방법을 찾고 싶었다. 원자폭탄처럼 현실이 되어버린 후가 아니라 대재앙이 일어나기 전에, 나와 다른 과학자들은 크리스퍼를 그 자신에게서 구할 수 있을까?

나는 또 다른 중요한 생명공학 기술의 역사적 순간, 경고의 목소리가 과학계와 그 외부세계까지 울렸던 한 사례에서 답을 찾았다. 당시도 지금처럼, 우려의 원인은 유전공학에서 발견한 돌파구였던 재조합 DNA의 탄생이었다. 이때 과학자는 자신의 연구가 부주의로 해악을 끼치지 않도록 완벽하게, 성공적으로 사전조치를 마련했다.

1970년대 초, 과학자들은 초기 유전자접합 기술에서 중요한 성취를 이루었다. 화학적으로 유전자를 이어붙이거나 재결합시키고, 유전물질을 다른 생물에서 소량 분리해서 이전에는 없었던 합성 DNA 분자를 창조했다. 스탠퍼드대학교 생화학자이며 노벨상 수상자인 폴 버그Paul Berg는 최초로 세균 바이러스인 람다 파지와 세균인 대장균, 원숭이 바이러스인 시미안 바이러스 40(SV40)의 세 DNA를 결합하는 업적을 이루었다.[16] 버그는 우선 바이러스 DNA와 세균 DNA를 결합한 후, 이 잡종 미니 염색체를 세포에 넣어 정상적이지 않은 환경에서 발현하는 각각의 유전자 기능을 연구하려 했다.

그러나 당시 버그와 다른 과학자들은 변형한 유전자 물질을 실험하는 일은 예상치 못했던, 잠재적으로 위험한 결과를 일으킬 수 있다는 점을 깨달았다. 가장 큰 문제는 합성 DNA가 잘 보관되지 않아 어떻게든 연구실 밖으로 유출되면 일어날 상황에 대한 우려였다. 버그가 세운 첫 번째 계획은 유전물질을 연구소에서 사용하는 대장균주에 넣는 방법이었으나, 사람의 소화계에는 무해한 대장균 수십억 마리가 떠다니므로 유전자 변형한 대장균이 사람에게 감염되어 해를 끼칠 가능성이 있다고 보았다. 게다가 SV40 바이러스가 생쥐에서 종양을 유발한다는 사실이 밝혀지면서 SV40 DNA 조각이 새로운 발암 병원체가 될 수도 있었고, 환경에 방출되면 발암 유전자나 항생물질 내성을 사람이나 다른 생물 종에 전파하는 혼란을 부를 수 있었다.

이런 우려로 버그 연구팀은 실험을 중단했다. 대신 버그는 캘리포니아주 몬터레이 반도의 서쪽 끝 퍼시픽 그로브 시에 자리하며, 그림 같은 풍경을 갖춘 아실로마 컨퍼런스 그라운드에서 열린 두 회의를 조직했다. 자신의 연구를 더 진행하기 전에, 버그는 손익분석을 철저하게 하려고 동료 과학자들의 도움을 구했다.

1973년 회의는 훗날 아실로마 I으로 불리는데, 암 바이러스 DNA와 여기에 내재한 위험성에 초점을 맞추었다. 여기서는 버그가 고려하던 새로운 재조합 DNA 실험을 직접 언급하지는 않았다. 하지만 같은 해 열린 두 번째 회의는 특별히 유전자 재조합에 집중했다. 이 회의에서 제기된 우려에 과학자들은 미국과학학술원이 위원회를 설치해서 신기술을 먼저 조사해달라고 요청했다. 버그는 1974년 MIT에서 구성된 재조합 DNA 분자위원회의 의장이 되었다. 회의가 끝나자 〈재조합 DNA 분자가 지닌 잠재적 생물재해 위험에 관해〉라는 제목의 보고서[17]가 발표됐다.

'버그의 편지'라고도 불리는 이 보고서는 위원회가 대단히 위험하다고 여기는 실험을 전 세계가 중지해달라는 전례 없는 요청이다. 특히 항생제 내성을 새로운 세균주에 확립하는 실험과 발암 동물 바이러스와의 DNA 잡종을 만드는 실험을 언급했다. 이는 규제기관이나 정부의 제재가 없는 상태에서 과학자들이 자발적으로 실험 전체를 중단한 최초의 사례다.

'버그의 편지'는 세 가지 권고 사항도 포함했다. 첫째, 과학자들은 동물 DNA와 세균 DNA를 융합하는 실험에 신중하게 접근하기로 했다. 둘째, 미국국립보건원은 자문위원회를 설립해서 앞으로 생겨날 재조합 DNA 관련 주제를 감독한다. 셋째, 국제회의를 소집해서 전 세계 과학자가 이 분야의 최근 진전 상황을 검토하고 예상되는 위험을 다룰 방법을 비교할 수 있게 한다. 이 마지막 권고 사항은 1975년 2월 아실로마에서 열린 재조합 DNA 분자 국제회의를 조직하는 원동력이 되었다.

아실로마 II 회의에서는 더 많은 조항이 체결됐다.[18] 참석자는 대부분 과학자였으며 법률가와 정부 관료, 언론인까지 대략 150여 명이 모였다. 생물학 전문가들 간에도 재조합 DNA 실험의 상대적인 위험성에 서로 동의하지 않으면서 토론은 때로 격렬해지기도 했다. 연구의 긴급중단을 빨리 끝내는 일에 반대하는 사람은 위험성에 대해 더 많이 알아내기 전까지는 특정 실험을 계속 금지해야 한다고 생각했다. 위험은 존재하지 않거나 아주 적으며 적절한 안전 조치로 충분히 예방할 수 있다고 생각하는 사람도 있었다. 결국 버그와 동료들은 대부분의 실험을 금지조치에서 풀되[19] 생물적, 물리적 방어벽을 만들어서 유전자 변형 생물을 격리하는 적절한 안전지침을 만들기로 했다.

해결책이 나왔다는 사실도 중요하지만, 아실로마 II는 과학자와 대중 사이의 연결고리를 구축했다는 점에서도 상당히 중요하다. 아실로마 회의에 참석한 언론인은 대중에게 과학계의 결정을 알렸다. 일부 과학자가 걱정했듯이 대소동이 일어나거나 불완전한 규제를 받는 대신, 이 회의가 보여준 투명성은 결국 대중의 지지를 받아 연구를 진행하도록 동의를 받았다.[20]

하지만 아실로마 II도 비판받는 측면이 있다. 이 회의에는 초대받은 사람만 들어갈 수 있었고, 참석자 중에서 비과학자는 소수였으며, 과학계 외부를 끌어들일 만큼 폭넓은 관심을 끄는 데 실패했다는 평도 있다.[21] 회의 의제에서 생물보안과 윤리 같은 주제가 빠진 데 대해 비판하기도 한다.[22] 어쩌면 비난 대부분은 전문가가 신기술을 둘러싼 위험과 이익, 윤리적 문제를 가장 잘 평가하고 설명할 수 있으며, 따라서 전문가가 논쟁의 조건을 규정해야 한다는 생각 때문에 나왔을 수 있다. 애리조나주립대학교 과학사학자인 벤저민 헐버트Benjamin Hurlbut는 이렇게 평했다. "이 접근법은 민주주의를 오해한 결과다. 기술은 우리가 바라는 미래상을 민주적으로 명료하게 표현하는 대상이어야 하며, 그 반대가 되어서는 안 된다. 과학과 기술은 사회에 봉사해야 한다고 여겨지며, 이 약속은 진지하게 받아들여야 한다. 무엇이 옳고 세상에 적절한지, 그리고 도덕의 근간을 위협하는지 생각하는 일은 민주주의의 역할이지 과학의 역할이 아니다."[23]

나도 개개인이나 집단으로서의 과학자보다는 사회 전체가 기술의 사용 방식을 결정해야 한다는 점에는 전적으로 동의한다. 그러나 여기에는 한 가지 문제가 있다. 사회는 이해하지 못하는 기술에 대해서는 무엇도 결정할 수 없으며, 특히 기술에 대해 아무것도 모르는 상태에서는 더더욱 그렇다. 과학의 기술적 성취를 소개하고 이해하기 쉽게 설명해서 신기술의 영향력을 이해하고 어떻게 사용할지 결정하도록 대중에게 과학적 발견을 알려줄지는 버그와 동료들의 사례에서 보듯이, 과학자에게 달려 있다. 결국 처음 유전자 재조합이 개발되었을 때 생물학자 대부분은 그럴 필요성조차 인지하지 못했다. 논쟁은 이 기술이 무엇이며 어떤 실험이 가능해지는지 이해할 수 있는 과학계 내부 전문가들 사이에서 시작되었다. 버그와 동료들은 논쟁을 대중에게 알리고 일반인들이 이해할 수 있는 언어로 기술을 자세히 설명하도록 언론을 초대하여 과학자와 대중 사이의 벽을 허물었으며, 이후 재조합 DNA 관련 연구와 임상 응용을 폭넓게 감독하게 된 재조합 DNA 자문위원회라는 공권력이 들어올 길을 닦았다.[24]

40여 년이 지난 2014년 초에, 나는 크리스퍼뿐만 아니라 유전자 편집 전반에 관해서도 이와 비슷한 접근법을 취해야 한다고 생각했다. 기술은 이미 들불처럼 전 세계 과학계에 번져나갔고, 짧은 시간 동안에도 정밀한 유전자 편집이 다양하고 수많은 동물에 시도되었다. 모든 상황이 머지않아 인간 체세포에 치료 목적으로 이 신기술이 적용되리라고 말하고 있었다. 그런데도 과학자와 대중은 바로 이 기술이 곧 인간 배아에 사용될 현실적인 가능성을 무시하고 있으며, 인간 생식세포 편집의 중요성을 명백하게 인식하지 못하는 듯 보였다.

생식세포 편집에 관한 공개적이고 솔직한 토론을 미루지 말고 즉시 시작해야 했다. 그렇기에 나는 나 자신이 직접 토론을 시작해야겠다고 마음먹었다. 버그와 동료들이 재조합 DNA 실험의 위험성을 명확히 깨달았을 때 경고음을 울렸듯이, 나도 편안한 연구실에서 나와 우리 연구의 영향력을 알리는 데 도움이 되어야 했다. 그래야만 이제 곧 크리스퍼의 영향을 받게 될 대중이 크리스퍼를 온전히 이해할 수 있을 것이다. 이렇게 해야 크리스퍼가 최악의 월권행위에 악용되는 상황을 막을 수 있다고 생각했다.

ღ

나 같은 과학자에게 반응속도론이나 생물리적 기전, 구조와 기능의 관계 같은 전문분야의 특정 주제를 내건 학회를 조직하는 일과, 내 연구의 폭넓은 영향력과 정책, 윤리, 규제에 관한 질문을 다루는 토론을 주도하는 일은 전혀 다르다. 나는 이런 역할을 해본 적도 없고, 처음에는 이런 상황이 너무 힘들었다.

다행스럽게도 이 일을 나 혼자 할 필요는 없었다. 최근 나는 베이에어리어에 유전자 편집 기술을 개발하는 이너베이티브 제노믹스 연구소IGI를 공동 설립했다. 나는 버그가 아실로마에서 주최했던 종류의 회의를 조직할 수 있는 완벽한 위치에 IGI가 있다는 점을 깨달았다. 하지만 곧바로 긴 회의를 열어서 0부터 60까지 논쟁을 갑작스럽게 끌어올리기보다는 논쟁이 자연스럽게 진화하도록 해야 한다는 점도 알고 있었다. 나는 작은 하루짜리 포럼을 열어서 20여 명을 초대했다. 내 생각으로 이 포럼의 목적은 백서를 발표하는 정도면 충분했다. 백서는 해당 분야가 나아갈 길을 제안하고 더 많은 이해관계자가 유전자 편집이라는 주제에 참여해주기를 요청하는 보고서다. 버그의

1974년 MIT 회의처럼, 나중에 우리가 생명윤리에 관한 IGI 포럼이라 부르게 된 이 첫 번째 회의가 더 크고 포괄적인 회의의 전신이 되기를 나는 바랐다.

포럼 날짜는 2015년 1월로 정했고, 장소는 버클리에서 북쪽으로 한 시간 정도의 거리에 있으며 포도 재배 지역으로 유명한 나파밸리의 카네로스 여관을 선택했다. 포럼을 조직하는 데는 캘리포니아대학교 샌프란시스코캠퍼스 동료이자 IGI 공동이사인 조너선 와이즈먼의 도움이 컸다. 또 버클리캠퍼스의 동료이자 IGI 행정처장인 마이크 보첸Mike Botchan과 IGI 과학자문인 제이컵 콘Jacob Corn, 버클리캠퍼스의 명예교수이며 생명공학 회사 케이론의 공동설립자인 에드 펜호에트Ed Penhoet의 도움도 컸다. 첫 번째 초대장은 스탠퍼드대학교 명예교수인 폴 버그에게 보냈는데, 그가 초대를 승낙해서 매우 기뻤다. 초대 명단에는 데이비드 볼티모어도 있었는데 그는 캘리포니아공과대학교의 생물학자로 노벨상 수상자이자 버그의 동료이기도 하다. 볼티모어는 1974년 MIT 회의에 참석했을 뿐만 아니라 재조합 DNA 연구의 긴급중단을 요청하는 보고서도 공동 집필했으며, 아실로마 II 회의에서 벌어진 토론에서도 중요한 역할을 했다. 폴과 데이비드의 참석은 이 포럼이 내게 영감을 준 아실로마 회의와 직접적인 연관 고리를 얻었다는 의미다. 더 중요한 것은, 두 전문가가 험난한 지형에서 우리가 길을 찾도록 도와주리라는 점이었다.

위스콘신대학교 매디슨캠퍼스의 법과 생물윤리학 교수인 앨터 채로Alta Charo도 참석을 통보했고, 크리스퍼 이전의 유전자 편집 선구자인 데이나 캐럴Dana Carroll, 보스턴 아동병원의 줄기세포 전문가 조지 데일리George Daley, IGI 프로그램 책임자 마사 페너Marsha Fenner, 스탠퍼드대학교 법과 생명과학 연구소장인 행크 그릴리Hank Greely, 캘리포니아대학교 버클리캠퍼스 명예교수이자 생물학과장이었던 스티븐 마틴Steven Martin, 캘리포니아대학교 샌프란시스코캠퍼스 소아청소년과 교수 제니퍼 퍽Jennifer Puck, 영화감독인 존 루빈John Rubin, 이 책의 공동저자이자 당시 박사과정생이었던 샘 스턴버그, 캘리포니아대학교 샌프란시스코캠퍼스 교수이자 IGI 행정처장인 키스 야마모토Keith Yamamoto도 참석하기로 했다. 다른 과학자도 초대했지만 참석이 어렵다고 알려왔다(조지 처치와 마틴 이넥은 회의에 참석하지는 않았지만, 회의가 끝나고 발표한 기고문에 기꺼이 이름을 올렸다).

2015년 1월 24일에 열린 회의는 다양한 주제를 놓고 활발한 토론을 벌였다. 총 열일곱 명의 참석자는 유전자 치료와 생식세포 개선, 유전자 변형 산물에 가해지는 규제, 크리스퍼의 핵심 세부사항에 관한 공식 강연을 했다. 내가 볼 때 강연보다 더 흥미로웠던 부분은 유전자 편집의 미래에 관한 공개 토론이었다. 토론은 열정적이고 창의적이었으며, 내가 예전에 혼자 붙잡고 씨름하던 주제를 다루었다.

결론을 요약할 백서에 관해 논의하기 시작하면서 우리는 대상 청중을 누구로 선정해야 하는지, 어떤 결과를 얻기 바라는지 논의했다. 생식세포 편집에서의 잠재적인 역할뿐만 아니라 신종 유전자 변형 생물GMO과 맞춤 생물처럼 크리스퍼를 사용하는 모든 결과를 다루어야 할까? 크리스퍼는 실제로 생식세포 변형에 관해 새로운 문제를 제기한 것일까, 아니면 크리스퍼와 이전 기술 사이에는 단지 정도의 차이만 존재하는 걸까? 우리의 이 소박한 모임은 생식세포 편집에 강력하게 반대해야 할까, 아니면 크리스퍼의 궁극적인 사용 가능성에 대해 열린 마음으로 기다려야 할까?

대화를 나누면서 서서히 결론이 형태를 갖추었다. 백서의 핵심 내용으로는 유전자 편집 기술을 특히 인간 생식세포에 적용하는 문제를 다루기로 했다. 유전자 치료는 환자의 체세포를 대상으로 족히 20년이 넘는 시간 동안 적용되었으며, 초기 유전자 편집 기술도 이미 임상시험에서 인간 체세포에 사용되고 있었다. 생식세포 편집은 탐험해본 사람이 없는 영역이며, 공적 토론이 가장 시급한 분야였다. 이는 대체로 인간 생식세포 편집을 어렵게 했던 기술 장벽을 크리스퍼가 크게 낮추었기 때문이라는 점에 우리 모두 동의했다. 이전에도 생식세포 변형에 관한 글은 수없이 많았고, 1998년 캘리포니아대학교 로스앤젤레스캠퍼스 회의도 열렸으며, SF 소설가들이 수년간 최후의 심판 날 이야기를 떠들었지만, 크리스퍼 이전에는 인간 생식세포를 정확하게 편집하기란 어려웠다. 물론 이제는 상황이 달라졌다. 포럼 참석자 중 한 명이 크리스퍼로 편집한 인간 배아에 관한 실험 논문이 '이미' 주요 저널에 돌아다니고 있다고 이야기하면서 논점은 이해되었다. 만약 이 논문이 사실이라면, 과학자가 미래 인간의 게놈 속 특정 DNA 서열을 비튼 최초의 사건이 된다.

말을 할 적기가 있다면 바로 지금이었다. 하지만 우리의 위치를 어떻게 설정해야 할까? 우리는 대부분 인간 게놈에 유전되는 변화를 일으키는 일이 안전할지 확신할 수 없었다. 실수라도 생기면 개인은 물론 후손에게까지 재앙이 닥치게 된다. 이런 변화가 윤리적으로 정당화될 수 있는지는 전적으로 다른 문제였다. 토론이 오후까지 늘어지면서, 우리는 사회정의와 생식에 대한 권리와 연결된 질문을 신중하게 논의하고, 우생학에 대한 우려를 숨김없이 털어놓았다. 과학이 이쪽으로 움직이는 현상을 경계하는 사람도 있고, 생식세포 편집과는 최소한 이론적으로는 관계없다고 생각하는 사람도 있었다. 생식세포 편집이 안전하고 효율적이라는 점이 증명되고 이익이 위험을 능가할 때까지는, 다른 치료법보다 더 높은 기준을 적용해야 하지 않을까?

그렇지만 결국 우리는 우리에게 결정권이 없다는 점을 깨달았다. 대중이 생식세포 편집에 대해 무엇을 고려해야 할지는 방 안에 있는 열일곱 명에게 달린 문제가 아니었다. 우리에게 부여된 책임은 두 배로 늘었다. 첫째, 우리는 생식세포 편집이 탐색하고, 논의하고, 논쟁을 거쳐야 하는 사회문제로 대두하리라는 점을 대중이 인식하도록 해야 했다. 둘째, 이 기술에 친숙하며 적극적으로 이 기술을 새로운 방향으로 몰아가는 과학자들에게 관련 연구를 잠시 중단해달라고 요청해야 했다. 인간 생식세포 변형이 포함되었다면 동료들이 연구뿐만 아니라 유전자 편집의 임상 응용도 단념하도록 설득하는 일이 중요하다고 생각했다. 근본적으로 우리는 생식세포 편집의 사회적, 윤리적, 철학적 영향력을 적절하고 충분히 논의할 때까지 과학계가 중지 버튼을 누르기를 원했다. 전 세계가 동참하면 가장 좋으리라고 여겼다.

우리는 어떻게 해야 이 목표를 최상의 상태로 이룰 수 있을지 숙고했다. 주요 신문에 사설을 보낼까? 기자 회견을 열까? 과학 학술지의 학계 사설란에 투고할까? 우리는 우왕좌왕하다가 과학 학술지가 활발하게 연구하는 과학자에게 최대한 많이 노출되고, 종종 주요 언론사에서 세간의 이목을 끌만한 기사를 거기서 뽑아가기도 하므로, 과학 학술지에 사설을 싣기로 했다. 우리의 회합이 생물학 전체에서도 가장 뜨거운 주제를 다루었으므로, 이 기고문이 눈길을 끌 것이라 여겼다.

우리는 〈사이언스〉에 투고하기로 한 사설의 윤곽을 잡고 회의를 마무리했다. 사설에서는 오로지 이 주제에만 관심을 모으는 데 집중하기로 동의했다. 물론 격렬한 논쟁을 불러일으킬 주제가 많지만, 처음부터 이런 논쟁에 뛰어들 필요는 없을 것 같았다. 일단은 공을 굴리는 데 집중하고, 더 깊은 논의는 사람들이 더 많이 참석하게 되면 다음 회의에서 다루기로 했다.

마침내 기운이 빠진 채로 우리는 나파강 위쪽에 있는 프렌치 레스토랑 안젤로 자리를 옮겼다. 근처 언덕에서 불어오는 시원한 바람을 맞으면서 긴 타원형 탁자에 둘러앉아, 포도주와 간식을 먹으면서 가벼운 마음으로 일과 가족, 여행에 관해 이야기했다. 오전과 오후 내내 우리를 짓눌렀던 무거운 주제를 내려놓게 되어 모두 만족스러웠다. 하지만 내 마음은 여전히 널뛰고 있었다.

새로운 무대에 오르면서 나는 정말 옳은 행동을 했는가? 대중에게 과학 주제를 설명한다는 생각은, 그 주제의 중요성과 상관없이 내게는 매우 낯설고 나답지 않은 일이었다. 우리 주장이 영향력이 있을지, 우리 의도대로 받아들여질지 알 수 없었다. 잘 넘어갔다고 하더라도 영향력이 너무 미미하거나 이미 늦었을지도 모른다. 포럼에서 들었던, 주요 과학 학술지에 발표하기 위해 돌아다닌다는 논문이 뇌리에서 지워지지 않았다. 바로 그 순간에도 비슷한 실험이 진행 중이거나 가까운 미래에 시도될 수 있었다. 우리의 사설을 발표하기 전에 관련 논문이 발표될까?

한 가지는 확실했다. 기왕 이 일에 뛰어들었으니 빠르게 움직여야 했다. 그날 밤 버클리로 돌아왔을 때, 나는 메모를 통합해서 대략적인 사설의 윤곽을 이미 정한 상태였다. 막상 원고를 쓰려니 어려웠지만 두 주 안에 초고를 다른 나파 포럼 참석자에게 보낼 수 있었고, 여러 참석자가 돌아가며 원고를 편집했다. 2015년 3월 19일, 사설은 〈사이언스〉 온라인판에 '유전공학과 생식세포 유전자 변형을 향한 신중한 방향'[25]이라는 제목으로 발표되었다.

몇 쪽 안 되는 이 짧은 기사는 신기술과 우리가 우려하는 상황을 설명했다. 크리스퍼와 유전자 편집의 개념, 현재 진행되는 응용 방향을 소개한 후, 생식세포 편집이라는 주제를 꺼냈다. 이 주제에 대해 우리는 특별한 권고 사항 네 가지를 제시했다. 과학계와 생명윤리학계의 전문가에게는 대중이 새로운 유전자 편집 기술과 이 기술이 지닌 잠재적인 위험과 혜택, 여기에 관련된 윤리적, 사회적, 법적 영향력에 관해 믿을 만한 정보를 얻을 수 있는 포럼을 조직해달라고 요청했다. 과학자들에게는 인간 배양세포주와 인간이 아닌 동물 모델을 대상으로 크리스퍼 기술을 계속 시험하고 개발해서, 임상시험에 응용되기 전에 안전성 프로파일을 완성하도록 요청했다. 또 관련된 모든 안전성과 윤리적 영향력을 솔직하고 투명하게 논의할 수 있는 국제회의를 조직해서 과학자와 생명윤리학자뿐만이 아니라 종교지도자, 환자권리 단체와 장애인권리 단체, 사회과학자, 규제기관과 정부기관 등 여기에 참여하고 싶어 하는 다양한 이해관계자도 참석하게 하자고 제안했다.

마지막으로, 아마도 가장 중요한 항목으로 우리는 과학자에게 인간 게놈에 유전될 수 있는 변형을 가하는 실험을 중단해달라고 요청했다. 규제가 느슨한 국가까지도, 전 세계 정부와 사회가 이에 대해 생각할 시간을 벌도록 과학자들이 실험을 멈춰주기를 바랐다. '금지'나 '모라토리엄' 같은 단어는 결국 빼버렸지만, 우리가 말하는 바는 명확했다. 잠시 동안 관련 임상 응용 시험은 접근금지였다.

우리의 기사가 불러올 즉각적인 반응과 충격에 대한 두려움은 기사가 출판되자마자 사라졌다. 동료들은 이 주제를 끄집어내주어 고맙다고 인사했고, 다음 회의 일정을 묻는 날들이 이어졌다. 전문가협회가 주체가 될까, 아니면 국립학술원이 주체가 될까? 미국 외의 다른 국가는 어떻게 참여할까? 아실로마로 되돌아가 또 다른 역사적 회의를 열 것인가, 아니면 새로운 장소를 물색할까? 언론이 우리 기사를 노출해준 덕분에 기자와 일반 대중에게서도 메시지가 쏟아졌다. 〈뉴욕타임스〉 1면에 기사가 실리자 수백 개의 독자 댓글이 달렸고,[26] 미국 공영 라디오와 〈보스턴글로브〉 같은 매스컴에도 보도되면서[27] 사설은 수많은 블로그와 웹사이트로 퍼져나갔다. 우리 사설이 발표되기 바로 며칠 전에 〈네이처〉에도 생식세포 편집의 금지를 요청하는 공동 집필 기사가 실렸던 일과,[28] 〈MIT 테크놀로지 리뷰〉가 최근 생식세포 편집에 관한 흥미로운 기사를 낸 일도 큰 도움이 되었다.[29]

생식세포 편집기술은 갑자기 주류에 진입했다. 눈 깜빡할 사이에 크리스퍼는 혁명적이지만 상대적으로 난해한 기술에서 흔히 쓰는 말로 탈바꿈했다. 이제 크리스퍼 기술이 미래 인류에게 미칠 특별한 영향력은 공개되었고, 나는 모두가 크리스퍼의 사용을 언제쯤 허가할지, 어떻게 통제할지, 우리가 감수해야 하거나 또는 감수하지 않아도 될 영향력은 무엇인지, 생식세포 편집에 대해 폭넓고 솔직한 대화를 나누리라는 희망을 품게 되었다. 마침내 크리스퍼에 관해 공개적으로 토론이 이루어지는 과정이 시작되어 기뻤지만, 아직도 갈 길은 멀었다.

8장

우리 앞에 놓여 있는 것

나파밸리 포럼에서 동료 중 누군가가 크리스퍼가 이미 인간 배아 게놈 실험에 사용됐다고 알려주었을 때, 마음 깊은 곳이 저렸다. 나중에 문제의 연구와 논문에 관한 소문을 더 들을 수 있었는데, 실험의 세부사항이나 논문이 실제로 발표됐는지 의구심이 들었다. 만약 소문이 근거 없는 것이고, 이런 연구가 멋대로 진행돼서는 안 된다고 생각하는 나 같은 사람이 부풀린 이야기라면?

내가 소문에 대해 생각하는 사이, 인간 생식세포를 대상으로 하는 모든 유전자 편집 연구의 영향력은 점점 더 큰 문제를 일으켰다. 배아로 살아 있는 사람을 만들지 않았더라도(물론 대중의 반발을 사게 될 테니 이런 배아는 사람이 될 수 없다고 나 자신에게 되뇌었다), 크리스퍼로 배아를 편집하는 일은 태어나지 않은 인간의 DNA를 최초로 유전자 편집한 사례로서 여전히 과학계의 거대한 이정표가 된다. 이런 실험은 일단 열면 다시는 닫을 수 없는 문을 열어젖힐 뿐만 아니라, 나와 동료들이 시작하려는 건설적인 대화를 엉클어트린다. 자신들의 연구가 이미 대중의 논쟁 수준을 벗어났다고 알림으로써 이 실험을 한 과학자들은 확실히 주목을 받겠지만 아마 격렬한 분노를 자극할 것이다. 내가 가장 걱정하는 일은 이제 막 발걸음을 떼기 시작한 크리스퍼가 그 거대하고 유익한 잠재력과 상관없이 의도치 않게 대중의 반발을 사게 되는 상황이다.

실험에 관해 자세히 듣기까지는 오래 걸리지 않았다. 2015년 4월 18일, 나와 동료들이 과학자들에게 인간 생식세포 편집의 임상시험 중지를 요청한 지 한 달 뒤에, 소문의 논문이 발표되었다. 실험은 여성의 자궁에 착상해서 발생할 수 있는 배아를 만들지는 않았지만, 그럼에도 이 논문은 상당히 주목받았다.

〈프로틴 앤드 셀*Protein and Cell*〉에 실린 이 논문은 중국 광저우에 있는 중산대학교 황쥔주Junjiu Huang 연구팀이 발표했다.[1] 황 연구팀은 크리스퍼를 인간 배아 86개에 주입했다. 이 연구의 표적은 몸속에서 산소를 운반하는 헤모글로빈 단백질의 일부분인 베타글로빈을 만드는 유전자였다. 베타글로빈 유전자 결함이 있는 사람은 몸이 점점 쇠약해지는 혈액 질병인 베타 지중해성 빈혈에 걸린다. 황 연구팀의 목표는 인간 배아 86개에서 베타글로빈 유전자를 정확하게 편집해서, 질병이 시작되기 전에 멈출 수 있다는 원리 증명을 하는 것이었다.

이 증거를 얻기 위해 황 연구팀은 배아에 인간화한 크리스퍼 분자기계, 즉 게놈에서 적절한 GPS 역할을 하는 RNA 분자와 찾아간 유전자를 자르는 캐스9 단백질을 주입했다. 절단한 유전자를 복구하는 데 이용할 합성 DNA 조각과 해파리에서 추출한 녹색형광단백질 유전자도 포함되었다. 녹색형광단백질 유전자는 유전자가 편집되어 계속 배양해야 할 배아를 고르는 데 이용한다. 과학자들은 그저 어둠 속에서 빛나는 세포만 찾으면 되었다.

순수하게 과학적인 관점에서, 황 연구팀의 결과에 대해서는 평가가 엇갈린다. 베타글로빈 유전자를 배아에 시험한 연구팀은 86개 배아 중 겨우 네 개에만 의도한 돌연변이를 일으켰다. 유전자 편집 효율성이 겨우 5%인 셈이다. 다른 문제도 나타났다. 이 실험 과정에는 어설픈 면이 많았다. 어떤 배아는 크리스퍼가 표적 오류를 일으켜서 엉뚱한 유전자를 편집했으며, 그 결과 배아의 게놈에는 의도치 않은 돌연변이가 간간이 박혔다. 또 다른 배아는 크리스퍼가 정확하게 의도한 베타글로빈 유전자의 DNA 서열을 잘랐지만 세포가 스스로 복구하는 과정이 적절하게 일어나지 않았다. 과학자가 집어넣은 주형을 사용하는 대신, 연관유전자인 델타글로빈 유전자를 주형으로 삼아 손상된 베타글로빈 유전자를 복구했다. 이런 단점 중에서 가장 치명적인 것은 몇몇 배아가 모자이크되었다는 점이다. 모자이크 배아는 각자 다르게 편집된 베타글로빈 유전자를 가진 세포들이 잡동사니처럼 뒤섞여 있다. 예를 들면, 한 배아는 최소 네 종류의 DNA 서열을 가진 세포들이 섞여 있는데, 네 가지 서열 중에 단 하나만이 올바르게 편집된 서열이다. 단세포 단계에서 베타글로빈 유전자를 편집해서 하나뿐인 배아 게놈의 원본을 복구하는 대신, 크리스퍼가 너무 느리게 반응해서 수정란이 여러 딸세포로 분할된 후에 일을 시작한 경우다.

바로 이런 위험이 생식세포 유전자 편집의 임상 응용 실험을 멈추도록 공개적으로 요청하게 된 동기였다. 공정하게 말하자면 황 연구팀은 기술이 아직 완벽하지 않다는 점을 깨달았으며, 임상적 응용이 시도되기 전에 "크리스퍼-캐스9 기술의 특이성과 정확성을 개선해야 할 필요성"[2]이 있음을 언급했다. 그러나 우리가 선을 넘었다는 사실은 변하지 않는다. 이제 연구실에서 인간 배아를 대상으로 생식세포 편집이 일어났으니, 임상시험이 시도되는 것은 시간문제일 뿐이라고 생각했다.

최소한 황 연구팀은 실험에 삼배체 인간 배아를 사용해서 크리스퍼 아기가 태어나지 않았다는 점을 확실하게 밝혔다. 정상 배아는 보통 두 세트, 총 46개 염색체를 가지지만, 삼배체 배아는 23개짜리 염색체를 세 세트, 총 69개 염색체를 가지고 있어서 생존할 수 없다. 체외수정 과정에서는 의사가 착상 전에 삼배체 배아를 찾아서 버린다.

황 연구팀은 이렇게 버려지는 삼배체 배아를 크리스퍼의 효율성을 시험할 완벽한 모델로 생각했다. 실험 목적을 고려할 때, 삼배체 배아는 실험 대상이라는 측면에서 정상 배아와 크게 다르지 않다. 하지만 버려지는 삼배체 배아를 사용한 황 연구팀은 사람이 될 수도 있는 생명체를 파괴한다는 필연적으로 일어나는 저항을 피해갔다. 또 연구팀은 배아를 제공한 환자에게 명확한 동의를 얻었고, 윤리위원회의 승인을 받았으며, 중국의 법을 준수했다.[3] 내가 알기로 이 실험은 미국에서도 합법이다.

나는 이 논문을 버클리캠퍼스의 내 사무실에서 읽었다. 논문을 다 읽은 후 샌프란시스코 만을 바라보면서 생각에 잠겼다. 경이로움과 다소의 불안감을 동시에 느꼈다.

생각하지 않으려 할수록, 전혀 다른 목적에서 시작한 나와 에마뉘엘의 연구가 황 연구팀의 결과로 이어졌다는 점이 떠올랐다. 다른 과학자들은, 그리고 아직 시행되지 않은 실험들은 우리와 어떤 연결고리를 갖게 될까?

모두의 마음을 울리는 정도는 달랐지만 과학계의 다른 동료들도 황 연구팀의 실험에 관한 내 우려에 동의한다는 사실을 금방 알 수 있었다. 일류 과학 학술지인 〈네이처〉와 〈사이언스〉가 모두 논문이 묘사한 실험에 대한 자체적인 윤리적 이의를 이유로 황의 논문 게재를 거부했다는 이야기도 들었다.[4] 많은 과학자가 실험이 너무 성급하게 이루어졌다는 점에 동의했고, 실험에 감춰진 동기를 의심하는 사람도 있었다. 하버드대학교의 과학자인 조지 데일리는 〈뉴욕타임스〉와의 인터뷰에서 인간 생식세포 편집을 한 과학자들이 받게 될 관심은 "때로 사람들이 즉각적으로 행동하게 만드는 비정상적인 자극"[5]이리라고 말했다.

황의 논문에 대한 과학계와 정부 기관의 반응은 신속하고 한결같았다. DNA 기반 의학계의 최고 전문가 조직인 미국 유전자 및 세포치료협회는 "인간 세포에 유전자 편집이나 유전자 변형으로 유전되는 생식세포 변형을 가진 살아 있는 사람[수정란]을 생성하는 일에 강력하게 반대하는 입장"[6]을 지지한다고 재차 발표했다. 국제줄기세포연구학회도 비슷한 견해를 반복하면서 학회장이 직접 "인간 배아를 대상으로 한 유전자 편집을 임상에 적용하는 모든 행위를 긴급 중단해야 한다"[7]고 주장했다. 버락 오바마 대통령 행정부도 설전에 끼어들었다. 백악관 과학기술정책국 책임자인 존 홀드런John Holdren은

'게놈 편집에 대한 단상'이라는 제목의 블로그 포스트를 통해 "행정부는 인간 생식세포를 치료 목적으로 변형하는 일은 지금은 넘어서는 안 되는 선이라고 생각한다"[8]고 선언했다. 미국국립보건원장인 프랜시스 콜린스Francis Collins도 인간 배아의 유전자 편집 관련 실험에는 정부 연구자금을 지원하지 않겠다는 규정을 만들어 비슷한 태도를 보였다.[9]

미국첩보국도 이 실험에 당황한 듯했다. 미국 상원 군사위원회에 올라가는 미국 정보 조직의 연례보고서인 〈세계위협평가〉에서 게놈 편집이 여섯 가지 대량살상무기의 하나이며 민족국가들의 개발 경쟁으로 확산되어 미국에 큰 위협이 되리라고 보고한 것은 충격이었다(다른 대량살상무기는 러시아 크루즈미사일, 시리아와 이라크의 화학무기, 이란과 중국, 북한의 핵 프로그램이었다).[10] "세계화 경제체제에서 생물 및 화학 물질과 기술은 거의 항상 군민 양용으로 이용된다"라고 보고서는 썼다. 여기서 '군민 양용'이라는 단어는 민간과 군사 부문 양쪽에서 평화와 전쟁 모두에 이용되는 기술을 가리킨다. "최근 생명과학에서의 발견 역시 전 세계로 빠르게 확산한다." 게놈 편집이 어떻게 무기화될 수 있는지 정확한 설명도 없이, 보고서는 "서방국가와 다른 규제와 윤리 기준에 따라 여러 나라에서 수행하는 게놈 편집 연구는 해로운 생물 물질이나 제품을 만들어낼 위험을 높인다. 분포도가 폭넓고 비용이 적게 들며 개발 속도가 빨라지는 이 군민 양용 기술은 의도적이거나 또는 의도치 않은 오용으로 경제와 국가 안전보장에 지대한 영향을 미칠 수 있다"라고 했다. 자신들이 우려하는 이유의 직접적인 근거로, 보고서는 "게놈 편집 기술의 발전은 2015년 미국과 유럽의 손꼽히는 생물학자 집단이 규제되지 않는 인간 생식세포 편집에 대해 우려를 표명하도록 몰아갔다"고 날카롭게 지적했다. 명백하게 황의 논문과 우리의 공동기고문 이야기였다.

나는 다양한 분야의 많은 지도자가 생식세포 편집이라는 주제의 위급성에 공감했다는 점에 만족했지만, 제임스 클래퍼James Clapper의 위협평가 보고서 같은 경고에도 몹시 놀랐다. 크리스퍼의 남용 가능성을 혼자 생각하면서 나는 크리스퍼를 악용하는 과학자라면 무엇을 할까 상상했고, 히틀러가 크리스퍼 기술을 손에 쥐는 악몽을 꾸기도 했다. 하지만 '살아 있는' 독재자나 테러리스트가 자신의 비틀린 목적을 위해 크리스퍼를 악용하려 한다면 이들을 어떻게 막을 수 있을까? 자연을 이해하고 궁극적으로는 인간의 삶을 개선하고 싶다는 욕망에서 뻗어 나온 내 연구가 만들어낸 지식을 어떻게 안고 살아가야 해가 되지 않을까?

나는 최초로 인간 배아에 적용한 크리스퍼 실험에 대한 반응이 모두 부정적이지만은 않다는 사실에 너무 놀랐다. 2015년 7월, 몇 달 전에 황의 논문을 게재했던 〈프로틴 앤드 셀〉은 줄리언 새벌레스쿠Julian Savulescu의 기고문을 실었다. 새벌레스쿠는 유명한 철학자이자 생명윤리학자로, 황의 연구와 비슷한 실험을 '계속해야' 하는 도덕적 의무가 있다고 강력하게 주장했다. 심각한 단순화를 차치하고라도, 유전자 편집이 "사실상 유전적 결함을 제거"할 수 있으며 만성 질병의 위험을 크게 낮출 수 있다면서, 새벌레스쿠와 공동저자들은 "생명을 구하는 연구를 의도적으로 금지한다면, 혜택을 받을 수도 있었던 사람들의 예측 가능하며 회피할 수 있었던 죽음에 도덕적인 책임을 져야 할 것이다. 유전자 편집 연구는 선택사항이 아니라 도덕적 의무다"[11] 라고 주장했다. 한 달 뒤, 하버드대학교의 저명한 학자인 스티븐 핑커 Steven Pinker는 〈보스턴 글로브〉에 기고문을 실어서, 크리스퍼 같은 생명공학 기술의 발전에 대한 지나치게 신중한 반응에 불만을 터뜨렸다. 요란한 겉치레나 금지 규제 대신, "오늘날 생명윤리학의 기본적인 도덕 목표는 한 문장으로 요약할 수 있다. 길에서 비켜라"[12]라고 핑커는 일갈했다.

다른 사상가들은 배아 유전자 편집 실험을 열정적으로 지지했지만 연구와 임상 응용 사이에 명확하게 경계선을 그었다. 예를 들자면, 인간 생식세포의 유전자 변형에 대해서 윤리학자와 과학자, 법학자, 정책전문가들의 세계적인 연합체인 힝스턴 그룹은 유전자 편집 기술이 인간의 건강에 가져올 엄청난 가능성을 극찬하면서, 생존할 수 없는 배아든 생존할 수 있는 배아든 관계없이 유전자 편집에 관한 기초연구가 방해받지 않고 계속되어야 한다고 권고했다.[13] 아직은 치료에 유전자 편집을 적용하기가 어렵다는 점은 이들도 인정했지만 "안전성, 효율성, 관리방식이라는 모든 요건이 충족되면, 상당한 논쟁과 토론이 이어지겠지만 유전자 편집 기술을 인간 생식에 적용하는 일도 도덕적으로 수용될 수 있을 것"이라고 했다.

말하자면 황의 논문은 빠르고 광범위한 합의에 이르리라는 우리의 희망을 남김없이 휩쓸어가버린 여론이라는 파도가 일어나도록 수문을 열어젖혔다.

우려를 표하는 과학자나 시민운동가, 일반 대중이 나와 나파밸리 동료들이 요청한 세계적인 논의를 시작하려면 빠르게 움직여야 한다. 우리의 기고문은 황의 논문이 나오기 직전에 간신히 발표했고, 생식세포 편집 논쟁은 빠르게 가열되고 있다. 이 소동에 더해서, 여러 중국 연구팀이 이미 크리스퍼를 인간 배아에 실험하려는 계획을 세웠다는 소문이 돌았다.[14] 중국뿐만이 아니다. 2015년 9월, 런던의 명망 높은 프랜시스 크릭 연구소의 과학자들이 같은 연구를 위해 규제 승인을 요청했다는 이야기가 들려왔다.[15] 기술의 발전은 과학자와 대중이 달성하기 힘든 합의를 마칠 때까지 기다려주지 않을 것이 명백했다.

다행히도 국제 인간유전자편집 회의를 조직하려는 노력이 이미 이루어지고 있었다. 늦은 봄에서 초여름까지, 창립 위원들과 나는 개최 장소와 시기, 찬조받을 단체 같은 기본적인 세부사항을 처리했다. 결국 미국 과학기술의료학술원이 워싱턴 DC에서 그해 12월에 학회를 주최하기로 했다. 이 소식에 나는 매우 기뻤는데, 과학기술의료학술원 같은 유명한 단체가 뒷받침하면 회의의 신뢰도도 높아지기 때문이다. 중국 과학학술원과 영국 최고의 과학회인 왕립학회가 공동 사회자로 참여하겠다는 말에는 뛸 듯이 기뻤다. 유전자 편집 분야의 선도 과학자는 대부분 미국과 영국, 중국에 있고, 이런 국가의 단체가 참여하면 생식세포 편집이 국제적 토론이 필요한 긴급한 화제라는 강력한 신호를 세계에 보낼 수 있다. 동시에 개별 국가나 단체가 조금씩 단편적으로 다루기에는 너무나 거대한 주제이기도 했다.

이 문제를 해결하면서 창립 위원 열한 명과 나는 회의 의제를 결정했다. 우리의 기본 목표는 유전자 편집 과학에 대해 청중을 교육하고, 이 기술의 사회적 영향력을 논의하며, 공정성과 인종, 장애인의 권리에 관한 주제를 다루는 것이었다. 다양한 범위의 주제는 기본적으로 안전성 고찰, 윤리적 고찰, 규제 고찰의 세 가지로 나눌 수 있다.

안전성 문제는 생식세포 유전자 편집이 임상 치료에 적용되는 것을 정당화할 만큼 충분히 안전한지를 증명하는 일이 관건이었다. 점차 황의 연구에서 명백하게 드러난 수많은 위험보다는 얻을 수 있는 혜택 쪽으로 기울 것이다. 하지만 의도치 않은 결과와 통제 방식은 여전히 고민해야 할 사항이다. 덧붙여서 나는 인간유전학의 총체적 지식이 우리가 관여해도 될 만큼, 그리고 최악의 부정적인 결과를 피할 만큼 충분히 발전할지 확신할 수 없다.

또 다루기 힘든 윤리 문제와도 씨름해야 한다. 윤리 문제는 대부분 유산이나 생식용 복제, 줄기세포생물학 등 논란의 대상인 다른 주제에서도 분열을 일으키는 논쟁의 보증 마크다. 임신을 위한 것이든 아니든 배아를 대상으로 한 실험은 본질적으로 잘못된 일일까? 생식세포 편집이 불공평하게 미래 후손의 유전자 상태를 미리 결정해버리거나, 특정 유전 질병을 앓는 개인을 무시하게 만들까? 남용되면 지난 세기 과학의 역사에 반복해서 얼룩졌던 끔찍한 우생학이 부활할까?

마지막으로 이 강력한 신기술을 통제하는 법적 체계를 생각해봐야 한다. 특히 생식세포 편집의 규제에서 정부와 과학계의 역할은 반드시 점검해야 한다. 예를 들면 아이의 유전 질병을 예방하는 생식세포 유전자 편집처럼 몇몇 사례는 수용할 만하지만 다른 유전적 특질의 향상 같은 사례는 금지할 수도 있다. 나를 포함한 사람들은 대부분 국제적인 합의를 이루는 일이 정말로 중요할지 의구심을 갖기도 하며, 만약 합의가 이루어지지 않으면 어떤 일이 일어날지 걱정스럽기도 하다.

이 복잡한 주제를 해결하기 위해 우리는 다양한 분야의 전문가를 초청했다.[16] 초청자 중에는 유전자 편집에 DNA 절단 효소를 접목한 개척자인 마리아 제이신과 데이나 캐럴도 있고, 나와 크리스퍼를 공동 연구한 에마뉘엘 샤르팡티에, 유전자 편집 기술의 혁신가인 장 펑과 조지 처치, 최초로 유전자 편집 치료제를 개발해서 임상시험에 접근한 표도르 우르노프, 우생학 역사 전문가인 대니얼 케블스Daniel Kevles, 인간 발전 운동가이자 철학자인 존 해리스John Harris, 유전학과 사회센터 이사인 마시 다노브스키Marcy Darnovsky, 젠더와 성 전문가 캐서린 블리스Catherine Bliss, 인종-민족성과 보건 및 생명공학 전문가인 루하 벤저민Ruha Benjamin도 있다. 정부와 법률가를 대표해서는 일리노이 주 국회의원인 빌 포스터Bill Foster, 백악관 과학고문인 존 홀드런, 법률 전문가인 앨터 채로와 필라르 오소리오Pilar Ossorio, 바바라 에번스Barbara Evans, 행크 그릴리가 참석했다. 그밖에 중국, 프랑스, 독일, 인도, 이스라엘, 남아프리카공화국, 한국 등 전 세계 나라에서 이 회의에 참석했다.

나파밸리 회의처럼 국제 인간유전자편집 회의도 생식세포 편집에 관한 토론의 결론을 내리기보다는 토론을 더 폭넓게 확장하는 것을 목표로 했다. 사실 2015년 12월 초에 개최한 회의가 끝날 무렵, 나는 시작했을 때 가졌던 질문만큼 수없이 많은 새 질문을 안고 있음을 자각했다. 하지만 나도 논쟁의 반대편에 서 있는 사람들이 내세우는 이유에 더 깊이 공감할 수 있었다. 그들도 대부분 열정적으로 자신의 의견을 주장했고, 생식세포 편집에 대한 생각을 정제하도록 도와주었다.

그 모든 대화와 관점을 책 한 권에 집어넣기는 불가능하다. 당연히 한 장에는 더더욱 집어넣을 수 없으므로, 내가 옳다고 믿는 관점만 붙들고 설명하려 한다. 앞서서 이 토론을 거치면서, 그리고 연구 결과와 내가 참여했던 워싱턴 회의 이후의 경험을 반영하면서 내 생각이 바뀐 과정을 설명했다. 나는 최선을 다해서 이 주제에 관해 다양한 의견을 자세히 살펴보고, 각각의 장단점을 재어보았다. 내가 모든 질문에 답할 수는 없지만, 언젠가는 크리스퍼를 태어나지 않은 인간의 게놈을 안전하게, 윤리적으로 편집하는 데 사용할 수 있을지, 그리고 생식세포 편집의 위험성이 실제로 숨어 있을 곳은 어디인지, 모종의 결론을 내릴 수 있었다. 나는 현재 공공정책의 부족한 점과 인류의 문명사회가 크리스퍼를 선한 도구로 만들기 위해 취해야 할 공공정책 같은 차갑고도 명확한 현실을 대면해야 했다. 이렇게 심사숙고한 결과가 생식세포 편집 논의에 도움이 되길 바라며, 우리가 인간이라는 종의 진화에 스스로 개입할지, 개입한다면 어떤 방식을 선택할지를 결정하는 데도 도움이 되었으면 한다.

ഗ

생식세포 편집이 점차 임상 치료에 적용할 만큼 안정성을 확보할 것은 거의 확실하다. 수정을 위해 정자를 주입하거나 착상 전 유전자 진단을 위한 생체검사 표본 채취 같은 난세포와 배아의 현미경 수술은 이미 불임클리닉에서는 일상적인 시술이 되었다. 크리스퍼를 주입하는 과정도 동물 배아와 여러 종류의 인간 세포에서 최적화되었다. 어쩌면 가장 큰 장애물은 크리스퍼 자체의 정확성 보장일 것이다. 하지만 최근 연구 결과를 보면, 표적 유전자만을 의도한 대로 '정확하게' 변형해서 유전자 편집 체계의 정확도를 높이는 문제도 곧 극복할 수 있을 듯하다.

크리스퍼를 안전하게 인간 생식세포에 적용하려면 정확도가 얼마나 높아져야 할까? 크리스퍼와 다른 유전자 편집 기술이 때때로 일으키는 의도치 않은 위치의 편집을 유도하는 과정은 무엇이든 제외해야 한다는 점은 명백하다. 그러나 사실 우리의 삶 전체가 이런 무작위 유전자 변화의 위험에 노출되어 있으며, 이런 위험은 크리스퍼가 일으키는 위험보다 훨씬 더 크다.

인간의 DNA는 끊임없이 변화하며, 무작위로 교란되고, 자연스럽게 돌연변이를 일으킨다. 자연 돌연변이는 곧 진화의 동력이지만 한편으로는 유전 질병이 생기는 방식이기도 하다. 세포는 세포분열을 할 때마다 항상 DNA를 복제하며, 이때마다 게놈 어딘가에는 새로운 돌연변이가 두 개에서 열 개 정도 생긴다.[17] 누구나 '매초' 대략 100만 개의 돌연변이가 몸 전체에 생기며,[18] 장관상피(위에서 항문까지를 장관이라 하며, 장관의 내부를 감싸는 세포를 상피세포라 하는데 부위에 따라 특정 형태와 배열을 보인다 — 옮긴이)처럼 빠르게 증식하는 조직에서는 인간이 60세에 이를 때까지 최소한 한 세포에서 게놈의 거의 모든 염기 하나하나가 최소한 한 번의 돌연변이를 일으킨다.[19] 이런 돌연변이 과정은 수정 초기부터 시작되며, 수정란이 두 개의 세포로 분할되고, 이어서 네 개, 여덟 개 세포로 분할되면서 배아가 자라면, 새롭게 생긴 돌연변이는 모든 딸세포의 게놈으로 복제되어 한 개인의 몸을 구성하게 된다. 난자와 정자처럼 배아를 만드는 성세포에도 새로운 돌연변이가 생기며, 이는 가계에 내려오는 생식세포에는 존재하지 않았던 돌연변이다. 그 결과 각 개인은 부모의 생식세포에서 새롭게 생겨난 50~100여 개의 무작위 돌연변이를 가진 상태로 삶을 시작한다.

의도적이든 아니든 크리스퍼가 만들어낼 돌연변이는 인간이 태어나서 죽을 때까지 우리 몸속을 뒤흔드는 유전자 태풍과 비교하면 상대적으로 약하다. 누군가는 이를 가리켜 "자연적으로 들끓는 게놈의 대혼란을 볼 때 유전자 편집은 작은 물방울에 불과하다"[20]고 말했다. 만약 크리스퍼가 질병을 일으키는 돌연변이를 배아에서 정확하게 제거하고 다른 곳에 표적을 벗어난 돌연변이를 삽입할 위험이 적다면, 위험보다는 잠재적인 이익에 무게가 실릴 것이다.

더더욱 안심되는 점은, 우리에게 표적 오류에 대항할 안전장치가 있다는 점이다. 최소한 생식세포 편집에 한해서는 그렇다. 이런 장치의 하나가 착상 전 유전자 진단법으로, 크리스퍼로 게놈을 편집한 뒤 배아가 어머니의 자궁에 착상하기 전에 희귀하고 의도치 않은 돌연변이를 검출할 수 있다. 미래에 사용할 수 있게 될 또 다른 선택지로는 수정된 배아 대신 원시 난자와 정자 세포를 편집해서 표적 오류 돌연변이를 회피하는 방법이다. 기술은 아직 걸음마 단계지만, 생쥐를 대상으로 한 연구는 실험실의 줄기세포에서 난자와 정자를 키워낼 수 있으며 이를 임신에 이용할 수 있다는 점을 증명했다.[21] 질병을 유발하는 돌연변이를 크리스퍼로 제거하고 수정하기 전에 표적 오류 돌연변이를 철저하게 검출해서, 원하는 게놈을 가진 성세포만 생식 과정에 사용한다고 보장할 수 있다. 이 과정을 사람에게 적용할 방법은 아직 찾지 못했지만, 앞으로 10년 동안 연구가 계속되면 방법을 찾을 것이다.

생식세포 편집의 정확성을 평가하는 문제에 이르면 고려해야 할 문제가 '많지만', 최첨단 과학 연구에 따르면 이런 문제가 협상을 결렬시키는 쟁점이 될 가능성은 거의 없다. 과학자들이 생쥐와 원숭이를 대상으로 과정을 최적화시킨 속도를 고려할 때, 그리고 남아 있는 기술적 장벽을 허무는 단계가 가까워진 점을 볼 때, 생식세포 편집은 어떤 형태로든 인간에게 적용할 만큼 믿을 만한 기술이 될 것임을 부정할 수 없다. 최소한 자연 생식 방법의 위험도보다 높지는 않을 터이다.

물론 인간 생식세포에 유전되는 변화를 시술하려면, 기술의 정확성뿐만 아니라 정확한 편집이 과연 우리가 의도한 대로의 효과를 나타낼지도 숙고해야 한다. 임상 치료에 응용하려는 몇몇 유전자 편집에 뒤따르는 부수적인 효과는 이미 알려져 있다. 예를 들어 배아의 CCR5 유전자를 편집하면 HIV 저항성이 생기지만 웨스트나일 바이러스 감수성은 더 높아진다.[22] 겸상적혈구병 환자의 베타글로빈 유전자 돌연변이 두 개를 모두 교정하면 겸상적혈구병은 낫지만 말라리아에 대한 저항성도 함께 제거된다.[23] 이런 사례는 유전자 편집의 장단점에만 그치는 문제가 아니다. 과학자들은 현재 유전자 두 개가 모두 돌연변이여야만 발병하는 낭포성섬유증 유전자 돌연변이가 한 개만 있는 사람은 결핵에 대한 방어력이 향상한다는 실마리를 찾았다.[24] 결핵은 1600~1900년 사이에 모든 유럽인 사망 원인의 20%를 차지했던 감염 질병이다. 알츠하이머병 같은 신경퇴행성 질병과 연관된 유전자 변이체도 청소년에게는 인지능력을 개선한다든지 일화적 기억이나 작업 기억을 높여주는 장점이 있을 수 있다.[25]

즉 특정 유전자를 편집하는 일은 항상 예상치 못한 효과를 수반한다. 그러나 부수적 피해가 어떤 것일지 모른다는 이유만으로 생식세포 편집을 모두 포기해야 하는 것은 아니다. 저명한 하버드대학교 유전학자 조지 처치가 썼듯이, "유전되는 유전자 편집을 임상시험에 적용하려면 전체 인간 게놈에 대한 완벽한 지식이 있어야 한다는 생각은 의료 현실을 무시하는 일이다."[26] 천연두를 없애려고 노력한 400년 동안, 인류는 인간 면역 체계에 대해 아는 것이 거의 없었다고 처치는 지적했다. 심지어 해로운 돌연변이를 교정하려는 시도 중에 "각각의 편집 결과는 DNA를 해로운 버전에서 건강한 버전으로 바꾸며, 이 결과를 수십억 명이 공유하게 된다. 이는 지금껏 임상시험을 했던 그 어떤 신약보다 더 분명한 확실성을 보여준다"라고 처치는 말했다.

여기에는 이론의 여지가 없다. 수많은 생명을 구하는 의학 치료법이 치료법을 완전히 이해하기 전에도 잘 개발되어왔는데, 크리스퍼에만 더 높은 안전성이라는 기준을 들이댈 필요가 있을까? 보통의 인간 게놈에서 볼 수 없는 완전히 새로운 향상을 창조하는 것이 아니라 유전자 돌연변이를 교정해서 '정상' 유전자로 복구하는 한, 안전하다고 생각된다. 만약 개인의 삶이 앞날을 알 수 없는 위기에 처해 있다면, 이런 제한적인 시술이 가져다줄 잠재적인 이익은 감수해야 할 위험보다 가치 있을 것이다.

∽

안전성으로만 생식세포 편집을 심판할 수 있다면 조심스럽게 찬성하고 싶지만, 안전성만이 고려해야 할 유일한 기준은 아니다. 태어나지 않은 사람의 DNA를 편집하는 일은 온갖 윤리 문제에 대면하도록 강요한다. 처음 들여다보았을 때 몇몇 문제는 내가 볼 때 상당히 성가셔서 이 문제를 더 밀접하게 살펴보기 위해 생식세포 유전자 편집을 일시적으로 중단하자고 요청할 정도였다.

인간 생식세포를 편집'할 수 있다'는 이유만으로 반드시 편집'해야만 하는' 걸까? 이것은 나 자신에게 되풀이해서 물었던 질문이다. 만약 다른 선택의 여지가 없는 상황에서 크리스퍼가 정말로 특정 부모가 질병 없는 자녀를 임신하도록 도울 수 있다면, 그리고 안전하게 도울 수 있다면, 이 기술을 사용해야 할까?

생식세포 편집이 아이가 유전 질병 없이 태어날 수 있는 유일한 길인 상황이 드물게 있긴 하다. 예를 들어 부모 양쪽이 같은 열성 유전 질병, 즉 낭포성섬유증, 겸상적혈구병, 백색증, 판코니빈혈증 등을 앓는다면, 자연 임신을 통해 낳는 자녀는 모두 질병을 물려받게 된다. 원인이 되는 유전자 돌연변이가 양쪽 부모의 염색체에 모두 존재하므로, 자녀는 돌연변이 두 개를 물려받는 상황을 피할 길이 없다. 알츠하이머병이 조기 발병하는 것과 비슷한 질병인 헌팅턴병이나 마판증후군 같은 우성 유전 질병에서도 비슷한 상황이 일어나는데, 아버지에게서든 어머니에게서든 돌연변이 유전자 하나만 물려받아도 질병이 나타난다.

이런 질병은 치료용 체세포 유전자 편집으로도 치료할 수 있지만, 생식세포 편집은 아예 처음부터 아이들이 질병 없이 태어나게 해서 고통받지 않도록 지켜줄 수 있다. 이런 치료가 필요한 처지에서는 생식세포 편집이 정당한 요구로 느껴지지만, 말했듯이 이런 사례는 아주 희귀하다. 이보다 더 흔한 사례들은 유전 질병의 위험이 불확실한 경우다. 이런 상태에서 생식세포 편집은 정당화될 수 있을까? 두 상황을 함께 놓고 모든 것을 고려할 때, 생식세포 편집은 좋은 결과를 가져올까, 아니면 나쁜 결과를 가져올까? 생식세포 편집으로 생겨나는 나쁜 결과를 덮을 만큼 더 많은 고통을 완화할 수 있을까?

"해야 하는가, 멈춰야 하는가?"라는 질문은 과학자와 일반인을 똑같이 움켜쥐고 있다. 어쩌면 당연하겠지만, 미국은 합의에 이르는 힘겨운 시간을 보내고 있다. 2016년 여론조사기관인 퓨리서치 여론조사 결과 성인 미국인 50%가 생식세포 편집을 통해 질병의 위험을 낮추는 일에 반대한다는 결과가 나왔다.[27] 찬성은 48%였다(꼭 필요하지 않은 특질을 개선하기 위한 자녀의 게놈 편집 항목에 이르면 대중 여론은 더 단합되는데, 찬성은 15%밖에 되지 않았다). 이런 반응은 다양한 잣대가 적용된 결과다.

종교는 사람들이 위와 같은 어려운 문제에 직면했을 때 기대는 명확한 도덕적 잣대의 하나다. 물론 이 경우에도 각자의 관점은 상당히 다양하다. 많은 기독교 공동체는 수정 단계부터 배아를 인간으로 인식하므로 인간 배아 실험에 반대한다. 반면 유대교와 이슬람교 전통은 더 수용적인데, 이들 종교 전통에서는 체외에서 만들어진 배아를 사람으로 여기지 않기 때문이다. 생식세포 기술은 무엇이든 인간 존재에 개입하는 신의 역할을 강탈하는 일로 여기는 종교도 있고, 건강을 개선하거나 불임을 치료하는 등 선천적으로 선한 목표가 있다면 인간이 자연의 역할에 참여하는 것을 환영하는 종교도 있다.[28]

또 다른 도덕적 이정표는 순수한 내적 동기로, 미래 아이들의 유전자를 영구히 편집하는 데 크리스퍼를 사용한다는 생각에 반응하는 본능적이며 반사적인 행동이다. 대부분 사람은 이 생각이 부자연스럽고 어딘가 잘못된 것 같다고 느낀다. 처음 인간 생식세포 편집에 대해 생각하기 시작했을 때는 나도 그렇게 생각했다. 수천 년 동안 자연스러운 DNA 돌연변이의 도움을 받아 생식해왔는데 이제 우리에게 그 과정을 직접 이성적으로 하라니, 처음에는 비뚤게 받아들여졌다. 아마 식물생물학자가 옥수수 유전자를 변형했을 때의 반응과 비슷할 것이다. 미국 국립보건원장인 프랜시스 콜린스는 이를 두고 "진화는 38억 5,000만 년 동안 인간 게놈을 최적화시켰다. 인간 게놈 기술자 몇 명이 의도치 않은 온갖 종류의 실수 없이 이 일을 해낼 수 있다고 진심으로 믿는가?"[29]라고 물었다.

나도 인류가 스스로 진화를 통제한다는 생각에는 불편한 느낌이 있지만, 자연이 인간의 유전자 조성에 어떻게든 개입해서 미세조정을 하리라고는 말하지 않겠다. 현대 식품, 컴퓨터, 고속 수송 체계 등이 인간의 삶을 완전히 바꾸어놓은 현대 시대에 맞춰 진화가 인간 게놈을 최적화하지 않았다는 점은 명백하다. 이 순간까지 이르는 인류의 진화 과정을 어깨너머로 살펴보면, 진화를 뒷받침하는 돌연변이의 대혼란 속에서 피해를 본 생물이 많다는 점을 알 수 있다. 자연은 기술자라기보다는 땜장이에 불과하며, 상당히 서투른 축이다. 자연의 경솔함은 그다지 좋지 않은 유전자 돌연변이를 물려받은 운 나쁜 사람에게는 노골적인 학대로 비칠 수도 있다.

마찬가지로 생식세포 편집이 부자연스럽다는 논쟁이 더는 내게 크게 와닿지 않는다. 사람의 경우, 특히나 의학 세계에서 자연과 인공의 경계는 거의 사라질 정도로 흐릿해진다. 산호초가 자연스럽지 않다고 말할 수 없지만, 도쿄 같은 거대도시군은 자연스럽지 않다고 말한다. 거대도시군은 인간이 만들고, 산호초는 인간이 창조하지 않아서인가? 내가 볼 때 자연과 인공의 경계는 잘못된 이분법이며, 이로 인해 인간의 고통을 완화하는 길이 막힌다면 이 또한 위험하다고 생각한다.

지금까지 나는 유전 질병을 앓거나 앓는 가족이 있는 사람들을 만날 기회가 많았고, 이들의 가슴 아픈 이야기를 들을 기회도 많았다. 한 여성은 학회에서 크리스퍼 기술에 관한 토론을 끝낸 내게 다가와 자기 이야기를 들려주었다. 그녀의 자매는 희귀하고 끔찍한 유전 질병을 앓고 있는데, 이 질병이 자매의 신체와 정신을 망가뜨리는 바람에 온 가족이 상상할 수 없는 고통을 겪었다고 했다. "만약 생식세포를 편집해서 이런 돌연변이를 인류에게서 몰아낼 수 있다면, 그래서 내 자매처럼 고통받는 환자가 없어진다면, 당연히 나는 당장 할 겁니다!"라고 그녀는 울면서 말했다. 또 다른 이야기를 더 하자면, 한 남성이 버클리로 나를 찾아와 자신의 아버지와 할아버지가 헌팅턴병으로 사망했으며, 자신의 누이 세 명도 헌팅턴병 양성반응을 나타냈다고 말했다. 그는 이 끔찍한 질병을 치료하거나 예방할 수 있는 연구를 위해서라면 무엇이든 할 수 있다고 말했다. 차마 그에게 혹시 그도 돌연변이 유전자를 갖고 있느냐고 물어볼 수 없었다. 만약 그렇다면, 그는 움직이거나 말조차 할 수 없게 되어 일찍 세상을 뜨게 된다. 그 선고가 자신에게 내려지는 일도, 사랑하는 사람에게 내려지는 일도 모두 끔찍하다.

이런 이야기는 유전 질병 때문에, 그리고 질병을 직면하기를 주저해서 인간이 치러야 하는 끔찍한 대가를 강조한다. 언젠가 수정 직후나 그 이전에라도 의사가 안전하고 효율적으로 돌연변이를 교정하는 기술을 갖게 되면, 이 기술을 사용하는 데 떳떳할 수 있을 것이다.

모두가 이런 관점에 동의하지는 않는다. 사람들은 흔히 게놈을 귀중한 진화 유산의 일부이며 소중히 여기고 보존해야 한다고 말한다. 예를 들어 1997년 채택된 인간 게놈과 인권에 관한 국제선언을 보면, 유네스코는 "인간 게놈은 인간의 고유한 존엄성과 다양성을 인정하는 기초가 될 뿐만 아니라 인류 구성원 전체의 근본적 단일성을 입증하는 기초가 된다. 상징적인 의미에서 그것은 인류의 유산이다"[30]라고 선언했다. 최근 유전자 편집 연구가 발전하면서 유네스코는 한 발 더 나아가 크리스퍼 같은 기술이 목숨을 위협하는 질병을 예방하거나 치료하는 데 사용되어야 하며, "내재한 근본을 위태롭게 해서 인류 전체의 평등한 존엄성을 해치고, 더 나은, '개선된' 삶을 충족시키는 도구로 위장한 우생학을 부활시키는"[31] 방법이 될 수 있다고 했다. 몇몇 생명윤리학자도 비슷한 우려를 나타냈고 생식세포 편집이 인간이라는 존재의 본질을 변화시키며, 인간 유전자 풀을 변형하면 인간성 자체를 치명적인 방향으로 바꾸리라고 주장했다.[32]

이 같은 철학적 반대는 생각할 만한 가치가 있다. 그러나 유전 질병이 가족에게 안기는 고통을 생각할 때, 결국 생식세포 편집을 사용할 가능성을 배제하기에는 철학적 기준이 너무 높다.

생식세포 편집의 근본적 권리나 부당함은 일단 제쳐놓더라도, 나를 괴롭히는 윤리 문제가 두 가지 더 있다. 모두 유전자 편집에 관한 국제회의에서 논의했던 문제로, 둘 중 어느 것도 해결하지 못했다. 첫 번째 문제는 일단 의사가 환자의 목숨을 살리기 위해 생식세포 편집 기술을 사용하기 시작하면 그 사용 방식을 누가 통제할 수 있느냐는 점이다. 두 번째 문제는 크리스퍼가 사회에 어떤 영향을 미칠지, 즉 사회 정의와 관련된 문제다.

첫 번째 문제에서 만약 우리가 크리스퍼를 생식세포에 사용해서 유전 질병을 제거하는 데 동의하면, 크리스퍼가 유전적 향상, 즉 해로운 유전자 변이체를 교정하는 목적이 아니라 유전자로 전해지는 특정한 장점을 얻기 위해 사용되는 상황도 인정해야만 한다.

물론 시도하기에 안전한지, 개선이 가능한 특성인지 같은 한계가 있다. 당장 떠오르는 개선할 수 있는 특성이라면 높은 지능, 경이로운 음악 재능, 수학적 기량, 큰 키, 운동 능력, 놀라운 미모 등이 있지만, 그 명백한 원인 유전자는 밝혀지지 않았다. 이들 특성이 유전되지 않는다는 뜻이 아니라, 그저 특성의 복잡성 덕분에 크리스퍼 같은 기술로 접근하기 어렵다는 말이다.

하지만 다른 유전적 개선점은 크리스퍼로 단순한 돌연변이를 재창조해서 상당한 결과물을 얻을 수 있다. 예를 들어 EPOR 유전자 돌연변이는 랜스 암스트롱을 비롯한 수많은 운동선수가 복용한 금지약물이자 호르몬인 에리트로포에틴(적혈구생성인자)에 반응해서 엄청난 지구력을 부여한다. LRP5 유전자 돌연변이는 특별히 단단한 뼈를 만들며, MSTN 유전자 돌연변이는 군살 없는 근육을 만들고 근육량을 증가시키는 유전자로 근육 강화 돼지와 개를 만들 때 편집했던 바로 그 마이오스타틴 유전자다. ABCC11 유전자 돌연변이는 겨드랑이 냄새가 적게 나는 현상과 관련 있으며, 희한하게도 귀지 종류와도 관련이 있다고 한다. DEC2 유전자 돌연변이는 더 적은 수면시간 요구량과 연관된다.

역설적으로 질병을 예방하는 사례에 한해 생식세포 편집을 승인하는 일은 급격하게 비非의료적인 특성 개선으로 향하는 첫 단계가 될 것이다. 모든 비의료적 유전자 개선 사례에는 또 다른, 더 애매한 측면이 있기 때문이다.

생식세포 편집의 극한 사례의 하나로 저밀도지질단백질 콜레스테롤, 즉 '나쁜' 콜레스테롤인 LDL 콜레스테롤의 농도를 조절하는 단백질을 생산하는 PCSK9 유전자를 들 수 있다. 덕분에 PCSK9 유전자는 전 세계 최고의 사망원인인 심장질병을 예방할 가장 촉망받는 제약학계의 표적이 되었다. 크리스퍼는 이 유전자를 비틀어, 아직 태어나지 않은 사람이 높은 콜레스테롤 농도를 갖지 않도록 프로그래밍할 수 있다. 이는 치료용 생식세포 편집일까, 특성 개선용 유전자 편집일까? 결국 의도한 목적은 질병 예방이지만 자녀에게 다른 사람에게는 없는 장점이 될 유전적 특성을 부여하기도 한다.

이외에도 수많은 생식세포 편집의 응용 가능성은 치료와 개선의 경계를 흐트러트린다. CCR5 유전자를 크리스퍼로 편집하면 평생 HIV 저항성을 얻을 수 있다. APOE 유전자를 편집하면 알츠하이머병이 발병할 위험을 낮출 수 있다. IFIH1 유전자와 SLC30A8 유전자의 DNA 서열을 변경하면 제1형과 제2형 당뇨병 발병 위험을 낮출 수 있다. GHR 유전자를 바꾸면 암 발병 위험도가 낮아질 수 있다. 이 모든 사례의 기본 목표는 개인을 질병에서 구하는 일이지만, 과학자는 보통 사람의 유전적 자질을 능가하는 본질적인 방어 체계라는 개선된 특성을 제공하게 된다.

이는 내게 또 다른 걱정거리를 안겨주었다. 배아 편집에 관한 한계선을 어디에 그어야 할지 결정하기 어렵듯이, 이 일을 공평하게 할 방법, 즉 특정 집단만이 아니라 인류 전체의 건강을 개선하도록 만들 방법도 찾기 어렵다.

최소한 처음 시작할 때는 부유한 가정이 생식세포 편집의 혜택을 더 많이 받을 것은 당연한 일이다. 최근 시장을 강타한 유전자 치료제는 가격이 대략 11억 3,000만 원 정도이며,[33] 최초의 유전자 편집 치료제 역시 상황은 다르지 않을 것이다.

물론 신기술을 비싸다는 이유만으로 거부해서는 안 된다. 개인용 컴퓨터, 휴대전화, 고객 직거래 DNA 분석 서비스 사례만 봐도 시간이 흐르면 신기술이 개선되면서 가격이 낮아지고 이용률도 높아진다는 사실을 알 수 있다. 게다가 생식세포 편집이 다른 치료법처럼 언젠가는 건강보험에 편입될 수도 있다. 물론 보통 수천만 원이 드는 체외수정과 착상 전 유전자 진단처럼 현존하는 생식 기술도 아직 건강보험이 적용되지 않는 미국에서는 먼 미래의 일로 보인다. 하지만 국가보건계획에 보조생식술을 포함한 프랑스나 이스라엘, 스웨덴 같은 나라에서는 단순 경제학이 정부를 움직여서 유전자 편집이 필요한 부모에게 기술을 제공하게 할 것이다. 유전 질병을 앓는 한 개인을 평생 치료하는 일은 유전자 편집으로 배아에 예방적 치료를 하는 일보다 더 큰 비용이 소요되기 때문이다.

그러나 포괄적인 건강보험체계를 갖춰 모든 계층이 생식세포 편집의 혜택을 누릴 수 있는 나라들조차, 예상치 못한 유전적 불평등의 위험이 도사리고 있어서 시간이 흐를수록 격차가 벌어지기만 하는 새로운 '유전자 간극'을 만들어낼 수 있다. 부유층은 더 자주 신기술을 이용할 수 있고 유용한 유전자 변형이 이루어진 배아는 후손 모두에게 변형한 유전자를 물려주므로, 접근성에서 아무리 차이가 나지 않더라도 사회계층과 유전자의 연관성은 세대가 지나면서 필연적으로 커지게 된다. 이런 현상이 사회경제적 구조에 미칠 영향을 생각해보라. 지금 우리 사는 세상도 불평등하다고 느끼는데, 사회경제적 측면과 유전적 측면 '모두'에서 계층이 구분된다고 상상해보라. 부유층은 특권계급의 유전자로 인해 더 건강하게 장수하는 삶을 누리는 미래를 마음속에 그려보라. SF에나 등장할 만한 장면이지만, 생식세포 편집이 일반화되면 이 소설은 현실이 될 수도 있다.

생식세포 편집은 무심코 우리 사회의 재정적 불평등을 우리의 유전자 암호에 새겨넣을 수도 있지만, 다른 부당함도 만들 수 있다. 장애인권리단체가 지적했듯이,[34] 유전자 편집으로 청각장애나 비만 같은 질병을 '복구'하면 모든 사람이 똑같아야 한다는 압력이 작용해서 사회의 통합성이 낮아질 수 있으며, 자연스러운 다양성을 수용하는 대신 장애인에 대한 차별을 조장할 수도 있다. 인간 게놈은 명쾌하게 제거할 수 있는 결함 있는 소프트웨어가 아니다. 인간을 독특하게 만들고, 인간 사회를 그토록 강력하게 만드는 요소는 다양성이다. 질병을 유발하는 몇몇 유전자 돌연변이는 생화학 수준에서 결함이 있거나 비정상적인 단백질을 생산하지만, 질병을 앓는 개인이 결함이 있거나 비정상이라고 할 수 없으며 이들도 유전자를 복구할 필요성을 느끼지 않고 행복한 삶을 살 수 있다.

유전자 편집이 좁은 범위의 유전적 정상 범위 밖에 있는 사람에 대해 이미 존재하는 편견을 더 악화시키리라는 공포는 수많은 작가가 생식세포 편집과 우생학 사이에 만들어낸 연관성의 바탕을 이룬다. 우생학의 개념은 오늘날 우리에게 나치 독일을 통해 잘 알려져 있으며, 완벽한 인종을 만든다는 목표 아래 수십만 명을 강제로 불임시키고, 수백만 명의 유대인, 동성애자, 정신질환자, 그 외 살아갈 가치가 없다고 자의적으로 판단한 사람들을 대학살하면서 끔찍한 절정에 이르렀다. 애석하게도 오래전 히틀러가 권력을 잡았던 시절처럼 이미 미국에는 비슷한 우생학이 널리 퍼져 있으며, 1970년대에는 많은 주에서 강제 불임수술을 계속했다. 개탄스러운 인간의 역사를 돌아보다가 인간 유전자 풀 개선을 목표로 한 프로그램에 이르면, 개인에게 더 건강한 유전자를 부여하는 크리스퍼의 능력이 슬픈 역사의 한 장을 떠올리게 하는 상황은 어쩌면 당연하다.

유전자 편집을 어두운 과거와 동일시하는 일은 확실히 눈길을 끌지만, 철저하게 검토한 결과는 아니다. 엄밀히 말하면 질병에 맞서기 위해 크리스퍼를 이용하는 배아 편집은 우생학적 관례일 수도 있지만, 그렇게 따지자면 착상 전 유전자 진단법과 초음파기술, 임신부용 비타민, 임신부의 알코올 섭취를 금지하는 일도 마찬가지다. 왜냐하면 우생학은 원래 '부잣집에서 태어난'이라는 뜻에서 정의되었으므로,[35] 건강한 아기가 태어나도록 의도한 행동이라면 어떤 행위든 우생학적 의미가 있을 수 있다. 현재의 느슨한 용어 해석은 19세기 말과 20세기 초에 걸쳐서 출현한 믿음과 현실을 반영한다. 당시 사회는 전체 인류의 유전자 질을 개선하는 일을 목표로, 바람직한 특성을 가진 사람끼리의 결합을 장려하고 바람직하지 못한 특성의 사람은 생식을 금지했다.

우생학은 오늘날 대부분 사람이 기억하듯이 비난받아야 할 행동이지만, 유전자 편집에서 비슷한 결과가 나타날 가능성은 적다. 정부는 부모에게 자녀의 유전자를 편집하도록 강요하지 않을 것이다(다음 절에서 보겠지만, 많은 곳에서는 아직도 이 과정이 불법이다). 출산의 자유를 통제하는 강압적인 정부가 아닌 다음에야 생식세포 편집은 자녀를 가질 부모 개인이 결정하며, 대체로 사람들은 결정을 내릴 때 정부를 고려하지는 않는다.

생식세포 편집 윤리에 관한 내 관점은 계속 진화하지만, 그럴수록 선택의 문제를 자꾸 되새기게 된다. 다른 것은 모두 제쳐두고라도, 자신의 유전적 운명을 선택하고 더 건강하고 행복한 삶을 추구할 자유는 존중해야 한다. 선택의 자유가 주어지면 사람들은 각자가 옳다고 생각하는 대로 행동할 것이다. 헌팅턴병의 희생자인 찰스 서빈Charles Sabine이 지적했듯이, "이런 질병의 현실에 직면한 사람이라면 누구나 멀게만 보이는 도덕에 관해 생각해야 한다는 죄책감 따위는 없을 것이다."[36] 이 말에 아니라고 고개 저을 수 있는 사람이 우리 중에 있을까?

ᔕ

나는 생식세포 변형을 전면적으로 금지하는 윤리적 방어선도 믿지 않고, 기술이 안전하고 공평하게 제공된다면 부모가 자신의 유전자를 이어받은 더 건강한 자녀를 가질 기회를 높이는 데 크리스퍼 기술을 사용하는 일을 합당하게 금지하는 일이 가능하다고도 생각하지 않는다. 동시에 낡은 방식으로 아이를 낳으려는 부모의 선택을 지지하려고 의식적으로 노력하지 않고, 유전자 구성과 관계없이 모든 사람이 똑같이 존중받고 치료받는 사회를 구축하려는 노력을 두 배로 들이지 않으면서, 생식세포 편집을 계속 진행하도록 허용할 방법도 떠오르지 않는다. 우리가 이를 실천할 수 있다면, 특정 개인의 손상된 건강을 크리스퍼로 고치는 일을 금지하는 길과 크리스퍼를 남용하고 사회 가치를 뒤엎는 길 사이로 난 좁은 길을 따라 걸을 수 있다면, 우리는 이 신기술을 명백히 선한 방식으로 사용할 수 있다.

그렇다면 이제 어떻게 해야 할까? 윤리와 안전성에 관해 대화를 나누는 일과 합의를 이루는 일은 전혀 다른 문제다. 이 중 하나라도 할 수 있다 해도, 한 걸음 더 나아가 실제로 해결하기 위해 행동하는 일은 가능성이 너무 낮아 보여서 이야기할 가치도 느끼지 못할 수 있다. 하지만 지금 일관된 국제 지침을 세우지 못하면 다음 기회는 오지 않는다.

정부의 역할이 인간 생식세포 변형을 감독하고 통제하는 일이라는 데는 의심의 여지가 없다. 그러나 여기에는 많은 것이 선행되어야 하는데, 현재 정부 통제에는 변수가 많고 강제력이 없을 때도 많다.[37] 예를 들어 캐나다, 프랑스, 독일, 브라질, 호주를 비롯한 많은 나라는 벌금형부터 꽤 긴 징역형까지 다양한 형사 처분을 내려 인간 생식세포의 임상 시술을 명확하게 금지했다. 반면 중국이나 인도, 일본 같은 나라는 임상 시술은 금지했지만 지침은 입법화되지 않았고 따라서 강제력도 없다. 미국의 현재 정책은 상당히 한정적으로, 명백한 금지령도 없지만 정부 기관은 생식세포의 유전자 편집이 관련된 임상시험에 반대하는 목소리를 냈고, 임상시험은 미국 식품의약국의 규제력 있는 승인 절차를 밟아야 한다(그런데도 착상 전 유전자 진단법이나 세포질 내 정자 주입술, 체외수정법 등 다른 많은 보조 생식기술이 정식으로 임상시험을 거치거나 미국 식품의약국의 검열을 받지 않았다는 점은 흥미롭다).

인간 생식세포 편집 '연구'에 관한 규제도 일관성이 없고, 더군다나 편집한 배아에서 새로운 인간을 창조하는 일의 규제는 더더욱 그렇다. 최초로 인간 배아에 크리스퍼를 사용하는 실험을 한 중국에서는 생명윤리위원회의 적절한 감독 아래 이런 연구를 진행할 수 있다. 미국의 몇몇 주에서는 이와 비슷한 연구를 금지하지만 연방정부는 엄밀하게 따지자면 규제하지 않는다. 다만 1996년 미국에서 디키-위커 수정법이 통과되면서 정부는 인간 배아를 파괴하거나 만드는 연구에는 자금을 지원할 수 없게 되었고, 크리스퍼 실험은 명백하게 배제된다. 그러나 미국의 어떤 법도 이 분야의 개인적인 연구비 지원을 금지하지 않는다. 영국은 생식세포 편집 연구를 허용하며 이미 수행하고 있으나, 인간생식배아관리국의 승인을 받아야 한다. 인간 배아를 포함하는 연구는 모두 제한하는 나라도 있고, 임상과 연구의 구분에 심각한 불확실성을 남겨둔 애매한 법을 제정한 나라도 있다.

정부 정책의 생식세포 편집을 향한 모호한 언어 선택은 종종 규제를 몹시 어렵게 만든다. 예를 들어 최근 유럽연합이 채택한 임상시험 규제에 관한 문서는 "치료 대상의 생식세포 유전자 정체성을 변형하는 (…) 유전자 치료법의 임상시험"[38]을 금지한다. 하지만 '유전자 정체성'의 정의는 명확하지 않으며 '유전자 치료'라는 단어가 크리스퍼를 이용한 유전자 편집을 아우르는지도 알 수 없다. 프랑스에서는 "인간이라는 종의 무결성을 약화하고" "개인의 선택을 조직화하는 우생학적 행위"를 금지한다. 그러나 프랑스 병원에서는 '우생학'이라는 글자 그대로의 정의를 충족하는 착상 전 유전자 진단법이 시행되며, 따라서 이 법은 유용성이 모호하다. 이와 대조적으로 멕시코는 실험 목적에 따라 인간 유전자 변형 실험을 평가하고 규제한다. "심각한 질병이나 결함을 제거하거나 감소하려는" 목적 외의 실험은 금지한다. 하지만 심각한 질병이나 결함은 누가 결정하는 걸까? 정부? 의사? 부모?

미국 의회는 지금까지 인간 배아에 임상 목적으로 크리스퍼를 사용하도록 허가해달라는 진정서를 '들여다볼' 의지가 없거나 볼 수 없었다. 입법부의 태도는 선거로 뽑은 지도자가 머리를 모래 속에 처박고 있는 행태나 다름없다. 2015년 미국 상원과 하원은 미국 식품의약국이 "유전되는 유전자 변형을 포함하는 인간 배아를 의도적으로 만들거나 변형하는"[39] 약물이나 생물 제품의 지원신청서를 감독할 때 사용하는 자금을 지출금으로 청구하지 못하도록 추가조항을 덧붙였다. 말하자면, 국회는 인간 배아에 크리스퍼를 적용하는 일을 효과적으로 금지했지만 실제로 법안을 제정하는 대신 미국 식품의약국의 손을 묶는 방법을 선택했다(역설적으로 이 우회 전략은 역효과를 나타냈다. 현재의 규제 과정에서는 신약을 검사할 때 식품의약국이 명확하게 신약 승인을 거부하지 않으면 30일 이내로 자동으로 승인된다. 이 문제는 2016년 막판에 부가한 조항에서 식품의약국이 이런 지원신청서는 받지 않은 것으로 처리하도록 지시해서 해결책을 마련했다).

생식세포 편집 연구에 관한 감독조차 거부하는 태도는 현실을 통제하는 최선의 방책으로 볼 수 없다. 생식세포 편집 연구나 임상시험을 단순하게 금지하는 것도 올바른 방향은 아니다. 다른 사람들도 지적했듯이, 미국에서 생식세포 유전자 편집을 금지하는 일은 이 분야의 주도권을 다른 나라에 넘겨주는 행동이다. 이미 미국인들은 생식세포 편집 연구에 대한 연방정부 지원금 금지 조치에 대해 논쟁을 벌이고 있다.

몇몇 나라의 지나치게 엄격한 정책은 다른 나라로의 크리스퍼 여행을 불러올 위험도 있다. 환자들은 바다를 건너서라도 규제가 더 유연하거나 아예 규제가 없는 관할권으로 이동할 수 있다. 의료관광객은 이미 수십억 원을 들여 줄기세포 치료를 규제하지 않는 국가로 이동하고 있으며,[40] 근육량을 늘리고 생명을 연장하는 유전자 치료도 해외에서 받는다.[41] 위험하고 비윤리적이기까지 한 현실의 해결책은 주권국가의 영토 안에서 위험하고 증명되지 않은 방법을 허가하는 것이 아니다. 과학자들이 몰래 숨어서 실험을 계속하면 최악의 결과가 도출되는 상황이 오므로, 연구에 과중한 제한을 부과해서도 안 된다. 그보다는 국가가 연구와 임상 응용을 수용해서, 개방적이지만 최악의 결과는 예방할 만큼 충분히 엄격한 규제 환경을 일정하게 유지해주는 편이 낫다.

규제와 자유 사이에서 올바른 균형점을 찾는 일은 과학자와 법률가 모두의 책임이다. 과학 전문가는 크리스퍼를 가장 안전한 방법으로 전달할 방법을 구체적으로 명시한, 합의를 이룬 표준 지침을 만들어야 하고, 질병을 일으키는 유전자를 연구할 우선순위를 정해야 하며, 유전자 편집 치료술을 평가할 품질 관리 표준을 정해야 한다. 정부 관료, 특히 미국 관료들은 지금까지보다 더 적극적으로 나서서 탄탄한 법률을 제정하는 동시에, 주권자의 의견을 수렴하고 나와 동료들이 2015년 워싱턴 DC 회의에서 했던 것처럼 대중의 참여를 장려해야 한다. 물론 생식세포 편집을 이용하는 방법이나 허용 여부를 만장일치로 합의하는 일은 현실에서 일어나지 않는다. 그럼에도 정부는 최선을 다해서 기술의 잠재력을 활용하고 사람들의 의지를 나타낼 법안을 만들어야 한다.

이렇게 노력해도 크리스퍼가 던진 문제에 관한 일관성 있는 국제적인 반응을 기대하기는 어렵다. 다양한 사회는 필연적으로 생식세포 편집이라는 주제에 자신들만의 독특한 관점, 역사, 문화적 가치를 들이댈 것이다. 몇몇 저자는 생식세포 편집, 특히 유전자의 특성 개선은 중국이나 일본, 인도 같은 아시아국가에서 최초로 수용되리라고 예측했다.[42] 특히 비인간 영장류나 발생할 수 없는 인간 배아, 인간 환자에 크리스퍼를 적용하는 방법을 선도해온 중국은 생식세포 편집 연구와 개발에 비옥한 대지가 될 수 있다.

생식세포 편집에 관한 국제협약은 달성하기 어렵지만, 반드시 해내도록 노력해야 한다. 유전자 편집이 인간 사회를 산산조각낼 위험은 후대에나 일어날 골칫거리로 보이지만, 역사에 비추어볼 때 머지 않았다.

일단 판세를 바꾸는 기술이 세계에 퍼져 나가면 억누르기는 불가능하다. 신기술을 이용해서 맹목적으로 앞으로만 달려가면 그 자체로도 문제가 많다. 예를 들어 핵기술에서 우위를 점하기 위한 경쟁은 집중적인 연구 개발 노력으로 이어졌고, 전 세계 정치 체제와 사람들의 삶을 근본에서부터 바꾸어놓았으며, 때로는 더 불안한 삶으로 이어졌다. 핵무기와 달리 유전자 편집 기술은 충분히 정보를 습득한 대중이 우리 삶에 지대한 영향을 미칠, 그리고 생명의 미래를 통제할 크리스퍼의 능력을 어떻게 사용할지 논의할 기회가 남아 있다. 그러나 너무 미적거리다가는 고삐를 손에서 놓칠지도 모른다.

∽

인간이라는 종을 정의하는 특성 중 하나는 알려진 것과 가능한 것의 경계선을 지속적으로 밀어붙여 탐색하려는 투지다. 로켓 과학의 발전과 우주여행은 인간이 다른 행성을 탐험할 수 있게 해주었고, 입자물리학의 발달은 물질의 기반을 보여주었다. 같은 방식으로 유전자 편집의 발달은 우리가 생명의 언어를 수정해서 자신의 유전적 운명을 거의 완벽하게 통제할 능력을 주었다. 동시에 우리는 이 기술을 활용할 최선의 방법을 선택할 수 있다. 이 신지식을 다시 묻어버릴 길은 없으니 기술을 수용해야 한다. 다만 신중해야 하고, 이 기술이 우리에게 허락하는 상상 이상의 힘을 존중해야 한다.

대부분 인간의 역사에서 인간은 자연이 행사하는, 느리고 때로는 감지할 수 없는 진화 압력에 노출되었다. 이제 우리는 진화 압력의 강도와 초점을 조절할 수 있는 위치에 올랐다. 이제부터 인간과 지구는 지금까지 발전했던 것보다 훨씬 더 빠른 속도로 발전할 것이다. 지금부터 불과 몇십 년 후에 평균적인 인간 게놈이 어떻게 변할지는 예측하기 힘들다. 인간이나 세계가 몇백 년 또는 몇천 년 사이에 어떻게 될지 누가 알겠는가?

올더스 헉슬리는 유전자 카스트가 존재하는 미래를 상상한 으스스하고 유명한 소설《멋진 신세계》를 집필했다. 요즘 생식세포 유전자 편집이라는 주제가 언론에 오르내리면서 이 소설이 직간접적으로 언급된다. 그러나 헉슬리의 디스토피아는 2540년이 배경이다. 생식세포 편집에서 유전적 불평등이 생겨난다면, 디스토피아가 구축되는 데 그렇게나 많은 시간이 걸릴 것 같지는 않다. 게다가 크리스퍼 같은 기술이 반세기 동안 우리 사회를, 우리 인간을 재정립할 수많은 다른 길을 생각해보라. 조금의 과장도 보태지 않고, 아마 정신이 번쩍 들 것이다.

이런 변화는 대부분 좋은 방향일 것이다. 크리스퍼는 세계를 개선할 놀라운 능력을 지녔다. 유전자를 편집해서 심각한 유전 질병을 대부분 없애는 장면을 떠올려보라. 백신이 천연두를 몰아내고 이어서 소아마비도 없앤 상황과 비슷하다. 수천 명의 과학자가 크리스퍼로 암 같은 재앙을 연구하고 새로운 치료법이나 완전한 치유법을 찾아내는 장면은 또 어떤가? 농부가, 목축업자가, 세계 지도자가 크리스퍼로 창조한 기후 변동에 더 잘 견디는 곡물로 세계의 기아 위기를 해결하는 일도 상상해보기 바란다. 위의 시나리오들은 앞으로 몇 년 사이에 우리가 선택하는 방향에 따라 현실이 될 수도 있고 아닐 수도 있다.

선천적으로 선하거나 악한 기술은 없다. 다만 인간이 기술을 어떻게 사용하느냐에 달렸을 뿐이다. 크리스퍼를 예로 들자면, 이 신기술의 잠재력은 좋든 나쁘든 인간의 상상력에만 제한받는다. 나는 인류가 크리스퍼를 선하게 사용할 수 있으며 나쁜 방향으로는 사용하지 않으리라고 굳건하게 믿는다. 동시에 이 모든 일이 개인 그리고 집단으로서 인간의 결정에 따라 달라지리라는 점도 알고 있다. 이전에는 한 생물 종으로서 인간이 이런 일을 해본 적이 한 번도 없다. 하지만 그때는 그럴 만한 기술을 손에 쥐고 있지도 않았다.

자신의 유전적 미래를 통제할 힘은 경이로운 동시에 두렵기도 하다. 이 기술을 어떻게 다룰지 결정하는 일이야말로 인류가 대면한 적 없는 가장 큰 도전일 것이다. 나는 우리가 감당할 수 있기를 바라고, 또 감당할 수 있다고 믿는다.

에필로그

시작

크리스퍼가 일으킨 유전자 편집 혁명에 관한 두 번째 연례학회가 열렸던 뉴욕 콜드스프링하버 연구소에서 집으로 돌아가는 길에 이 글을 쓰고 있다. 학회에서 발표된 모든 과학연구의 요약본을 묶은 학회초록집이 컴퓨터 화면에 열려 있고, 옆에는 학회 참가자들과 수많은 토론을 나누면서 기록한 메모가 있다. 총 415명의 참석자는 학계와 기업연구소에 속한 과학자 외에 의사, 기자, 편집자, 투자자, 유전질병을 앓는 사람들이다. 지난 몇 년 동안 참석했던 대학과 재단에서 개최한 많은 학회도 이와 비슷한 사람들로 구성되었다. 이 집단은 유전자 편집 기술에 앞으로 영향받을, 그리고 미래에 신기술을 사용하는 방식을 다듬는 데 도움을 줄 이해관계자 단면도나 마찬가지다.

콜드스프링하버에 있는 동안, 겉보기에도 임신한 것이 확실한 한 학생이 다가와 크리스퍼 혁명의 한가운데 서 있는 과학자이자 어머니로서 내 개인적인 여정에 관해 이야기해줄 수 있는지 물었다. 내 여정의 은유적 거리를 생각해본 나는 웃었다. 그리고 해보기로 했다.

처음에는 상상하지도 못했던 비틀림과 회전 덕분에 롤러코스터를 타는 것 같았다. 나는 "자연을 발견하는 즐거움"이라고 물리학자 리처드 파인만이 말했던 순수한 발견의 기쁨을 누렸다. 침입한 바이러스를 인식하고 파괴하도록 세균이 단백질을 무장한 경호원처럼 조종하는 방식을 보며 아들과 함께 경탄했다. 나는 다시 학생으로 돌아간 기분을 즐겼고, 인간의 발생이나 인간 생식에 관련된 의학적, 사회적, 정치적, 윤리적 화두를 배웠다. 현명하고 내 일을 지지해주며, 세계적인 수준의 연구소를 경영하는 일부터 아들이 최근 만드는 로켓 제작을 돕고, 미국 특허상표국에 제출한 법률문서를 해석하는 일까지 모든 일을 능숙하게 처리해내는 내 배우자가 얼마나 특별한 사람인지도 재발견했다. 남편이 요리하는 버섯 케사디야는 맛있고, 키안티 포도주 취향도 아주 빼어나다.

지난 4년 동안, 그리고 사실 내가 경력을 쌓는 내내, 세계에서 가장 영리한 최고의 과학자들과 일하는 영광과 특권을 누렸다. 내 연구실에는 수많은 학생과 박사후과정생, 정식 자격을 갖춘 과학자들, 예를 들어 블레이크 비덴헤프트와 레이철 하울위츠, 마틴 이넥, 그리고 이 책의 공동저자인 샘 스턴버그 같은 친구들이 매일매일 직접 실험하고 열심히 일하며 헌신하는 믿을 수 없는 행운이 깃들었다. 연구실 밖에서도 폴 버그나 데이비드 볼티모어 같은 과학계 권위자와 일할 기회를 얻어서 매우 기뻤으며, 이분들은 유전자 편집의 영향력에 관한 공공 토론을 시작하는 과정을 이끌도록 도와주셨다. 또한 질리언 밴필드와 에마뉘엘 샤르팡티에처럼 환상적인 동료들이 새로운 연구에

도전하도록 나를 이끌어주었다.

협력 연구가 과학 탐구라는 바퀴에 칠하는 윤활유라면, 경쟁은 엔진을 움직이는 불꽃이다. 건전한 경쟁의식은 과학이라는 과정에서 자연스러운 부분이며, 수많은 인류의 위대한 발견에 이바지하는 연료가 되었다. 하지만 때로는 크리스퍼 분야에 일어나는 강도 높은 경쟁이라든지 불과 몇 년 사이에 크리스퍼가 발전한 정도, 생물학을 연구하는 과학자라면 사실상 누구나 접하는 세계적인 분야가 된 현실 등을 깨닫고 깜짝 놀라기도 한다.

과학의 두 축인 경쟁과 협력은 내 경력을 정의하며 한 개인으로 나를 구체화했다. 특히 지난 5년 동안 나는 깊은 우정에서 충격적인 배신까지 온갖 인간관계를 전반적으로 경험했다. 이런 만남은 내게 나 자신에 관해 가르쳐주었고, 인간은 자신의 열망을 통제하든지 열망에 통제를 받든지, 하나를 선택해야만 한다는 점도 보여주었다.

또한 내게 익숙한 공간에서 걸어 나와 비전문가들과 과학에 관해 토론하는 일의 중요성도 인정하게 되었다. 과학자의 사회 공헌에 관해 회의적인 대중에게 과학자는 점점 더 불신의 대상이 되고 있다. 이는 곧 세계를 설명하고 개선하는 과학의 힘에 대해 회의적이라는 뜻이기도 하다. 사람들이 기후 변화를 인정하기를 거부할 때, 자녀에게 백신을 맞추지 않으려 저항할 때, 유전적으로 변형된 생물은 인간에게 해롭다고 주장할 때, 이런 상황은 대중의 과학에 대한 무지와 더불어 과학자와 대중 사이의 소통이 단절되었다는 일종의 신호다. 이미 프랑스와 스위스에서 '유전자 변형GM 아기'를 비난하며 크리스퍼에 저항하는 움직임이 나타나는 상황도 같은 맥락에서 볼 수 있다.[1] 대중에게 다가가지 않는다면 불신은 점점 더 퍼져나갈 것이다.

이런 소통 단절에는 부분적으로 과학자의 책임도 있다. 크리스퍼의 영향력에 관해 말하기 위해 연구실 밖으로 나오는 일이 내게는 힘겨웠고, 때로는 이 일이 빨리 끝나기를 바랐다. 나는 과학자에게는 적극적으로 과학의 응용에 관한 토론에 참여해야 할 의무가 있다고 절실하게 생각하게 되었다. 우리는 재료나 시약을 중앙 공급자가 분배하며 출판된 자료에의 접근성이 높아진, 과학이 국제화된 세상에 살고 있다. 지식이 과학자들 사이에서 교환되듯이, 과학자와 대중 사이에서도 지식이 막힘없이 잘 보급되는지 확인해야 한다.

인간과 지구에 미치는 유전자 편집의 영향력이 매우 급진적임을 고려할 때, 과학과 대중 사이의 의사소통 수단을 개방하는 일이 지금보다 더 중요했던 적은 없다. 생명체가 느릿한 진화의 힘만으로 형성되던 시절은 지나갔다. 우리는 새로운 시대의 시작점에 서 있으며, 생명체의 유전자 조성과 생생하고 다양한 모든 결과물을 좌우하는 권력을 처음으로 잡게 되었다. 사실 우리는 이미 오랫동안 지구의 유전물질을 형성해온 귀먹고 말 못 하며 앞 못 보는 체계를 대신해서, 인간이 주도하는 의식적이고 의도적인 진화 체계를 이끌어왔다.

우리는 이런 막대한 책임을 질 준비가 갖춰지지 않았다고 확신한다. 하지만 피할 수는 없다. 우리 스스로 유전적 운명을 통제하는 일이 두렵게만 여겨진다면, 힘을 갖고도 통제하는 데 실패했을 때 파생될 결과를 생각하면 된다. 그 결과는 진실로 상상하기도 싫은 악몽이 될 것이다.

지금까지 과학과 대중 사이를 갈라놓고 서로 불신하고 무시하도록 방조했던 벽을 허물어야 한다. 현재의 도전에 인류가 맞서지 못하게 방해하는 것은 무엇이든 벽이 될 수 있다.

후세대 과학자들이 우리 세대보다 더 깊고 더 개방적으로 대중과 소통하려는 의지를 갖고, 과학과 기술의 응용 방식을 결정할 때 '그 어떤 제재도 없이 토론하는' 기풍을 수용하기를 간절히 바란다. 그러면 과학자는 대중의 신뢰를 다시 얻을 것이다.

진보를 알리는 신호가 울린다. 최근 몇 년 동안 누구나 인터넷을 통해 학술정보에 접근할 수 있는 오픈 액세스 운동으로 수많은 학술 기사가 공짜로 대중에게 제공되었다. 온라인 경로는 전 세계 학생에게 나이에 상관없이 교육의 기회를 부여하는 방향으로 자리 잡았다. 이런 경향은 긍정적이지만 아직도 부족하다. 교육기관은 학생이 학습하는 방법이나 지식을 사회 문제에 적용하는 방법을 가르치는 데 대해 다시 고민해야 한다.

나는 세계적인 국립대학이며 내가 재직하는 캘리포니아대학교에 여러 학문 분야가 융합된 학회, 강의, 연구 프로젝트를 조직해달라고 요청했다. 과학자, 작가, 심리학자, 역사학자, 정치학자, 윤리학자, 경제학자, 그 외 여러 분야의 전문가가 함께 현실 세계의 문제를 해결할 기회를 만들어서, 우리의 일과 학문을 비전문가에게 설명하는 집단 능력을 향상하려 한다. 이런 작업은 결국 학생들이 전문분야에 관해 더 폭넓게 사고하고 문제를 해결하는 데 지식을 적용하는 방법을 익히도록 돕는다.

항상 계획을 생각해내는 과정보다 실행에 옮기는 일이 더 어렵지만, 동료들 사이에서 융합학문 계획에 대한 호기심이 점점 무르익는 것을 느낄 수 있다. 크리스퍼 기술은 과학, 윤리학, 경제학, 사회학, 생태학, 진화학 등 여러 분야에 걸쳐 있으므로 이런 노력에 불을 지피도록 자기만의 방식으로 도울 수 있다.

어떤 학문을 연구하든지 모든 과학자는 자신의 연구가 가져올 결과와 대면할 준비를 해야 하지만, 더 세부적인 측면에 대해서도 의견을 나누어야 한다. 최근 실리콘밸리의 저명한 기술 전문가들과 함께 점심을 먹다가 이 생각을 떠올렸다. 그들 중 한 사람이 "나한테 110~220억 원과 똘똘한 연구팀을 붙여주면, 어떤 기술적 문제든 해결할 수 있습니다"라고 말했다. 긴 성공 이력이 증명해주듯이, 이 사람은 확실히 기술적인 문제를 해결하는 데는 도사일 것이다. 하지만 아이러니하게도 이런 접근법으로는 크리스퍼를 기반으로 한 유전자 편집 기술을 개발할 수 없다. 크리스퍼 기술은 자연 현상에 호기심을 가지고 연구한 결과 출현했다. 우리가 기술을 개발하는 데 110~220억 원의 비용이 들지는 않았지만, 세균의 적응성 면역력에 관련된 화학과 생물학 지식이 꼭 필요했다. 이 지식은 유전자 편집과는 전혀 관계없어 보인다. 그러나 이는 자연을 이해하기 위한 기초과학 연구의 중요성, 기초과학과 신기술 개발과의 연관성을 보여주는 사례다. 자연은 인간보다 실험할 시간이 넉넉하다!

독자 여러분이 이 책을 읽고 꼭 챙겨가길 바라는 점이 있다면, 인간은 개방된 과학 연구를 통해 주변 세계를 계속 탐험해야 한다는 사실이다. 페니실린의 경이로움은 알렉산더 플레밍Alexander Fleming이 포도상구균으로 간단한 실험을 하지 않았더라면 절대 발견할 수 없었을 것이다. 현대 분자생물학의 근간인 DNA 재조합 연구도 장내 세균과 고온 세균에서 DNA 절단 효소와 DNA 복제 효소를 분리했기에 할 수 있었다. 빠른 DNA 염기 서열 분석법은 온천에 사는 세균의 놀라운 특성을 밝혔기에 개발되었다. 세균이 바이러스 감염에 대항하는 기초적인 문제를 깊이 파고들지 않았더라면, 동료들과 나는 강력한 유전자 편집 기술을 만들지 못했을 것이다.

크리스퍼 이야기는 돌파구가 생각지도 못했던 곳에서 나오며, 자연을 이해하려는 욕망이 앞으로 이어지는 길을 따라가도록 놔두는 일이 중요하다는 점을 상기시킨다. 그러나 크리스퍼 이야기는 과학의 진보와 그 결과물에 과학자와 일반 대중이 똑같이 막대한 책임을 지고 있다는 점도 상기시킨다. 과학의 모든 분야에서 새로운 발견이 이루어지도록 계속 지지하고, 새로운 발견을 전폭적으로 수용하며, 기술을 관리하는 능력을 부지런히 갈고닦아야 한다. 역사가 분명하게 보여주듯이, 과학의 진보는 우리가 준비되지 않았다고 해서 멈추지는 않는다. 자연의 비밀을 하나씩 풀 때마다, 이는 한 실험의 종결과 다른 많은 실험의 시작을 알리는 신호가 된다.

감사의 말

제니퍼와 샘

이 책의 집필은 우리 두 사람 모두에게 흥미롭고도 어려운 일이었고, 동료들과 친구들, 가족의 관대한 도움과 지지가 없었더라면 이루지 못했을 일입니다.

우리의 에이전트인 맥스 브록만Max Brockman에게 감사의 말을 드립니다. 처음부터 이 책을 홍보하고 열정적으로 프로젝트를 지지해주었습니다. 지칠 줄 모르는 호튼 미플린 하코트 사의 편집자인 알렉산더 리틀필드Alexander Littlefield에게도 큰 감사를 드립니다. 길고 어려운 기술 용어가 들어간 초고를 다듬고 자료를 조직하고 틀을 잡을 때 창의적인 통찰력을 보여주었습니다. 알렉산더는 함께 일하기 좋은 동료입니다. 그 외 이 책을 출판하고 홍보해주신 호튼 미플린 하코트 사의 여러분께도 감사드리며, 특히 필라 가르시아브라운Pilar Garcia-Brown, 로라 브래디Laura Brady, 스테파니 킴Stephanie Kim, 미셸 트라이언트Michelle Triant에게 감사드립니다. 트레이시 로Tracy Roe는 원고를 깔끔하게 교열하면서《양식 있는 글쓰기에 관한 시카고 매뉴얼*Chicago Manual of Style*》의 내용을 명쾌하게 알려주었고, 우리가 원고를 최후의 순간까지 수정해도 상냥하게 기다려주었습니다. 책의 디자인을 맡을 사람으로 제프 메디슨Jeff Mathison을 만난 것은 행운이었다고 생각합니다. 아름다운 펜드로잉으로 표현하기 까다로운 과학 개념을 생생하게 그려주었습니다.

원고를 읽고 피드백을 해준 마틴 이넥, 블레이크 비덴헤프트, 질리언 밴필드에게도 감사를 전합니다. 메건 호흐스트라서Megan Hochstrasser는 최종원고를 교정해주었습니다. 함께 의논하고 통찰력 있는 비판을 해주신 다른 모든 분께도 감사 인사를 전합니다.

각자의 연구 분야에 공헌한 수많은 과학자에게 일일이 이름을 불러 감사를 표할 수 없는 것은 애석한 일입니다. 우수한 과학자들이 포진한 분야인 크리스퍼-캐스 생물학과 크리스퍼 유전자 편집 양쪽의 발전에 참여하게 되어 영광스러울 뿐입니다. 유전자 표적화와 유전자 치료법의 개척자부터 대담한 크리스퍼 생물학의 선구자, 현대 게놈공학자까지, 우리는 주변의 놀라운 업적에서 동기를 부여받고 영향을 받았습니다. 독자들이 크리스퍼와 유전자 편집을 다룬 다른 기사나 책, 계정을 보면서 우리의 열정을 나눌 기회를 얻길 바랍니다.

제니퍼

나의 놀라운 배우자인 제이미 케이트Jamie Cate와 아들 앤드루에게 마음 깊이 감사합니다. 가족이 보내주는 사랑과 격려, 유머가 집필하는 내내, 그리고 이후에도 큰 힘이 되었습니다. 가족의 도움이 없었더라면 이 책을 완성할 수 없었을 겁니다. 부모님께서는 이 책에 서술한 내용에 대해 잘 모르시지만, 두 분이 나를 믿어주시고 발견에 대한 열정을 믿어주셨기에 나는 과학자가 될 수 있었습니다. 자매인 앨런과 사라가 보내준 지지에도 감사합니다. 뛰어난 과학자이며 프로젝트의 주요 부분을 나와 함께 한 레이철 하울위츠에게도 감사 인사를 전하려 합니다. 에마뉘엘 샤르팡티에와 질리언 밴필드는 이 책의 초기 실험에서 중요한 역할을 했으며, 두 사람 모두와 함께 일할 기회를 얻어서 기뻤습니다. 내 조수인 줄리 앤더슨Julie Anderson, 리사 데이치Lisa Daitch, 몰리 요르겐센Molly Jorgensen에게도 너무나 고마운 마음입니다. 하루 24시간, 주일 내내 업무와 약속을 효율적으로 배치하고 수행하도록 도와주어 내가 글을 쓸 시간을 마련해주었습니다. 마지막으로 공동저자인 샘에게 고마운 마음을 전합니다. 샘의 1년이라는 귀중한 시간과 글 쓰는 솜씨, 과학적 통찰력, 변화무쌍한 기술의 폭넓은 영향력에 관한 관심이 없었더라면 이 책은 끝을 맺지 못했을 겁니다.

샘

이 여행을 함께 하도록 나를 믿어주고 확신을 심어준 제니퍼에게 깊은 감사를 표합니다. 처음 책을 집필하는 일을 고민할 때 에즈기 하시슐레이만Ezgi Hacisuleyman은 자문관이 되어주고 나를 지지해주었습니다. 블레이크 비덴헤프트, 레베카 베스딘Rebecca Besdin, 애나벨 클라이스트Annabelle Kleist, 미첼 오코넬Mitchell O'Connell, 벤저민 오크스Benjamin Oakes는 책 제안서의 초안을 보고 훌륭한 피드백을 주었습니다. 전화로 수없이 많은 난상토론을 상대해준 놈 프리웨스Noam Prywes

와 집필을 열정적으로 응원해주고 초고를 검토해준 샌드라 플럭Sandra Fluck에게도 감사합니다. 캐스린 퀀스트럼Kathryn Quanstrom은 우정과 지지를 끊임없이 보내주었고, 글 쓰는 일이 힘들어 불평할 때도 묵묵히 들어주었습니다. 노파르 헤페스Nofar Hefes는 글을 쓰던 해 내내 나를 도와주고 집필하기 좋은 장소로 데려가 주었습니다. 마지막으로 정말 중요한 사람, 형제인 맥스와 부모님, 로버트 스턴버그Robert Sternberg와 수잰 님릭터Susanne Nimmrichter에게 마음속 깊은 감사를 보냅니다. 이들이 아니었다면 지금의 나는 존재하지 않았을 것입니다. 처음 이 책을 집필하는 일을 꿈꾸었던 때부터 하와이에서 함께 휴가를 보낼 때, 원고를 보내기 전 마지막 문장을 쓸 때까지, 가족들은 나를 격려해주었습니다. 가족들의 끝없는 사랑과 지지가 없었더라면 이 책을 마무리하지 못했을 겁니다.

옮긴이의 말

유전자가위 크리스퍼에 관한 책을 두 번째로 번역하면서, 이 기술이 정말로 큰 이슈가 되었구나 싶은 생각이 듭니다. 아마 우리나라에도 이 최첨단 기술을 이끄는 과학자가 있기 때문에 사람들이 더 주목하는 것이 아닐까 싶습니다.

생물 기전에 대해 세세하면서도 적당히 가지를 쳐낸 제1부를 번역하면서 매끄럽게 설명한 글솜씨에 감탄하기도 했지만, 가장 인상에 남은 구절은 다우드나 교수가 대학생 시절 처음 연구실에 들어선 순간을 묘사한 문장입니다. 고요한, 그러나 열정의 냄새를 맡을 수 있는 하와이대학교의 연구실을 묘사한 이 대목은 제3장의 도입부에 불과하지만, 내가 처음 연구실에 들어섰던 순간이 떠올라 아련한 향수를 느낄 수 있었습니다. 아마 다우드나 교수도 그런 향수에 젖은 순간에 그 문장을 쓰지 않았을까요. 또 본문에 생화학 실험기법에 관해 간략하게 서술하는 부분이 드문드문 나오는데, 그런 부분을 번역할 때는 나도 모르게 실험실에서 일하던 때를 떠올리면서 웃었습니다. 사실 웃음이 나오는 기억만 있는 것은 아니지만요. 실험 결과가 뜻대로 나오지 않아 처진 어깨를 하고 독일로 돌아갔을 미치의 뒷모습도 실험실에서 흔히 볼 수 있던 풍경이라 안타까운 마음이 들기도 했습니다. 실험실에 머물렀던 사람에게는 추억을 일깨우는 스위치가 되는 이런 문장이나 설명이, 책을 통해 이 세계를 들여다보는 다른 이들에게는 신기한 세계가 현실로 겹쳐지는 스위치가 되리라고 생각하니 묘한 기분이 듭니다.

이 책은 크리스퍼 유전자가위의 사용에 대해 전 세계인이 함께 논의해야 한다는 취지에서 나왔고 다우드나 교수도 그쪽에 더 방점을 두었지만, 이 책을 옮기면서 제1부를 중요하게 생각하고 조심해서 작업했습니다. 생물 기전을 쉽게 설명하기도 했지만, 유전자 편집 기술을 발견한 당사자가 직접 서술한 책이라 실험실의 실제 풍경을 자세히 들여다볼 수 있어서 과학자가 무엇을 하고 있는지 궁금한 사람들에게 도움이 되리라고 생각했기 때문입니다. 번역자로서 항상 대중이 책을 읽고 이런 부분을 알아주면 과학에 대한 인식이 나아지지 않을까 기대하면서 글을 옮깁니다.

과학자의 이미지로 어른이나 아이나 할 것 없이 과장된 '매드 사이언티스트'를 흔히 떠올립니다. 그래도 〈스파이더맨〉의 코너스 박사나 초등학생 문고판의 엽기과학자 프래니 같은 인물은 일단 사람들의 시선이라도 끈다는 점에서 감사해야 할지도 모르겠습니다. 스펙터클하고 흥미진진한 과학 연구실은 그러고 보니 이 책에서 언급한 영화 〈쥬라기 공원〉에도 나왔네요. 여기서도 과학자는 매드 사이언티스트입니다. 다우드나 교수가 보기에는 아마 아무 고민 없이 자기 하고 싶은 연구는 뭐든 하고 보는 악당에 가까울 테지만요. 과학자에 대한 스테레오 타입이 매드 사이언티스트든 악당이든 그걸 보고 사람들이 과학과 과학이 사회에 미칠 파급력이나 책임에 관해 한 번이라도 생각한다면 좋은 일이 아닐까 싶습니다(실험실 인생에서 튕겨 나오기는 했지만, 지금도 그런 영화를 보면서 저런 연구를 하면 재미있겠다고 생각은 합니다).

그런데 이런 전형이 지배적인 것은 아마도 다우드나 교수가 표현한 대로 '자신만의 실험실에 처박혀 있으려는' 과학자들의 습성 때문일지도 모릅니다. 그런 면에서 다우드나 교수가 과학 이슈의 공론화에 앞장선 것은 과학자가 자발적으로 실험실에서 세상으로 걸어 나왔다는 점에서 상당히 용기 있는 행동이라고 생각합니다.

비슷한 책을 이미 한 번 번역했던지라 대략 어떤 내용이리라고 예상은 했지만, 제니퍼 다우드나라는 저자 이름을 나중에 다시 확인하고는 깜짝 놀랐습니다. 다른 책에서도 심심찮게 이름이 거론되고, 우리나라 신문에도 유전자가위 기사가 나오면 자주 등장하는 분인데 아니, 논문도 써야 하고 특허 문제로도 골치 아플 분이 언제 이런 책까지 썼을까 싶었습니다.

유전자가위에 관심을 두게 된 것은 본문에 거론된 중국발 인간 배아 편집 논문 때문입니다. 뉴스에서 꽤 비중 있게 다루어서 많이들 알고 있으리라 생각합니다. 다우드나 교수가 우려하는 상황의 첫 단계를 밟은 실험이라 본문에서도 많이 언급합니다. 공론화하고 토론하자는 주장이 기술을 금지하려는 목적은 아닙니다. 이 책에서도 다우드나 교수는 자기 생각이 점점 진화했다고 말합니다. 기술이라는 것이 한번 열어젖히면 다시는 닫을 수 없는 댐의 수문을 연 것과 같아서 아마 몇 년 내로 연구가 다시 시작되겠지요. 본인이 인정했듯이 모두가 동의하는 합의를 이루는 것도 현실에서는 불가능하고요.

그렇다면 저자는 왜 힘들게 이런 논의를 일으키고, 책을 쓰고, 대중에게 일일이 설명하고 있을까요. 아마 유전자가위가 GMO, 즉 유전자 변형 기술처럼 대중에게 외면 받고 심각한 저항에 부딪힐 가능성을 조금이라도 줄이려는 노력이 아닐까요. 크리스퍼 기술은 저자가 처음 꿈꾸었던 대로 많은 유전 질병을 치료할 가능성이 있습니다. 이런 기술이 대중의 혐오로 인해 묻혀버린다면 슬픈 결과만 남을 겁니다. 다우드나 교수는 GMO가 걸었던 길을 답습하지 않으려면 대중을 설득하는 일이 중요하다고 생각한 것입니다.

크리스퍼의 특허 문제가 얽히고설킨 데서 알 수 있듯이, 과학은 여러 과학자가 연구 결과를 주고받으면서 발전합니다. 이 책에서도 크리스퍼 연구가 여러 팀이 엎치락뒤치락하면서 경쟁을 통해 어느 순간, 즉 데이터가 어느 정도 축적되는 임계점을 넘자 엄청나게 빠른 속도로 발전하는 현상을 볼 수 있습니다. 누가 말했는지는 기억나지 않지만, 과학이란 이런 과정이 반복되고 쌓이면서 발전하는 것이라고들 합니다.

영화에서 본 것처럼 스펙터클하고 흥미진진한 모험을 기대하고 연구실에 들어서면 정적인 분위기에 숨이 막힐 수도 있습니다. 현실의 실험실에서는 지루해 보이는 비슷한 실험을 계속해서 반복합니다. 이 책의 본문에는 단 몇 줄 만에 단백질 유전자를 클로닝하고 대장균에서 단백질을 잔뜩 만들어 생화학 반응의 구성 요소를 각각 뽑아내고 정제하고 실험했다고 쓰여 있지만, 실제로 해보지 않으면 간단해 보이는 저 과정에 몇 번의 한숨이 끼어 있는지 상상할 수 없을 겁니다. 우리끼리 웃으면서 "연구원은 3D 노동자야!"라고 속닥이던 때나, 플레이트에 뜨던 하얀색과 푸른색의 콜로니를 보면서 기대감에 머릿속이 울렁거리던 일이나, 선배들과 어두운 교정을 내려가 저녁 먹으러 다녀오던 일 등, 이 책을 번역하면서 비슷한 생화학 작업을 반복했던 시절을 떠올릴 수 있어 기분 좋은 작업이었습니다.

독자들도 이 책을 읽으면서 어떤 '합의'에 이르지는 않더라도 소통하려 애쓰는 과학자의 열정을 받아들여 유전자가위가 우리의 미래에 미칠 영향에 관해 한 번쯤 더 생각해보는 계기가 되었으면 합니다. 저자가 바라는 것이 바로 그것일 테니까요.

2018년 봄

김보은

주

1장 | 치료를 위한 탐색

1 D.H. McDermott et al., "Chromothriptic Cure of WHIM Syndrome", *Cell* 160(2015), pp.686~699.

2 WHIM은 네 가지 주요 증상, 즉 사마귀, 저감마글로불린혈증(면역글로불린 결핍 증상), 감염, 호중구감소증(몇 종류 백혈구의 결핍 증상)의 첫 글자를 따서 만든 단어다.

3 P.J. Stephens et al., "Massive Genomic Rearrangement Acquired in a Single Catastrophic Event During Cancer Development", *Cell* 144(2011), pp.27~40.

4 R. Hirschhorn, "In Vivo Reversion to Normal of Inherited Mutations in Humans", *Journal of Medical Genetics* 40(2003), pp.721~728.

5 R. Hirschhorn et al., "Somatic Mosaicism for a Newly Identified Splice-Site Mutation in a Patient with Adenosine Deaminase-Deficient Immunodeficiency and Spontaneous Clinical Recovery", *American Journal of Human Genetics* 55(1994), pp.59~68.

6 B.R. Davis and F. Candotti, "Revertant Somatic Mosaicism in the Wiskott-Aldrich Syndrome", *Immunologic Research* 44(2009), pp.127~131.

7 E.A. Kvittingen et al., "Self-Induced Correction of the Genetic Defect in Tyrosinemia Type I", *Journal of Clinical Investigation* 94(1994), pp.1657~1661.

8 K.A. Choate et al., "Mitotic Recombination in Patients with Ichthyosis Causes Reversion of Dominant Mutations in KRT10", *Science* 330(2010), pp.94~97.

9 J. Lederberg, "'Ome Sweet 'Omics —A Genealogical Treasury of Words", *Scientist*, April 2, 2001.

10 S. Rogers, "Reflections on Issues Posed by Recombinant DNA Molecule Technology. II", *Annals of the New York Academy of Sciences* 265(1976), pp.66~70.

11 T. Friedmann and R. Roblin, "Gene Therapy for Human Genetic Disease?", *Science* 175(1972), pp.949~955.

12 T. Friedmann, "Stanfield Rogers: Insights into Virus Vectors and Failure of an Early Gene Therapy Model", *Molecular Therapy* 4(2001), pp.285~288.

13 K.R. Folger et al., "Patterns of Integration of DNA Microinjected into Cultured Mammalian Cells: Evidence for Homologous Recombination Between Injected Plasmid DNA Molecules", *Molecular and Cellular Biology* 2(1982), pp.1372~1387.

14 *Ibid.*

15 O. Smithies et al., "Insertion of DNA Sequences into the Human Chromosomal Beta-Globin Locus by Homologous Recombination", *Nature* 317(1985), pp.230~234.

16 K.R. Thomas, K.R. Folger, and M.R. Capecchi, "High Frequency Targeting of Genes to Specific Sites in the Mammalian Genome", *Cell* 44(1986), pp.419~428.

17 S.L. Mansour, K.R. Thomas, and M.R. Capecchi, "Disruption of the Proto-Oncogene Int-2 in Mouse Embryo-Derived Stem Cells: A General Strategy for Targeting Mutations to Non-Selectable Genes", *Nature* 336(1988), pp.348~352.

18 J. Lyon and Peter Gorner, *Altered Fates: Gene Therapy and the Retooling of Human Life* (New York: Norton, 1995), p.556.

19 J.W. Szostak et al., "The Double-Strand-Break Repair Model for Recombination", *Cell* 33(1983), pp.25~35.

20 P. Rouet, F. Smih, and M. Jasin, "Introduction of Double-Strand Breaks into the Genome of Mouse Cells by Expression of a Rare-Cutting Endonuclease", *Molecular and Cellular Biology* 14(1994), pp.8096~8106.

21 Y.G. Kim, J. Cha, and S. Chandrasegaran, "Hybrid Restriction Enzymes: Zinc Finger Fusions to Fok I Cleavage Domain", *Proceedings of the National Academy of Sciences of the United States of America* 93(1996), pp.1156~1160.

22 M. Bibikova et al., "Stimulation of Homologous Recombination Through Targeted Cleavage by Chimeric Nucleases", *Molecular and Cellular Biology* 21(2001), pp.289~297.

23 M. Bibikova et al., "Targeted Chromosomal Cleavage and Mutagenesis in Drosophila Using Zinc-Finger Nucleases", *Genetics* 161(2002), pp.1169~1175.

24 M.H. Porteus and D. Baltimore, "Chimeric Nucleases Stimulate Gene Targeting in Human Cells", *Science* 300(2003), p.763.

25 F.D. Urnov et al., "Highly Efficient Endogenous Human Gene Correction Using Designed Zinc-Finger Nucleases", *Nature* 435(2005), pp.646~651.
26 S. Chandrasegaran and D. Carroll, "Origins of Programmable Nucleases for Genome Engineering", *Journal of Molecular Biology* 428(2016), pp.963~989.

2장 | 새로운 방어법

1 G.W. Tyson and J.F. Banfield, "Rapidly Evolving CRISPRs Implicated in Acquired Resistance of Microorganisms to Viruses", *Environmental Microbiology* 10(2008), pp.200~207.
2 F.J. Mojica et al., "Biological Significance of a Family of Regularly Spaced Repeats in the Genomes of Archaea, Bacteria and Mitochondria", *Molecular Microbiology* 36(2000), pp.244~246.
3 F.J. Mojica et al., "Intervening Sequences of Regularly Spaced Prokaryotic Repeats Derive from Foreign Genetic Elements", *Journal of Molecular Evolution* 60(2005), pp.174~182; C. Pourcel, G. Salvignol, and G. Vergnaud, "CRISPR Elements in Yersinia pestis Acquire New Repeats by Preferential Uptake of Bacteriophage DNA, and Provide Additional Tools for Evolutionary Studies", *Microbiology* 151(2005), pp.653~663; A. Bolotin et al., "Clustered Regularly Interspaced Short Palindrome Repeats(CRISPRs) Have Spacers of Extrachromosomal Origin", *Microbiology* 151(2005), pp.2551~2561.
4 A.F. Andersson and J.F. Banfield, "Virus Population Dynamics and Acquired Virus Resistance in Natural Microbial Communities", *Science* 320(2008), pp.1047~1050.
5 K.S. Makarova et al., "A Putative RNA-Interference-Based Immune System in Prokaryotes: Computational Analysis of the Predicted Enzymatic Machinery, Functional Analogies with Eukaryotic RNAi, and Hypothetical Mechanisms of Action", *Biology Direct* 1(2006), p.7.
6 D.H. Duckworth, "Who Discovered Bacteriophage?", *Bacteriological Reviews* 40(1976), pp.793~802.
7 C. Zimmer, *A Planet of Viruses*(Chicago: University of Chicago Press, 2011).
8 G. Naik, "To Fight Growing Threat from Germs, Scientists Try Old-fashioned Killer", *Wall Street Journal*, January 22, 2016.
9 G.P.C. Salmond and P.C. Fineran, "A Century of the Phage: Past, Present and Future", *Nature Reviews Microbiology* 13(2015), pp.777~786.
10 F. Rohwer et al., *Life in Our Phage World*(San Diego: Wholon, 2014).
11 S.J. Labrie, J.E. Samson, and S. Moineau, "Bacteriophage Resistance Mechanisms",

Nature Reviews Microbiology 8(2010), pp.317~327.

12 R. Jansen et al., "Identification of Genes That Are Associated with DNA Repeats in Prokaryotes", *Molecular Microbiology* 43(2002), pp.1565~1675.

13 Y. Ishino et al., "Nucleotide Sequence of the Iap Gene, Responsible for Alkaline Phosphatase Isozyme Conversion in Escherichia coli, and Identification of the Gene Product", *Journal of Bacteriology* 169(1987), pp.5429~5433.

14 R. Barrangou et al., "CRISPR Provides Acquired Resistance Against Viruses in Prokaryotes", *Science* 315(2007), pp.1709~1712.

15 A. Bolotin et al., "Complete Sequence and Comparative Genome Analysis of the Dairy Bacterium Streptococcus thermophilus", *Nature Biotechnology* 22(2004), pp.1554~158.

16 M.B. Marco, S. Moineau, and A. Quiberoni, "Bacteriophages and Dairy Fermentations", *Bacteriophage* 2(2012), pp.149~158.

17 S.J.J. Brouns et al., "Small CRISPR RNAs Guide Antiviral Defense in Prokaryotes", *Science* 321(2008), pp.960~964.

18 T.-H. Tang et al., "Identification of Novel Non-Coding RNAs as Potential Antisense Regulators in the Archaeon Sulfolobus solfataricus", *Molecular Microbiology* 55(2005), pp.469~481.

19 L.A. Marraffini and E.J. Sontheimer, "CRISPR Interference Limits Horizontal Gene Transfer in Staphylococci by Targeting DNA", *Science* 322(2008), pp.1843~1845.

3장 | 암호를 해독하다

1 B. Wiedenheft et al., "Structural Basis for DNase Activity of a Conserved Protein Implicated in CRISPR-Mediated Genome Defense", *Structure* 17(2009), pp.904~912.

2 R.E. Haurwitz et al., "Sequence- and Structure-Specific RNA Processing by a CRISPR Endonuclease", *Science* 329(2010), pp.1355~1358.

3 J.E. Garneau et al., "The CRISPR/Cas Bacterial Immune System Cleaves Bacteriophage and Plasmid DNA", *Nature* 468(2010), pp.67~71.

4 R. Sapranauskas et al., "The Streptococcus thermophilus CRISPR/Cas System Provides Immunity in Escherichia coli", *Nucleic Acids Research* 39(2011), pp.9275~9282.

5 B. Wiedenheft et al., "Structures of the RNA-Guided Surveillance Complex from a Bacterial Immune System", *Nature* 477(2011), pp.486~489.

6 T. Sinkunas et al., "In Vitro Reconstitution of Cascade-Mediated CRISPR Immunity in Streptococcus thermophilus", *EMBO Journal* 32(2013), pp.385~394.

7 D.H. Haft et al., "A Guild of 45 CRISPR-Associated(Cas) Protein Families and

Multiple CRISPR/Cas Subtypes Exist in Prokaryotic Genomes", *PLoS Computational Biology* 1(2005), e60.
8 K.S. Makarova et al., "Evolution and Classification of the CRISPR-Cas Systems", *Nature Reviews Microbiology* 9(2011), pp.467~477.
9 K.S. Makarova et al., "An Updated Evolutionary Classification of CRISPR-Cas Systems", *Nature Reviews Microbiology* 13(2015), pp.722~736; S. Shmakov et al., "Discovery and functional Characterization of Diverse Class 2 CRISPR-Cas Systems", *Molecular Cell* 60(2015), pp.385~397.
10 E. Deltcheva et al., "CRISPR RNA Maturation by Trans-Encoded Small RNA and Host Factor RNase III", *Nature* 471(2011), pp.602~607.
11 A.P. Ralph and J.R. Carapetis, "Group A Streptococcal Diseases and Their Global Burden", *Current Topics in Microbiology and Immunology* 368(2013), pp.1~27.
12 M. Jinek et al., "A Programmable Dual-RNA-Guided DNA Endonuclease in Adaptive Bacterial Immunity", *Science* 337(2012), pp.816~821.

4장 | 명령과 통제

1 G. Gasiunas et al., "Cas9-crRNA Ribonucleoprotein Complex Mediates Specific DNA Cleavage for Adaptive Immunity in Bacteria", *Proceedings of the National Academy of Sciences of the United States of America* 109(2012), p.86.
2 L. Cong et al., "Multiplex Genome Engineering Using CRISPR/Cas Systems", *Science* 339(2013), pp.819~823; P. Mali et al., "RNA-guided Human Genome Engineering via Cas9", *Science* 339(2013), pp.823~826; M. Jinek et al., "RNA-programmed Genome Editing in Human Cells", *eLife* 2(2013), e00471; W.Y. Hwang et al., "Efficient Genome Editing in Zebrafish Using a CRISPR-Cas System", *Nature Biotechnology* 31(2013), pp.227~229; S.W. Cho, S. Kim, J.M. Kim and J.-S. Kim, "Targeted Genome Engineering in Human Cells with the Cas9 RNA-guided Endonuclease", *Nature Biotechnology* 31(2013), pp.230~232; W. Jiang et al., "RNA-guided Editing of Bacterial Genomes Using CRISPR-Cas Systems", *Nature Biotechnology* 31(2013), pp.233~239.
3 H. Wang et al., "One-Step Generation of Mice Carrying Mutations in Multiple Genes by CRISPR/Cas-Mediated Genome Engineering", *Cell* 153(2013), pp.910~918.
4 S.-T. Yen et al., "Somatic Mosaicism and Allele Complexity Induced by CRISPR/Cas9 RNA Injections in Mouse Zygotes", *Developmental Biology* 393(2014), pp.3~9.
5 G.A. Sunagawa et al., "Mammalian Reverse Genetics Without Crossing Reveals Nr3a as

a Short-Sleeper Gene", *Cell Reports* 14(2016), pp.662~677.

6 Gasiunas et al., "Cas9-crRNA Ribonucleoprotein Complex Mediates Specific DNA Cleavage."

7 L.S. Qi et al., "Repurposing CRISPR as an RNA-Guided Platform for Sequence-Specific Control of Gene Expression", *Cell* 152(2013), pp.1173~1183; L.A. Gilbert et al., "CRISPR-Mediated Modular RNA-Guided Regulation of Transcription in Eukaryotes", *Cell* 154(2013), pp.442~451.

8 M. Herper, "This Protein Could Change Biotech Forever", Forbes, March 19, 2013, www.forbes.com/sites/matthewherper/2013/03/19/the-protein-that-could-change-biotech-forever/#7001200f473b.

9 H. Ledford, "CRISPR: Gene Editing Is Just the Beginning", *Nature News*, March 7, 2016.

10 K. Loria, "The Process Used to Edit the Genes of Human Embryos Is So Easy You Could Do It in a Community Bio-Hacker Space", *Business Insider*, May 1, 2015.

11 J. Zayner, "DIY CRISPR Kits, Learn Modern Science by Doing", www.indiegogo.com/projects/diy-crispr-kits-learn-modern-science-by-doing#/.

12 E. Callaway, "Tapping Genetics for Better Beer", *Nature* 535(2016), pp.484~486.

5장 | 크리스퍼 동물원

1 P. Piffanelli et al., "A Barley Cultivation-Associated Polymorphism Conveys Resistance to Powdery Mildew", *Nature* 430(2004), pp.887~891.

2 N. V. Federoff and N.M. Brown, *Mendel in the Kitchen: A Scientist's View of Genetically Modified Foods*(Washington, DC: Joseph Henry Press, 2004), p.54.

3 J.H. Jorgensen, "Discovery, Characterization and Exploitation of Mlo Powdery Mildew Resistance in Barley", *Euphytica* 63(1992), pp.141~152.

4 R. Buschges et al., "The Barley Mlo Gene: A Novel Control Element of Plant Pathogen Resistance", *Cell* 88(1997), pp.695~705.

5 W. Jiang et al., "Demonstration of CRISPR/Cas9/sgRNA-Mediated Targeted Gene Modification in Arabidopsis, Tobacco, Sorghum and Rice", *Nucleic Acids Research* 41(2013), e188; N.M. Butler et al., "Generation and Inheritance of Targeted Mutations in Potato(Solanum Tuberosum L.) Using the CRISPR/Cas System", *PLoS ONE* 10(2015), e0144591; S.S. Hall, "Editing the Mushroom", *Scientific American* 314(2016), pp.56~63.

6 H. Jia and N. Wang, "Targeted Genome Editing of Sweet Orange Using Cas9/sgRNA",

PLoS ONE 9(2014), e93806.
7 S. Nealon, "Uncoding a Citrus Tree Killer", *UCR Today*, February 9, 2016.
8 D. Cyranoski, "CRISPR Tweak May Help Gene-Edited Crops Bypass Biosafety Regulation", *Nature News*, October 19, 2015.
9 A. Chaparro-Garcia, S. Kamoun, and V. Nekrasov, "Boosting Plant Immunity with CRISPR/Cas", *Genome Biology* 16(2015), pp.254~257.
10 W. Haun et al., "Improved Soybean Oil Quality by Targeted Mutagenesis of the Fatty Acid Desaturase 2 Gene Family", *Plant Biotechnology Journal* 12(2014), pp.934~940.
11 B.M. Clasen et al., "Improving Cold Storage and Processing Traits in Potato Through Targeted Gene Knockout", *Plant Biotechnology Journal* 14(2016), pp.169~176.
12 United States Department of Agriculture, "Glossary of Agricultural Biotechnology Terms", last modified February 27, 2013, www.usda.gov/wps/portal/usda/usdahome?navid=BIOTECH_GLOSS&navtype=RT&parentnav=BIOTECH.
13 USDA Economic Research Service, "Adoption of Genetically Engineered Crops in the U.S.", last modified July 14, 2016, www.ers.usda.gov/data-products/adoption-of-genetically-engineered-crops-in-the-us.aspx.
14 Pew Research Center, "Eating Genetically Modified Foods", www.pewinternet.org/2015/01/29/public-and-scientists-views-on-science-and-society/pi_2015~01~29_science-and-society-03~02/.
15 J.W. Woo et al., "DNA-Free Genome Editing in Plants with Preassembled CRISPR-Cas9 Ribonucleoproteins", *Nature Biotechnology* 33(2015), pp.1162~1164.
16 "Breeding Controls", *Nature* 532(2016), 147.
17 H. Ledford, "Gene-Editing Surges as US Rethinks Regulations", *Nature News*, April 12, 2016.
18 A. Regalado, "DuPont Predicts CRISPR Plants on Dinner Plates in Five Years", *MIT Technology Review*, October 8, 2015.
19 E. Waltz, "A Face-Lift for Biotech Rules Begins", *Nature Biotechnology* 33(2015), pp.1221~1222.
20 M.C. Jalonick, "Obama Signs Bill Requiring Labeling of GMO Foods", *Washington Post*, July 29, 2016.
21 C. Harrison, "Going Swimmingly: AquaBounty's GM Salmon Approved for Consumption After 19 Years", *SynBioBeta*, November 23, 2015, http://synbiobeta.com/news/aquabounty-gm-salmon/.
22 A. Pollack, "Genetically Engineered Salmon Approved for Consumption", *New York Times*, November 19, 2015.
23 W. Saletan, "Don't Fear the Frankenfish", *Slate*, November 20, 2015, www.slate.

com/articles/health_and_science/science/2015/11/genetically_engineered_aquabounty_salmon_safe_fda_decides.html.

24 A. Kopicki, "Strong Support for Labeling Modified Foods", *New York Times*, July 27, 2013.

25 Friends of the Earth, "FDA's Approval of GMO Salmon Denounced", www.foe.org/news/news-releases/2015~11-fdas-approval-of-gmo-salmon-denounced.

26 K. Saeki et al., "Functional Expression of a Delta12 Fatty Acid Desaturase Gene from Spinach in Transgenic Pigs", *Proceedings of the National Academy of Sciences of the United States of America* 101(2004), pp.6361~6366.

27 S.P. Golovan et al., "Pigs Expressing Salivary Phytase Produce Low-Phosphorus Manure", *Nature Biotechnology* 19(2001), pp.741~745.

28 C. Perkel, "University of Guelph 'Enviropigs' Put Down, Critics Blast 'Callous' Killing", *Huffington Post Canada*, June 21, 2012.

29 R. Kambadur et al., "Mutations in Myostatin(GDF8) in Double-Muscled Belgian Blue and Piedmontese Cattle", *Genome Research* 7(1997), pp.910~916.

30 A.C. McPherron, A.M. Lawler, and S.J. Lee, "Regulation of Skeletal Muscle Mass in Mice by a New TGF-ß Superfamily Member", Nature 387(1997), pp.83~90.

31 A. Clop et al., "A Mutation Creating a Potential Illegitimate microRNA Target Site in the Myostatin Gene Affects Muscularity in Sheep", *Nature Genetics* 38(2006), pp.813~818.

32 D.S. Mosher et al., "A Mutation in the Myostatin Gene Increases Muscle Mass and Enhances Racing Performance in Heterozygote Dogs", *PLoS Genetics* 3(2007), e79.

33 M. Schuelke et al., "Myostatin Mutation Associated with Gross Muscle Hypertrophy in a Child", *New England Journal of Medicine* 350(2004), pp.2682~2688.

34 E.P. Zehr, "The Man of Steel, Myostatin, and Super Strength", *Scientific American*, June 14, 2013.

35 L. Qian et al., "Targeted Mutations in Myostatin by Zinc-Finger Nucleases Result in Double-Muscled Phenotype in Meishan Pigs", *Scientific Reports* 5(2015), p.14435.

36 X. Wang et al., "Generation of Gene-Modified Goats Targeting MSTN and FGF5 via Zygote Injection of CRISPR/Cas9 System", *Scientific Reports* 5(2015), p.13878.

37 S. Reardon, "Welcome to the CRISPR Zoo", *Nature News*, March 9, 2016.

38 A. Harmon, "Open Season Is Seen in Gene Editing of Animals", *New York Times*, November 26, 2015.

39 C. Whitelaw et al., "Genetically Engineering Milk", *Journal of Dairy Research* 83(2016), pp.3~11.

40 D.J. Holtkamp et al., "Assessment of the Economic Impact of Porcine Reproductive and

Respiratory Syndrome Virus on United States Pork Producers", *Journal of Swine Health and Production* 21(2013), pp.72~84.

41 K.M. Whitworth et al., "Use of the CRISPR/Cas9 System to Produce Genetically Engineered Pigs from In Vitro-Derived Oocytes and Embryos", *Biology of Reproduction* 91(2014), pp.1~13.

42 K.M. Whitworth et al., "Gene-Edited Pigs Are Protected from Porcine Reproductive and Respiratory Syndrome Virus", *Nature Biotechnology* 34(2016), pp.20~22.

43 Center for Food Security and Public Health, "African Swine Fever", www.cfsph.iastate.edu/Factsheets/pdfs/african_swine_fever.pdf.

44 C.J. Palgrave et al., "Species-Specific Variation in RELA Underlies Differences in NF-κB Activity: A Potential Role in African Swine Fever Pathogenesis", *Journal of Virology* 85(2011), pp.6008~6014.

45 S.G. Lillico et al., "Mammalian Interspecies Substitution of Immune Modulatory Alleles by Genome Editing", *Scientific Reports* 6(2016), p.21645.

46 H. Devlin, "Could These Piglets Become Britain's First Commercially Viable GM Animals?", *Guardian*, June 23, 2015.

47 B. Graf and M. Senn, "Behavioural and Physiological Responses of Calves to Dehorning by Heat Cauterization with or Without Local Anaesthesia", *Applied Animal Behaviour Science* 62(1999), pp.153~171.

48 I. Medugorac et al., "Bovine Polledness—an Autosomal Dominant Trait with Allelic Heterogeneity", *PLoS ONE* 7(2012), e39477.

49 D.F. Carlson et al., "Production of Hornless Dairy Cattle from Genome-Edited Cell Lines", *Nature Biotechnology* 34(2016), pp.479~481.

50 K. Grens, "GM Calves Move to University", *Scientist*, December 21, 2015.

51 N. Rosenthal and Steve Brown, "The Mouse Ascending: Perspectives for Human-Disease Models", *Nature Cell Biology* 9(2007), pp.993~999; www.findmice.org/repository.

52 B. Shen et al., "Generation of Gene-Modified Cynomolgus Monkey via Cas9/RNA-Mediated Gene Targeting in One-Cell Embryos", *Cell* 156(2014), pp.836~843.

53 H. Wan et al., "One-Step Generation of p53 Gene Biallelic Mutant Cynomolgus Monkey via the CRISPR/Cas System", *Cell Research* 25(2015), pp.258~261.

54 Y. Chen et al., "Functional Disruption of the Dystrophin Gene in Rhesus Monkey Using CRISPR/Cas9", *Human Molecular Genetics* 24(2015), pp.3764~3374.

55 Z. Tu et al., "CRISPR/Cas9: A Powerful Genetic Engineering Tool for Establishing Large Animal Models of Neurodegenerative Diseases", *Molecular Neurodegeneration* 10(2015), pp.35~42; Z. Liu et al., "Generation of a Monkey with MECP2 Mutations by TALEN-Based Gene Targeting", *Neuroscience Bulletin* 30(2014), pp.381~386.

56 C. Sheridan, "FDA Approves 'Farmaceutical' Drug from Transgenic Chickens", *Nature Biotechnology* 34(2016), pp.117~119.

57 L.R. Bertolini et al., "The Transgenic Animal Platform for Biopharmaceutical Production", *Transgenic Research* 25(2016), pp.329~343.

58 J. Peng et al., "Production of Human Albumin in Pigs Through CRISPR/Cas9-Mediated Knockin of Human cDNA into Swine Albumin Locus in the Zygotes", *Scientific Reports* 5(2015), p.16705.

59 D. Cooper et al., "The Role of Genetically Engineered Pigs in Xenotransplantation Research", *Journal of Pathology* 238(2016), pp.288~299.

60 U.S. Department of Health and Human Services, "The Need Is Real: Data", www.organdonor.gov/about/data.html.

61 L. Yang et al., "Genome-Wide Inactivation of Porcine Endogenous Retroviruses (PERVs)", *Science* 350(2015), pp.1101~1104.

62 A. Regalado, "Surgeons Smash Records with Pig-to-Primate Organ Transplants", *MIT Technology Review*, August 12, 2015.

63 D. Cyranoski, "Gene-Edited 'Micropigs' to Be Sold as Pets at Chinese Institute", *Nature News*, September 29, 2015.

64 X. Wang et al., "One-Step Generation of Triple Gene-Targeted Pigs Using CRISPR/Cas9 System", *Scientific Reports* 6(2016), p.20620.

65 Cyranoski, "Gene-Edited 'Micropigs'"

66 C. Maldarelli, "Although Purebred Dogs Can Be Best in Show, Are They Worst in Health?", *Scientific American*, February 21, 2014.

67 Q. Zou et al., "Generation of Gene-Target Dogs Using CRISPR/Cas9 System", *Journal of Molecular Cell Biology* 7(2015), pp.580~583.

68 A. Regalado, "First Gene-Edited Dogs Reported in China", *MIT Technology Review*, October 19, 2015.

69 A. Martin et al., "CRISPR/Cas9 Mutagenesis Reveals Versatile Roles of Hox Genes in Crustacean Limb Specification and Evolution", *Current Biology* 26(2016), pp.14~26.

70 M. Evans, "Could Scientists Create Dragons Using CRISPR Gene Editing?", *BBC News*, January 3, 2016.

71 R.A. Charo and H.T. Greely, "CRISPR Critters and CRISPR Cracks", *American Journal of Bioethics* 15(2015), pp.11~17.

72 B. Switek, "How to Resurrect Lost Species", *National Geographic News*, March 11, 2013; S. Blakeslee, "Scientists Hope to Bring a Galapagos Tortoise Species Back to Life", *New York Times*, December 14, 2015.

73 J. Folch et al., "First Birth of an Animal from an Extinct Subspecies(Capra pyrenaica

pyrenaica) by Cloning", *Theriogenology* 71(2009), pp.1026~1034.
74 K. Loria and D. Baer, "Korea's Radical Cloning Lab Told Us About Its Breathtaking Plan to Bring Back the Mammoth", *Tech Insider*, September 10, 2015.
75 V.J. Lynch et al., "Elephantid Genomes Reveal the Molecular Bases of Woolly Mammoth Adaptations to the Arctic", *Cell Reports* 12(2015), pp.217~228.
76 J. Leake, "Science Close to Creating a Mammoth", *Sunday Times*, March 22, 2015.
77 B. Shapiro, "Mammoth 2.0: Will Genome Engineering Resurrect Extinct Species?", *Genome Biology* 16(2015), pp.228~230.
78 Long Now Foundation, "What We Do", http://reviverestore.org/what-we-do/.
79 A. Burt, "Site-Specific Selfish Genes as Tools for the Control and Genetic Engineering of Natural Populations", *Proceedings of the Royal Society of London* B 270(2003), pp.921~928.
80 K.M. Esvelt et al., "Concerning RNA-Guided Gene Drives for the Alteration of Wild Populations", *eLife* 3(2014), e03401.
81 V.M. Gantz and E. Bier, "The Mutagenic Chain Reaction: A Method for Converting Heterozygous to Homozygous Mutations", *Science* 348(2015), pp.442~444.
82 V.M. Gantz et al., "Highly Efficient Cas9-Mediated Gene Drive for Population Modification of the Malaria Vector Mosquito Anopheles stephensi", *Proceedings of the National Academy of Sciences of the United States of America* 112(2015), E6736~E6743.
83 A. Hammond et al., "A CRISPR-Cas9 Gene Drive System Targeting Female Reproduction in the Malaria Mosquito Vector Anopheles gambiae", *Nature Biotechnology* 34(2016), pp.78~83.
84 L. Alphey et al., "Sterile-Insect Methods for Control of Mosquito-Borne Diseases: An Analysis", *Vector Borne and Zoonotic Diseases* 10(2010), pp.295~311.
85 L. Alvarez, "A Mosquito Solution(More Mosquitoes) Raises Heat in Florida Keys", *New York Times*, February 19, 2015.
86 "Gene Intelligence", *Nature* 531(2016), p.140.
87 O.S. Akbari et al., "Biosafety: Safeguarding Gene Drive Experiments in the Laboratory", *Science* 349(2015), pp.927~929.
88 J.E. DiCarlo et al., "Safeguarding CRISPR-Cas9 Gene Drives in Yeast", *Nature Biotechnology* 33(2015), pp.1250~1255.
89 National Academies of Sciences, Engineering, and Medicine, "Gene Drives on the Horizon: Advancing Science, Navigating Uncertainty, and Aligning Research with Public Values", http://nas-sites.org/gene-drives/.
90 ETC Group, "Stop the Gene Bomb! ETC Group Comment on NAS Report on Gene Drives", June 8, 2016, www.etcgroup.org/content/stop-gene-bomb-etc-group-

comment-nas-report-gene-drives.

91 A. Burt, "Site-Specific Selfish Genes as Tools for the Control and Genetic Engineering of Natural Populations", *Proceedings of the Royal Society of London* B 270(2003), pp.921~928.

92 B.J. King, "Are Genetically Engineered Mice the Answer to Combating Lyme Disease?", *NPR*, June 16, 2016.

93 American Mosquito Control Association, "Mosquito-Borne Diseases", www.mosquito.org/mosquito-borne-diseases.

94 J. Fang, "Ecology: A World Without Mosquitoes", *Nature* 466(2010), pp.432~434.

6장 | 환자를 치료하기 위해

1 이 세 회사는 에디타스 메디신, 인텔리아 테라퓨틱스, 크리스퍼 테라퓨틱스다.

2 S. Reardon, "First CRISPR Clinical Trial Gets Green Light from US Panel", *Nature News*, June 22, 2016.

3 Y. Anwar, "UC Berkeley to Partner in $600M Chan Zuckerberg Science 'Biohub'", *Berkeley News*, September 21, 2016.

4 R. Sanders, "New DNA-Editing Technology Spawns Bold UC Initiative", *Berkeley News*, March 18, 2014.

5 Y. Wu et al., "Correction of a Genetic Disease in Mouse via Use of CRISPR-Cas9", *Cell Stem Cell* 13(2013), pp.659~662.

6 K. Allers and T. Schneider, "CCR5Δ32 Mutation and HIV Infection: Basis for Curative HIV Therapy", *Current Opinion in Virology* 14(2015), pp.24~29.

7 S.G. Deeks and J.M. McCune, "Can HIV Be Cured with Stem Cell Therapy?", *Nature Biotechnology* 28(2010), pp.807~810.

8 W.G. Glass et al., "CCR5 Deficiency Increases Risk of Symptomatic West Nile Virus Infection", *Journal of Experimental Medicine* 203(2006), pp.35~40.

9 P. Tebas et al., "Gene Editing of CCR5 in Autologous CD4 T Cells of Persons Infected with HIV", *New England Journal of Medicine* 370(2014), pp.901~910.

10 *Ibid.*

11 N. Wade, "Gene Editing Offers Hope for Treating Duchenne Muscular Dystrophy, Studies Find", *New York Times*, December 31, 2015.

12 H. Yin et al., "Therapeutic Genome Editing by Combined Viral and Non-Viral Delivery of CRISPR System Components in Vivo", *Nature Biotechnology* 34(2016), pp.328~333.

13 X. Chen and M.A.F.V. Goncalves, "Engineered Viruses as Genome Editing Devices", *Molecular Therapy* 24(2015), pp.447~457.

14 American Cancer Society, *Cancer Facts and Figures 2016*(Atlanta: American Cancer Society, 2016).

15 D. Heckl et al., "Generation of Mouse Models of Myeloid Malignancy with Combinatorial Genetic Lesions Using CRISPR-Cas9 Genome Editing", *Nature Biotechnology* 32(2014), pp.941~946.

16 T. Wang et al., "Identification and Characterization of Essential Genes in the Human Genome", *Science* 350(2015), pp.1096~1101.

17 S. Begley, "Medical First: Gene-Editing Tool Used to Treat Girl's Cancer", *STAT News*, November 5, 2015; A. Pollack, "A Cell Therapy Untested in Humans Saves a Baby with Cancer", *New York Times*, November 5, 2015.

18 W. Qasim et al., "First Clinical Application of TALEN Engineered Universal CAR19 T Cells in B-ALL", paper presented at the annual meeting for the American Society of Hematology, Orlando, Florida, December 5~8, 2015.

19 D. Cyranoski, "CRISPR Gene-Editing Tested in a Person for the First Time", *Nature News*, November 15, 2016.

20 M. Jinek et al., "A Programmable Dual-RNA-Guided DNA Endonuclease in Adaptive Bacterial Immunity", *Science* 337(2012), pp.816~821.

21 V. Pattanayak et al., "High-Throughput Profiling of Off-Target DNA Cleavage Reveals RNA-Programmed Cas9 Nuclease Specificity", *Nature Biotechnology* 31(2013), pp.839~843.

22 Y. Fu et al., "High-Frequency Off-Target Mutagenesis Induced by CRISPR-Cas Nucleases in Human Cells", *Nature Biotechnology* 31(2013), pp.822~826; P.D. Hsu et al., "DNA Targeting Specificity of RNA-Guided Cas9 Nucleases", *Nature Biotechnology* 31(2013), pp.827~832.

23 F. Urnov, "Genome Editing: The Domestication of Cas9", *Nature* 529(2016), pp.468~469.

7장 | 추측하기

1 B. Shen et al., "Generation of Gene-Modified Cynomolgus Monkey via Cas9/RNA-Mediated Gene Targeting in One-Cell Embryos", *Cell* 156.

2 M.W. Nirenberg, "Will Society Be Prepared?", *Science* 157(1967), p.633.

3 R.L. Sinsheimer, "The Prospect for Designed Genetic Change", *American Scientist*

57(1969), pp.134~142.

4 W.F. Anderson, "Genetics and Human Malleability", *Hastings Center Report* 20(1990), pp.21~24.

5 G. Stock and J. Campbell, eds., *Engineering the Human Germline: An Exploration of the Science and Ethics of Altering the Genes We Pass to Our Children*(Oxford: Oxford University Press, 2000).

6 M.S. Frankel and A.R. Chapman, *Human Inheritable Genetic Modifications: Assessing Scientific, Ethical, Religious, and Policy Issues*(Washington, DC: American Association for the Advancement of Science, 2000).

7 S. Baruch, *Human Germline Genetic Modification: Issues and Options for Policymakers* (Washington, DC: Genetics and Public Policy Center, 2005).

8 J. Schandera and T.K. Mackey, "Mitochondrial Replacement Techniques: Divergence in Global Policy", *Trends in Genetics* 32(2016), pp.385~390.

9 S. Reardon, "US Panel Greenlights Creation of Male 'Three-Person' Embryos", *Nature News*, February 3, 2016.

10 나는 2015년 〈뉴요커〉 11월호에 크리스퍼에 관한 특집 기사를 쓴 마이클 스펙터와 인터뷰를 하면서 처음으로 이 꿈에 대해 말했다.

11 J.K. Joung, D.F. Voytas, and J. Kamens, "Accelerating Research Through Reagent Repositories: The Genome Editing Example", *Genome Biology* 16(2015), pp.255~258.

12 Shen, "Generation of Gene-Modified Cynomolgus Monkey."

13 J. Zayner, "DIY CRISPR Kits, Learn Modern Science by Doing", www.indiegogo.com/projects/diy-crispr-kits-learn-modern-science-by-doing#/.

14 P. Skerrett, "Is Do-It-Yourself CRISPR as Scary as It Sounds?", *STAT News*, March 14, 2016.

15 United States Atomic Energy Commission, In the Matter of J. Robert Oppenheimer: Transcript of Hearing Before Personnel Security Board, vol. 2(Washington, DC: GPO, 1954), www.osti.gov/includes/opennet/includes/Oppenheimer%20hearings/Vol%20II%20Oppenheimer.pdf.

16 D.A. Jackson, R.H. Symons, and P. Berg, "Biochemical Method for Inserting New Genetic Information into DNA of Simian Virus 40: Circular SV40 DNA Molecules Containing Lambda Phage Genes and the Galactose Operon of Escherichia coli", *Proceedings of the National Academy of Sciences of the United States of America* 69(1972), pp.2904~2909.

17 P. Berg et al., "Letter: Potential Biohazards of Recombinant DNA Molecules", *Science* 185(1974), p.303.

18 Institute of Medicine(US) Committee to Study Decision Making; K.E. Hanna, ed.,

Biomedical Politics(Washington, DC: National Academies Press, 1991); M. Rogers, *Biohazard*(New York: Knopf, 1977); P. Berg and M.F. Singer, "The Recombinant DNA Controversy: Twenty Years Later", *Proceedings of the National Academy of Sciences of the United States of America* 92(1995), pp.9011~9013.
19 P. Berg et al., "Asilomar Conference on Recombinant DNA Molecules", *Science* 188 (1975), pp.991~994.
20 P. Berg, "Meetings That Changed the World: Asilomar 1975: DNA Modification Secured", *Nature* 455(2008), pp.290~291.
21 "After Asilomar", *Nature* 526(2015), pp.293~294.
22 S. Jasanoff, J.B. Hurlbut, and K. Saha, "CRISPR Democracy: Gene Editing and the Need for Inclusive Deliberation", *Issues in Science and Technology* 32(2015).
23 J.B. Hurlbut, "Limits of Responsibility: Genome Editing, Asilomar, and the Politics of Deliberation", *Hastings Center Report* 45(2015), pp.11~14.
24 N.A. Wivel, "Historical Perspectives Pertaining to the NIH Recombinant DNA Advisory Committee", *Human Gene Therapy* 25(2014), pp.19~24.
25 D. Baltimore et al., "Biotechnology: A Prudent Path Forward for Genomic Engineering and Germline Gene Modification", *Science* 348(2015), pp.36~38.
26 N. Wade, "Scientists Seek Ban on Method of Editing the Human Genome", *New York Times*, March 19, 2015.
27 R. Stein, "Scientists Urge Temporary Moratorium on Human Genome Edits", All Things Considered, *NPR*, March 20, 2015; "Scientists Right to Pause for Genetic Editing Discussion", *Boston Globe*, March 23, 2015.
28 E. Lanphier et al., "Don't Edit the Human Germline", *Nature* 519(2015), pp.410~411.
29 A. Regalado, "Engineering the Perfect Baby", *MIT Technology Review*, March 5, 2015.

8장 | 우리 앞에 놓여 있는 것

1 P. Liang et al., "CRISPR/Cas9-Mediated Gene Editing in Human Tripronuclear Zygotes", *Protein and Cell* 6(2015), pp.363~372.
2 *Ibid.*
3 X. Zhai, V. Ng, and R. Lie, "No Ethical Divide Between China and the West in Human Embryo Research", *Developing World Bioethics* 16(2016), pp.116~120.
4 D. Cyranoski and S. Reardon, "Chinese Scientists Genetically Modify Human Embryos", *Nature News*, April 22, 2015.

5 G. Kolata, "Chinese Scientists Edit Genes of Human Embryos, Raising Concerns", *New York Times*, April 23, 2015.

6 T. Friedmann et al., "ASGCT and JSGT Joint Position Statement on Human Genomic Editing", *Molecular Therapy* 23(2015), p.1282.

7 R. Jaenisch, "A Moratorium on Human Gene Editing to Treat Disease Is Critical", *Time*, April 23, 2015.

8 J. Holdren, "A Note on Genome Editing", May 26, 2015, www.whitehouse.gov/blog/2015/05/26/note-genome-editing.

9 Francis S. Collins, "Statement on NIH Funding of Research Using Gene-Editing Technologies in Human Embryos", April 29, 2015, www.nih.gov/about-nih/who-we-are/nih-director/statements/statement-nih-funding-research-using-gene-editing-technologies-human-embryos.

10 J.R. Clapper, "Worldwide Threat Assessment of the US Intelligence Community", February 9, 2016, www.dni.gov/files/documents/SASC_Unclassified_2016_ATA_SFR_FINAL.pdf.

11 J. Savulescu et al., "The Moral Imperative to Continue Gene Editing Research on Human Embryos", *Protein and Cell* 6(2015), pp.476~479.

12 S. Pinker, "The Moral Imperative for Bioethics", Boston Globe, August 1, 2015.

13 Hinxton Group, "Statement on Genome Editing Technologies and Human Germline Genetic Modification", September 3, 2015, www.hinxtongroup.org/Hinxton2015_Statement.pdf.

14 Cyranoski and Reardon, "Chinese Scientists."

15 D. Cressey, A. Abbott, and H. Ledford, "UK Scientists Apply for License to Edit Genes in Human Embryos", *Nature News*, September 18, 2015.

16 For a complete list, see the *National Academies of Sciences, Engineering, and Medicine*, "International Summit on Human Gene Editing", December 1~3, 2015, www.nationalacademies.org/gene-editing/Gene-Edit-Summit/index.htm.

17 I. Martincorena and P.J. Campbell, "Somatic Mutation in Cancer and Normal Cells", *Science* 34(2015), pp.1483~1489.

18 M. Porteus, "Therapeutic Genome Editing of Hematopoietic Cells", Presentation at Inserm Workshop 239, CRISPR-Cas9: Breakthroughs and Challenges, Bordeaux, France, April 6~8, 2016.

19 M. Lynch, "Rate, Molecular Spectrum, and Consequences of Human Mutation", *Proceedings of the National Academy of Sciences of the United States of America* 107 (2010), pp.961~968.

20 S. Pinker in P. Skerrett, "Experts Debate: Are We Playing with Fire When We Edit

Human Genes?", *STAT News*, November 17, 2015.

21 Q. Zhou et al., "Complete Meiosis from Embryonic Stem Cell-Derived Germ Cells In Vitro", *Cell Stem Cell* 18(2016), pp.330~340; K. Morohaku et al., "Complete In Vitro Generation of Fertile Oocytes from Mouse Primordial Germ Cells", *Proceedings of the National Academy of Sciences of the United States of America* 113(2016), pp.9021~9026.

22 J.K. Lim et al., "CCR5 Deficiency Is a Risk Factor for Early Clinical Manifestations of West Nile Virus Infection but Not for Viral Transmission", *Journal of Infectious Diseases* 201(2010), pp.178~185.

23 M. Aidoo et al., "Protective Effects of the Sickle Cell Gene Against Malaria Morbidity and Mortality", *Lancet* 359(2002), pp.1311~1312.

24 E.M. Poolman and A. P. Galvani, "Evaluating Candidate Agents of Selective Pressure for Cystic Fibrosis", *Journal of the Royal Society* 4(2007), pp.91~98.

25 E.S. Lander, "Brave New Genome", *New England Journal of Medicine* 373(2015), pp.5~8.

26 G. Church, "Should Heritable Gene Editing Be Used on Humans?", *Wall Street Journal*, April 10, 2016.

27 C. Funk, B. Kennedy, and E.P. Sciupac, *U.S. Public Opinion on the Future Use of Gene Editing*(Washington, DC: Pew Research Center, 2016); "Genetic Modifications for Babies", Pew Research Center, January 28, 2015, www.pewinternet.org/2015/01/29/public-and-scientists-views-on-science-and-society/pi_2015~01~29_science-and-society-03~25.

28 D. Carroll and R.A. Charo, "The Societal Opportunities and Challenges of Genome Editing", *Genome Biology* 16(2015), pp.242~250.

29 Skerrett, "Experts Debate."

30 United Nations Educational, Scientific and Cultural Organization, "Universal Declaration on the Human Genome and Human Rights", November 11, 1997, www.unesco.org/new/en/social-and-human-sciences/themes/bioethics/human-genome-and-human-rights/.

31 United Nations Educational, Scientific and Cultural Organization, "Report of the IBC on Updating Its Reflection on the Human Genome and Human Rights", October 2, 2015, http://unesdoc.unesco.org/images/0023/002332/233258E.pdf.

32 G. Annas, "Viewpoint: Scientists Should Not Edit Genomes of Human Embryos", April 30, 2015, www.bu.edu/sph/2015/04/30/scientists-should-not-edit-genomes-of-human-embryos/.

33 E.C. Hayden, "Promising Gene Therapies Pose Million-Dollar Conundrum", *Nature*

News, June 15, 2016; S.H. Orkin and P. Reilly, "Medicine: Paying for Future Success in Gene Therapy", *Science* 352(2016), pp.1059~1061.
34 T. Shakespeare, "Gene Editing: Heed Disability Views", *Nature* 527(2015), p.446.
35 C.J. Epstein, "Is Modern Genetics the New Eugenics?", *Genetics in Medicine* 5(2003), pp.469~475.
36 E.C. Hayden, "Should You Edit Your Children's Genes?", *Nature News*, February 23, 2016.
37 M. Araki and T. Ishii, "International Regulatory Landscape and Integration of Corrective Genome Editing into In Vitro Fertilization", *Reproductive Biology and Endocrinology* 12(2014), pp.108~119.
38 R. Isasi, E. Kleiderman, and B.M. Knoppers, "Editing Policy to Fit the Genome?", *Science* 351(2016), pp.337~539.
39 I.G. Cohen and E.Y. Adashi, "The FDA Is Prohibited from Going Germline", *Science* 353(2016), pp.545~546.
40 D.B.H. Mathews et al., "CRISPR: A Path Through the Thicket", *Nature* 527(2015), pp.159~161.
41 A. Regalado, "A Tale of Do-It-Yourself Gene Therapy", *MIT Technology Review*, October 14, 2015.
42 G.O. Schaefer, "The Future of Genetic Enhancement Is Not in the West", *Conversation*, August 1, 2016.

에필로그 | 시작

1 Alliance Vita, "Stop Bebe GM: Une Campagne Citoyenne D'alerte sur CRISPR-Cas9", www.alliancevita.org/2016/05/stop-bebe-ogm-une-campagne-citoyenne-dalerte-sur-crispr-cas9/; P. Knoepfler, "First Anti-CRISPR Political Campaign Is Born in Europe", *The Niche*(blog), June 2, 2016, www.ipscell.com/2016/06/first-anti-crispr-political-campaign-is-born-in-europe/.

찾아보기

|ㄹ|

|ㅁ|

|ㅂ|

|ㅅ|

|ㅇ|

| ㅈ |

| ㅊ |

| ㅋ |

지은이 **제니퍼 다우드나**Jennifer A. Doudna

1964년생으로 이른바 '유전자가위 혁명'을 선도하고 있는 미국의 생물화학자다. 캘리포니아대학교 버클리캠퍼스 화학 및 분자세포생물학과에서 교수로 재직하고 있으며, 하워드휴즈의학연구소 연구원, 로런스버클리국립연구소 연구원으로 있다. 그녀가 개발한 혁신적인 게놈 편집 기술은 생물학의 역사에서 가장 중요한 발견 중의 하나로 여겨진다. 크리스퍼-캐스9 기술은 이전의 유전자 기술과는 달리, 목표한 유전자만을 정밀하게 조준해서 편집할 수 있으며 비용이 놀랄 만큼 저렴하다. 이 기술은 HIV와 암 등의 질병 치료와 글로벌 식량 부족 문제 해결에 획기적인 기여를 할 것으로 기대된다. 다우드나는 이런 업적으로 수많은 영예로운 상을 휩쓸었으며, 2015년 〈타임〉 지의 '가장 영향력 있는 인물 100인'에 선정되기도 했다. 한편 그녀는 무분별한 크리스퍼 사용의 위험성을 지적하며 '국제 인간 유전자편집 회의'를 이끄는 등 기술의 활용 범위에 대한 사회적·윤리적 논의를 강력하게 촉구하고 있다.

지은이 **새뮤얼 스턴버그**Samuel H. Sternberg

2014년 캘리포니아대학교 버클리캠퍼스에서 화학 박사학위를 받았고, 현재 컬럼비아대학교 생물화학 및 분자생물물리학과에서 조교수로 재직하고 있다. 하워드휴즈의학연구소에서 제니퍼 다우드나와 크리스퍼-캐스9에 대한 연구를 수행했으며, 미국을 비롯해 중국, 이스라엘, 독일, 벨기에, 영국 등에서 크리스퍼 혁명에 관한 강연을 활발히 펼치고 있다.

옮긴이 **김보은**

이화여자대학교 화학과와 동대학교 분자생명과학부 대학원을 졸업했다. 가톨릭의과대학에서 의생물과학 박사학위를 마친 뒤, 바이러스 연구실에 근무했다. 옮긴 책으로《GMO 사피엔스의 시대》《슈퍼 유전자》《더 커넥션》등이 있으며, 교양과학 잡지 〈스켑틱〉 번역에 참여하고 있다.

크리스퍼가 온다
진화를 지배하는 놀라운 힘, 크리스퍼 유전자가위

1판 1쇄 펴냄 2018년 4월 2일
1판 12쇄 펴냄 2025년 5월 20일

지은이 제니퍼 다우드나·새뮤얼 스턴버그
옮긴이 김보은
편집 안민재
디자인 JUN(표지), 한향림(본문)
제작 세걸음

펴낸곳 프시케의숲
펴낸이 성기승
출판등록 2017년 4월 5일 제406-2017-000043호
주소 (우)10885, 경기도 파주시 책향기로 371, 상가 204호
전화 070-7574-3736
팩스 0303-3444-3736
이메일 pfbooks@pfbooks.co.kr
SNS @PsycheForest

ISBN 979-11-961556-3-6 03470

책값은 뒤표지에 있습니다.

이 도서의 국립중앙도서관 출판시도서목록CIP은
서지정보유통지원시스템 홈페이지 http://seoji.nl.go.kr와
국가자료공동목록시스템 http://www.nl.go.kr/kolisnet에서 이용하실 수 있습니다.
CIP제어번호: 2018007988